기초부터 마감까지 도면으로 익히는 건축 가이드

한눈에 보는 목조주택

최재철 지음

GUIDE TO
WOOD FRAME HOUSE
CONSTRUCTION

지은이 **최재철** jaecchoi@gmail.com

영국 드몽포트대학교(De Montfort University)와 에든버러네이피어대학교(Edinburgh Napier University)에서 인테리어 디자인 및 목재산업경영학 석사 학위를 각각 수료했다. 이후 영국 대형 목조건축회사 설계팀장으로 3년간 근무하며 단독주택, 공동주택, 학교, 호텔, 리조트 등 다양한 목조건축 프로젝트의 설계 및 시공 관리를 총괄했다. 2008년부터 캐나다우드 한국사무소에서는 기술이사와 컨설턴트로 활동하며, 경골목구조 설계 및 시공 기술 전파를 위한 교육과 프로그램 개발에 참여했다. 인하대학교 건축대학원 외 5개 학교에서 겸임교수로 목조주택 이론을 가르쳤으며, 국내 23개 대학교 건축관련 학과에서 목조주택 설계·시공 워크샵을 진행했다. 현재 'CHOIS 건축'의 대표이자 목조건축 기획자로 활동하며, 목조건축 설계·시공 교육 및 컨설팅을 중심으로 초보 건축주와 설계·시공 전문가를 위한 실무 지침과 가이드를 제공하고 있다. 저서로는 『집짓기 전에 반드시 알아야 할 101』(리더북스, 2017)이 있다.

[Mass Timber 및 저에너지 건축 기술 연수]

- 에스토니아, Arc Wood 사 Mass Timber 기술 연수
- 오스트리아, StoraEnso 사 Mass Timber 기술 연수
- 캐나다, British Columbia Institute of Technology 저에너지 목조건축 기술 연수
- 캐나다, University of the Fraser Valley & Super-E 저에너지 목조주택 기술 연수
- 덴마크, Active House 기술 연수

[국제 건축 박람회 및 컨퍼런스 참가]

- 미국 샌디에이고, NHERI Tall Wood Project (세계 최대 10층 목구조 지진 테스트) 참관
- 미국 라스베이거스, International Builder Show 참가
- 미국 올랜도, International Builder Show 참가
- 독일 베를린, 7th Velux Daylight Symposium 초청 참가
- 영국 에든버러, Institute of Wood Science Conference 초청 참가

[목조건축 기술 연수 및 소프트웨어 교육 수료]

- 미국 Simpson Strong-Tie, Simonton Windows, HUBER
- 영국 Gang-nail, Proctor, Wolf System, TRADA

한눈에 보는 목조주택 기초부터 마감까지 도면으로 익히는 건축 가이드

초판발행 2025년 5월 13일

지은이 최재철 / **펴낸이** 전태호
펴낸곳 한빛아카데미(주) / **주소** 서울시 서대문구 연희로2길 62 한빛아카데미(주) 2층
전화 02-336-7112 / **팩스** 02-336-7199
등록 2013년 1월 14일 제2017-000063호 / **ISBN** 979-11-7340-021-6 93540

총괄·책임편집 김은정 / **기획** 정서린 / **편집** 김민송
디자인 표지 최연희, 내지 박정우 / **전산편집** nu:n / **제작** 박성우, 김정우
영업 김호철, 김태진, 김성삼, 이정훈, 임현기, 이성훈, 김주성, 심지연

이 책에 대한 의견이나 오탈자 및 잘못된 내용에 대한 수정 정보는 아래 이메일로 알려주십시오.
파본은 구매처에서 교환하실 수 있습니다. 책값은 뒤표지에 표시되어 있습니다.

홈페이지 www.hanbit.co.kr / **이메일** question@hanbit.co.kr

Published by HANBIT Academy, Inc. Printed in Korea

기초부터 마감까지 도면으로 익히는 건축 가이드

한눈에 보는 목조주택

최재철 지음

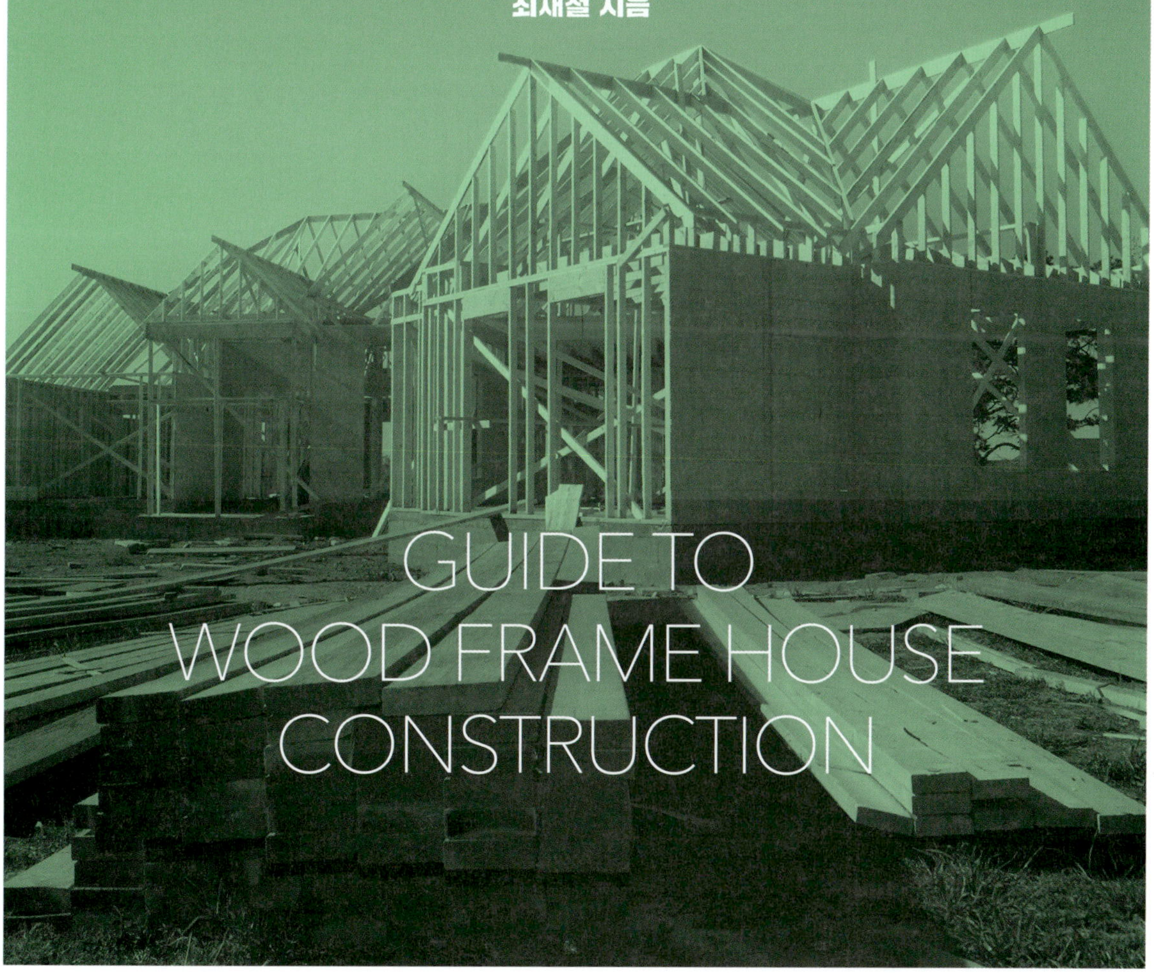

GUIDE TO
WOOD FRAME HOUSE
CONSTRUCTION

한빛아카데미
Hanbit Academy, Inc.

지은이 머리말

경량목조주택은 1990년대 초 북미에서 우리나라로 처음 도입된 이후 현대 건축의 한 형태로 자리 잡았으며, 그 뛰어난 장점 덕분에 많은 소비자의 관심을 받고 있다. 이러한 관심에 힘입어 국내 경량목조주택의 연간 착공 건수는 2012년에 처음으로 10,000동을 넘어섰으며, 2016년에는 14,900동을 기록하며 정점을 찍었다. 이렇게 많은 경량목조주택이 건축되려면 체계적인 설계와 시공이 필수적이지만 국내에서는 관련 자료가 여전히 부족한 실정이다. 북미에서는 다양한 설계 및 시공서가 널리 보급되어 전문가들이 쉽게 참고할 수 있는 반면, 한국에서는 이와 같은 전문 자료를 접하기 어려운 상황이다.

국내 건축 교육은 주로 콘크리트와 스틸 구조 중심으로 이루어져 경량목구조를 체계적으로 학습할 기회가 많지 않다. 이로 인해 건축을 전공한 전문가들도 실무에서 목조주택 프로젝트를 맡게 되면 익숙하지 않아 시행착오를 겪는 경우가 많다. 시공 현장에서도 비슷한 문제가 발생하며, 이론적 배경 지식 없이 현장에 투입된 시공자들이 체계적인 시공을 수행하기 어려운 현실이다. 이러한 문제는 경량목조주택 산업의 발전을 저해할 뿐만 아니라 전문 인력 양성에도 부정적인 영향을 미치고 있다.

친환경적이고 시공이 효율적이며 쾌적한 주거 환경을 제공한다는 장점 덕분에 많은 사람이 목조주택을 선택하고 있다. 하지만 여전히 목구조에 대한 이해 부족과 시공 과정의 복잡함으로 인해 망설이는 경우도 적지 않다. 이를 해결하기 위해서는 보다 체계적인 교육과 실무 경험이 필요하며, 목조주택의 장점을 극대화할 수 있는 전문 인력 양성이 필수적이다. 이러한 필요성을 반영하여, 이 책에 경량목조주택의 설계부터 시공까지 이론과 실무를 아우르는 내용을 담았다.

『한눈에 보는 목조주택』은 경량목조주택을 계획하고 설계하는 데 필요한 기초 지식부터 시공 과정 전반까지 다루며, 기본 개념과 실무적 노하우를 체계적으로 정리하여 누구나 쉽게 이해하고 적용할 수 있도록 구성하였다. 기초 공사에서부터 목골조 설치 및 내·외부 마감재 시공에 이르기까지 경량목조주택 건축의 필수 과정을 상세하게 설명하며, 실무 경험과 이론적 배경을 결합해 풍부한 도면과 삽화를 포함하였다. 이 책을 통해 설계자는 목조주택의 구조적 특성을 이해하고 합리적인 설계 방안을 도출하는 데 도움을 받을 수 있으며, 시공자는 현장에서 발생할 수 있는 문제를 미리 예측하고 대비할 수 있는 실무적인 가이드를 제공받을 수 있다.

또한 건축을 공부하는 학생들에게는 실무 감각을 익힐 수 있는 교재가 될 것이며, 예비 건축주들에게는 목조주택의 특성을 이해하고 올바른 시공 과정을 파악하는 데 유용한 자료가 될 것이다.

필자는 지난 30년간 경량목조주택의 설계 이론뿐만 아니라 시공 실무에서도 풍부한 경험을 쌓아왔다. 현장 경험을 통해 반복되는 실수를 줄이고 표준화된 공법을 효과적으로 활용하는 것이 얼마나 중요한지 깨달았다. 표준 자재를 사용하고 검증된 시공법을 올바르게 적용하는 것만으로도 하자 발생을 최소화할 수 있으며, 이를 통해 더욱 안전하고 견고한 주택을 지을 수 있다. 이 책은 이러한 관점을 바탕으로 보다 체계적이고 실용적인 지침을 제공하기 위해 집필되었다. 이 책을 통해 독자들이 목조주택 시공을 보다 쉽게 이해하고 이를 실제 현장에서 활용할 수 있으리라 기대한다.

2025년 5월

최재철

추천의 글

목조건축은 정성과 기술이 결합된 예술이며, 그 과정 자체가 하나의 서비스다. 이 책은 저자의 풍부한 경험과 실무적 노하우를 바탕으로 경량목조주택을 처음 접하는 이들에게는 친절한 길잡이가, 전문가들에게는 깊이 있는 이론적 지침이 되어준다. 체계적인 교육 자료가 부족한 현실에서 이 책이 국내 목조건축의 발전과 저변 확대에 큰 역할을 하리라 확신한다.

박찬규 (사단법인 한국목조건축협회 6~7대 회장, ㈜엔에스홈 대표)

국내에도 경량목조주택과 관련된 서적은 일부 출간되어 있으나, 이론적 지식과 실무 경험을 두루 갖춘 전문가가 집필한 책은 흔치 않다. 이 책의 저자는 목조건축의 설계와 시공에 대해 오랜 기간 연구해왔을 뿐만 아니라, 실제 건축 현장에서 다양한 프로젝트를 통해 풍부한 실무 경험을 쌓아온 전문가다. 이러한 배경을 바탕으로 저자는 건축 설계사, 목수, 예비 건축주 등 목조건축에 관심 있는 다양한 독자층을 위해 실질적이고 유익한 내용을 책에 담아냈다. 이론적인 내용과 실무적인 사례를 균형 있게 다룬 이 책이 경량목조주택 시공에 입문하거나 보다 깊이 있는 이해를 원하는 이들에게 실질적인 길잡이 역할을 하기를 기대한다.

강대경 (사단법인 한국목조건축협회 10대 회장, ㈜뉴타임하우징 대표)

목조주택 설계는 철근 콘크리트 건축과 다른 접근 방식과 정밀한 디테일이 요구되지만, 국내에서는 이를 체계적으로 배울 기회가 부족하다. 그런 점에서 이 책은 목조주택을 처음 접하는 건축 설계자들에게 실무적으로 유용한 필독서다. 경량목구조의 기본 원리부터 설계 및 시공 과정까지 쉽게 이해하고 적용할 수 있도록 구성되었으며, 실무에서 바로 활용할 수 있는 설계 가이드와 샘플 도면도 포함되어 있어 막연했던 목조주택 설계에 대한 자신감을 갖게 해준다. 이 책이 국내 목조건축 설계 발전에 기여하기를 바라며, 저자에게 감사의 뜻을 전한다.

오태훈 (삼우씨엠건축사사무소 소장)

대학교에서 건축을 가르치며 느꼈던 가장 큰 아쉬움 중 하나는 건축학 관련 학과에서 목조주택의 설계와 시공을 체계적으로 배울 수 있는 기회가 매우 제한적이라는 점이었다. 국내의 건축 교육은 오랜 시간 동안 철근 콘크리트 구조나 철골 구조 중심으로 이루어져 왔기 때문에 자연스럽게 목조주택에 대한 이해가 부족할 수밖에 없었고, 이에 따라 학생들이 실제 현장에서 요구되는 실무 감각을 익히는 데에도 한계가 존재했다. 이러한 교육 환경 속에서 오랜 실무 경험과 교육적 소양을 두루 갖춘 최재철 대표님께서 집필하신 이 책은 매우 반가운 소식이라 할 수 있다. 이 책은 경량목구조에 대한 기본적인 이론부터 설계와 시공에 이르기까지의 과정을 상세하게 다루고 있어서 건축을 공부하는 학생들에게는 실무를 대비한 탄탄한 기초서로, 현장에서 일하는 실무자들에게는 실제 시공에 필요한 실용적인 지침서로 활용될 수 있다.

김관수 (경희대학교 건축학과 교수)

차례

5 벽 골조

6 지붕

7 계단 골조

PART 3 실내 환경

8 단열재

차례

PART 1

개요 및 기초

제1부는 총 3장으로 구성되며, 목조주택의 기본 개념과 건축자재로서 목재의 특성을 이해하는 데 목적이 있다. 이를 통해 독자가 목조주택의 설계와 시공의 기초를 확립할 수 있도록 한다.

제1장에서는 목조주택의 정의와 역사적 배경, 현대 건축에서 중요성을 다룬다. 목조주택이 가지는 장단점, 다양한 설계 스타일 및 건축 기법을 소개하며, 친환경성과 지속 가능성 측면에서 주목받는 이유를 설명한다. 또한 목조주택의 구조적 특성과 기후에 따른 적합성을 분석하여, 독자가 목조주택의 기본 개념을 명확히 이해할 수 있도록 한다.

제2장에서는 목조주택 시공에 사용되는 다양한 재료를 살펴보며 목재의 종류, 특성, 가공 방법 및 선택 기준을 상세히 다룬다. 또한 목재와 함께 사용되는 못, 접합철물 등의 역할과 특징을 다루어, 각 재료가 구조적 안정성과 내구성에 미치는 영향을 분석한다. 이를 통해 독자가 올바른 재료 선택의 중요성을 이해하고 실제 시공 시 적절한 자재를 사용할 수 있도록 한다.

제3장에서는 목조주택의 기초 구조와 시공 방법을 설명한다. 기초의 역할과 다양한 유형(예: 독립기초, 줄 기초, 매트 기초)의 특징을 비교하며, 각 기초 유형의 장단점과 적용 사례를 제시한다. 또한 기초 설계 시 고려해야 할 요소들과 기초 시공 과정에서의 주의 사항을 상세히 설명하여 안정적이고 견고한 기초를 구축할 수 있도록 안내한다.

제1부는 목조주택의 개념과 기본적인 건축 요소를 이해하는 데 중점을 두며, 이후 심화 내용을 다루는 장들의 토대를 마련하는 역할을 한다.

Chapter

1

목조주택 개론

1.1 목조주택에 관한 진실

화재에 강한 목조주택

목조주택의 구조적 성능은 오랜 역사 속에서 이미 충분히 입증되었지만, 여전히 많은 사람들이 나무에 대한 편견과 불안감으로 인해 목조주택을 선호하지 않는다. 특히 나무는 불에 잘 탄다는 인식 때문에 목조주택이 화재에 취약할 것이라는 우려가 크다. 그러나 화재에 노출되면 목재뿐만 아니라 어떤 재료로 지어진 건물도 심각한 피해를 입을 수 있다. 화재 안전 대책의 가장 기본이자 중요한 요소는 내화구조다. 내화구조는 화재 발생 시 인명 안전을 위한 피난 시간을 확보하고 소방 및 구조 활동의 안전성을 보장하며 건물 내에서 화재가 확산되는 것을 방지하는 목적을 가진다. 즉, 화재 시 거주자가 안전하게 대피할 수 있을 만큼 구조물이 충분히 견딜 수 있는지가 중요하다.

목조주택이 화재에 강한 이유는 목재의 독특한 특성 때문이다. 목재는 불이 붙으면 표면에 탄화층이 형성되는데, 이 층이 산소 공급을 차단해 불길이 목재 내부로 들어오는 것을 막는다. 불은 외부 공기로부터 산소를 공급받아 타오르기 때문에 탄화층이 형성되면 산소 공급이 원활하지 않아 불의 열기가 목재 내부로 전달되는 속도가 늦어진다. 이렇게 불꽃이 서서히 약해지면서 더 이상 확산되지 않는다. 단면이 큰 목재를 사용할 경우 이러한 탄화층 효과가 더욱 잘 발휘되어 화재에 강해진다.

반면 경량목구조처럼 단면이 작은 목재를 사용할 경우에는 석고보드나 불연 처리된 자재로 목재 표면을 덮어 내화구조를 형성한다. 이처럼 목조주택은 내화구조를 통해 화재에 효과적으로 대비할 수 있으며, 적절한 설계·시공·관리를 통해 화재 위험을 최소화할 수 있다.

가벼우면서도 튼튼한 목조주택

나무는 철근 콘크리트나 철골 같은 건축 재료에 비해 상대적으로 무게가 가볍다. 나무가 오랜 세월 동안 건축물의 구조재로 사용되어 온 이유는 탄력성이 좋고, 가벼운 무게에 비해 강도가 높기 때문이다. 목조주택을 지을때 벽, 바닥, 지붕의 골조에 가새나 연결 철물을 사용함으로써 목구조에 작용하는 압력과 힘을 분산시킬 수 있다.

목조주택은 이러한 나무의 특성과 더불어 적절한 연결 철물 및 가새를 사용해 안정적이고 강력한 구조를 형성한다. 연결 철물은 목조주택의 지붕, 바닥, 벽 골조를 일체화시켜 하중의 경로가 끊기지 않도록 돕는다. 건물에 작용하는 하중의 경로가 어느 구간에서 끊어지면 그 부분이 외압에 취약해지는데, 이러한 취약점을 보완하기 위해 연결 철물을 통해 목조주택의 각 부분에 작용하는 하중이 지붕부터 기초까지 연속적으로 전달되도록 한다. 지진이 발생했을 때 목조주택이 하나의 유닛으로 작용하며 구조 요소가 분리되지 않는 이유는 각 부위가 연결 철물로 서로 잡아주기 때문이다. 그래서 목조주택은 지진이 발생해도 구조가 유지된다.

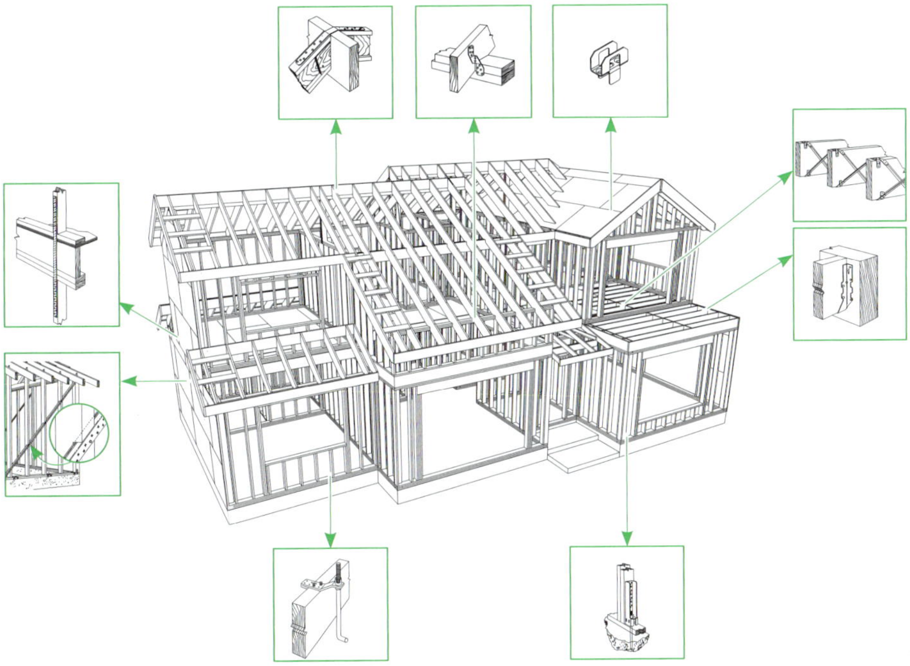

[그림 1-1] 목조주택에 사용되는 연결 철물

2009년, 일본 고베에 위치한 세계 최대 규모의 진동대 실험장에서 6층짜리 경량목구조 아파트가 일본, 캐나다, 미국 과학자들에 의해 테스트되었다. 이 실험은 실제 자연에서 발생하는 지진보다 강한 수준으로 설정되었으며, 테스트 대상이 된 건물은 가장 강력한 지진 시뮬레이

션에서도 심각한 구조적 손상 없이 견뎌낸 것으로 확인됐다. 이러한 결과는 목조주택이 지진에 강하고 유연한 구조를 가지고 있으며 대규모 지진에도 안전하게 대응할 수 있음을 보여준다.

수명이 긴 목조주택

목조주택의 수명은 얼마나 될까? 많은 사람들은 목재가 가볍고 불에 타기 쉬우며 외부 충격에 약할 것이라는 편견을 가지고 있다. 하지만 현재까지 존재하는 오래된 건물들 중 상당수가 목조로 이루어져 있다. 가장 오래된 목조건물 중 하나인 노르웨이의 스타브 교회는 12세기에 지어져 거의 1000년을 견뎌냈다.

적절한 자재 사용과 꾸준한 유지관리를 통해 목조주택의 내구성은 충분히 확보될 수 있다. 현대식 경량목조주택은 극한의 온도, 눈, 바람, 높은 습도와 비 등 다양한 기후 조건에서도 우수한 성능을 발휘하는 것이 입증되었다.

수분저항성을 높인 목조주택

나무는 썩는다는 사실은 부인할 수 없으며 주택의 하중을 지탱하는 목재가 썩으면 심각한 문제가 발생할 수 있다. 이를 방지하기 위해 공기, 수분, 온도와 같은 요소를 고려하여 목조주택을 짓는다. 콘크리트 기초와 접촉하는 목재에는 수분 방지용 코팅을 하고, 외부에 노출되는 목재에는 수분 저항성이 높은 수종의 목재를 사용한다. 이러한 조치를 통해 목조주택의 수명을 늘리고 썩는 나무로 인한 문제를 방지할 수 있다.

건축구조기준에 따르면, 경량목조주택의 토대에 방부목재를 사용해야 한다고 규정되어 있다. 방부목재는 부후균의 번식에 필요한 요소 중 하나의 공급을 차단하여 번식을 방지한다. 방부처리 방법에는 여러 가지가 있지만, 가장 일반적인 방법은 가압주입법(pressure-treated)이다. 이 방법은 고압을 이용해 방부액을 목재 내부로 주입하여 고르게 퍼지게 하여 나무가 썩는 것을 방지한다. 이러한 조치를 통해 목조주택의 내구성을 높일 수 있다.

친환경적인 목조주택

나무는 가장 친환경적인 건축 재료 중 하나로서 대기 중의 이산화탄소를 흡수하면서 성장하기 때문에 뛰어난 탄소 저장 능력을 지닌다. 목재로 건물을 지으면 여러 가지 이점이 있는데, 그 중 하나가 목재는 건축 후에도 이산화탄소를 계속 저장할 수 있다는 것이다. 캐나다 국립연구소에 따르면, 약 200m^{2}면적의 주택에 사용된 목재가 저장하는 탄소의 양은 자동차 한 대가 5년 동안 대기 중에 배출하는 이산화탄소의 양과 같다고 한다. 또한 목재는 천연 단열재로서 에너지 효율이 높다.

목조주택의 에너지 효율이 높은 이유는 목재의 자연적인 단열 특성 덕분이다. 목재는 열을 잘 흡수하고 보존하여, 겨울에는 따뜻함을 유지하고 여름에는 시원함을 제공한다. 또한 목조주택은 구조적으로 기밀성[1]을 높여 에너지 손실을 줄이고 냉난방 비용을 절감할 수 있다.

1.2 목조주택 산업

목조주택의 역사

나무는 친환경적이고 재생 가능하며 뛰어난 내구성을 갖추고 있어, 오늘날에도 건축과 가구 제작에 널리 활용되고 있다. 이러한 이유로 나무는 태초부터 우리 삶의 중요한 부분이었고, 특히 목조건축은 그 활용의 대표적인 예로 문명 발전에 크게 기여해왔다.

나무는 인류가 처음으로 집을 짓기 시작했을 때 사용된 대표적인 건축 자재로 잘 알려져 있다. 나무를 주요 자재로 한 목조주택은 수천 년에 걸쳐 발전해왔으며, 인류는 금속을 사용하기 전인 석기시대부터 나무로 건축을 해왔던 것으로 추정된다. 실제로 10,000년 전에 건축된 주택의 주요구조부에 목재가 사용되었다는 증거가 있다. 기원전 5,000년에 지어진 길고 좁은 유럽의 목조주택인 롱하우스(Long House)는 초기 나무집의 대표적인 사례이다.

[그림 1-2] 옛 모습으로 재건된 바이킹 족장의 롱하우스, 노르웨이

1 공기나 가스 등의 기체가 통하지 않는 성질을 말한다.

석기시대에는 금속이나 못과 같은 철물이 없었기 때문에, 동서양의 목조건축은 주로 짜맞춤 방식으로 발전해왔다. 이후 청동과 강철 같은 다양한 재료가 발견되면서 목재를 사용하는 건축 방식도 점차 변화하고 개선되었다.

근대에는 산업혁명을 통해서 기계를 사용하게 됨에 따라 목재 가공의 크기가 표준화되었다. 이는 기존의 팀버프레임 방식에서 사용되던 대단면 목재보다 더 얇고 가벼운 목재를 활용한 경량목구조(light-weight wood framing) 방식의 개발로 이어졌다. 미국에서 개발된 경량목구조는 이후 큰 인기를 끌게 되었다. 팀버프레임(timber frame)과 같은 장부 맞춤 목구조는 숙련된 목수가 부재를 수공구로 일일이 가공해야 하므로 노동집약적이며 시공 기간이 길다는 단점을 지닌다. 반면, 경량목구조는 제재소에서 가공된 작은 단면의 규격재(dimension lumber)를 철물과 못 등으로 조립하는 방식으로서 기존 팀버프레임 방식에서 사용되던 무거운 대단면 기둥과 보를 대체할 수 있게 되었다. 따라서 경량목구조는 경험과 노하우가 필요한 팀버프레임에 비해 비숙련 목수도 다양한 구조를 쉽게 만들 수 있어 효율성이 높았다. 이로 인해 서유럽과 북미 지역에서는 경량목구조가 크게 성행하며 지금까지도 보편적으로 선호하는 공법이 되었다.

해외 목조주택 개요

오늘날 전 세계에서 가장 널리 사용되는 두 가지 주요 목구조 건축 방식은 통나무 구조와 경량목구조이다. 통나무 구조는 목조 건축 중 가장 오래된 형태로 스칸디나비아, 러시아, 북유럽에서 전통적으로 사용되어 왔다. 남아프리카공화국, 뉴질랜드, 호주에 이주한 초기 정착민들도 주로 통나무 구조로 집을 지었다. 통나무가 풍부한 지역에서는 통나무를 사용해 건축하고, 통나무가 부족한 아시아의 일부 지역에서는 대나무를 활용하기도 했다. 초기의 통나무주택은 수평으로 쌓은 통나무를 건물 모서리에서 엇갈리게 결합하는 방식으로 지어졌다.

경량목구조는 19세기 중반 북미에서 시작되었다. 이 건축 방식은 주로 소나무(pine)와 전나무(fir) 같은 목재를 사용하여 골조를 구성하며, 간단한 시공 방법 덕분에 빠르게 확산되었다. 경량목구조는 특히 미국 서부 개척 시대에 인기를 끌었으며, 20세기 초에는 산업화와 함께 표준화된 건축 자재와 기술이 발전하면서 더욱 보편화되었다. 1950~60년대에는 대규모 주택 개발이 이루어지면서 경량목조주택은 미국 주거 문화의 상징으로 자리 잡았다. 현재는 다양한 디자인과 기술이 적용되어, 친환경성과 에너지 효율성을 고려한 현대적인 주택으로 발전하고 있다.

이제 지역별로 문화와 기후에 따라 다르게 나타나는 목조주택의 형태를 살펴보자.

북미의 목조주택 북미의 목조주택은 16세기 중에 발전한 중목구조(heavy timber frame) 양식과 깊은 연관이 있다. 이 양식은 북유럽의 기후, 건축재료 및 문화에 맞게 발전했다. 중목구조 주택은 그로부터 1800년대 초반까지 주로 사용되었으며, 그 이후 1840년대에는 경량목구조(light-weight wood frame)가 중목구조를 대체하기 시작했다. 이는 제재소에서 대량의 가늘고 긴 목재(규격재)를 제조할 수 있는 설비가 갖춰지면서 나타난 변화이다. 경량목조주택은 150년 전 도입된 이후 다양한 건축공법이 발전했음에도 불구하고, 여전히 북미 주택 시장의 90% 이상을 차지하고 있다. 나머지 10% 미만은 경량스틸, 벽돌, 콘크리트 등 다른 건축시스템을 사용하고 있다. 경량목조시스템은 바닥 장선, 벽스터드, 그리고 지붕 서까래를 일정한 간격으로 반복적으로 배치하여 구조체를 형성하며, 주로 빌더(builder)에 의해 현장에서 시공되고 있다. 하지만 최근들어 전문 인력 부족과 인건비 상승으로 인해, 경량목조주택도 공장에서 골조를 제작해 현장에서 조립하는 프리패브(prefabrication) 방식이 증가하고 있다.

유럽의 목조주택 유럽의 목조주택은 수백 년에 걸쳐 발전해 온 전통적인 건축 양식으로, 지역의 기후와 문화적 특성에 따라 다양한 형태와 구조를 지닌다. 특히 북유럽과 중부 유럽 지역에서는 자연친화적인 설계와 단열성을 강조한 목조주택이 오랜 역사를 자랑하며, 현대에도 친환경 건축물로 주목받고 있다. 나라별 목조주택의 특징에 대해 살펴보자.

1. **영국**: 가장 초기의 유럽 목조주택 중 하나는 영국에서 발견된 신석기시대에 지어진 주택이다. 잉글랜드와 스코틀랜드는 오랜 전통을 가지고 있으며 주요 건축 자재로 목재를 사용했다. 요크(York)의 고전적인 쇼핑 거리인 리틀 샘블즈(Little Shambles)는 주요 건물에서 튀어나온 위층이 아래 통로를 일부 덮고 있어 초기 중세시대를 떠올리게 한다. 15세기와 16세기 튜더 왕조 시대의 고전 목조건축 스타일은 런던과 다른 대도시의 번화한 거리뿐만 아니라 시골의 작은 마을에서도 뚜렷하게 나타난다. 많은 목조건물의 외관이 18세기와 19세기의 현대화로 인해 새로워졌지만, 나무 기둥 사이의 공간을 채우는 기본 재료인 초벽(waffle and daub)과 칠은 동일하게 유지되는 경우가 많다. 영국에서 체셔(Cheshire)의 리틀 모톤홀(Little Moreton Hall)보다 더 눈에 띄는 튜더식 목조건축물을 찾기란 쉽지 않다. 16세기 초에 지어진 이 저택은 헤링본 패턴, 참나무 들보, 엘리자베스 시대 벽난로, 목재 패널 갤러리뿐만 아니라 외벽을 둘러싸는 쉐브론(V자형 패턴) 및 마름모꼴 패턴과 같은 고전적인 중세 디자인 요소를 갖추고 있다.

[그림 1-3] 리틀 샘블즈, 영국 요크

[그림 1-4] 리틀 모턴홀, 영국 체셔

2. **독일**: 세계에서 가장 많은 목조건물을 볼 수 있는 나라 중 하나로, 다양한 목조건축물이 즐비하다. 특히 유네스코에 등재된 도시 크베들린부르크(Quedlinburg)는 5세기에 걸쳐 1,200채 이상의 팀버프레임 방식 목조주택이 남아 있어 주목받고 있다. 이 지역은 전쟁 피해와 현대화를 피해 왔으며, 부분적으로 또는 전체가 목조주택으로 이루어진 작은 마을이 많이 분포해 있다. 독일의 목조건축 스타일은 지역마다 독특한 목공 기술을 바탕으로 매우 다양하다. 독일의 건축 계획법은 건물과 지역 건축물의 보존을 강조하며, 목조주택은 정부의 건축허가를 받기 전에 해당 지역 또는 도시의 전통적인 디자인을 준수하여 설계해야 한다.

[그림 1-5] 팀버프레임 건물, 독일 크베들린부르크

3. **프랑스**: 13~18세기에 지어진 정교한 목조주택이 여전히 많이 남아 있다. 특히 알자스(Alsace) 지역은 프랑스에서 목조주택이 가장 많은 곳으로 알려져 있다. 목조건물은 프랑스 전역과 인근 지역에서 인기를 끌고 있으며, 특히 노르망디 지역의 목조건축은 오랜 역사를 자랑한다. 이 지역의 수도인 루앙(Rouen)에서는 다양한 건축 기술이 사용되었는데, 그중 포스트 인 그라운드(post in ground) 방식과 포스트 온 씰(post on sill) 기술이 주목할 만하다. 포스트 인 그라운드 방식에서는 기둥을 땅에 직접 묻었지만, 포스트 온 씰 방식은 바닥에 놓인 들보 위에 기둥을 두었다. 당시에는 포스트 온 씰 방식과 같이 화재 위험을 줄이기 위해 목재와 석재를 혼합하여 건축하는 관행이 보편화되었다.

[그림 1-6] 프랑스 노르망디 루앙의 목조건물

4. **스칸디나비아**: 중세부터 18세기까지 노르웨이에서는 통나무 건물이 일반적으로 사람과 가축을 수용하는 용도로 지어졌다. 유럽 대부분 지역에서는 통나무 구조가 일반화되지 않았다. 1624년 오슬로에서 대규모 화재가 발생한 이후로 크리스티안 4세는 도시를 새로운 장소로 이전하도록 명령했으며 화재를 예방하기 위해 통나무 건물을 짓는 것을 규제했다. 또한 건물을 지을 때 부유한 시민들은 벽돌을 사용하고 덜 부유한 사람들은 덴마크 방식의 목조 골조를 사용하도록 요구했다. 그 후로부터 2세기 동안 노르웨이에서는 주택의 절반 이상이 목구조로 건축되었다. 스칸디나비아 지역의 목조주택은 자연 친화적인 디자인과 기능성을 강조한다. 주로 소나무와 전나무 같은 현지 목재를 사용하며, 기후에 맞춘 뛰어난 단열 성능이 특징이다. 일조량이 적고 추위가 심한 지역적 특성 때문에 경량구조와 큰 창문을 통해 자연광을 최대한 활용하고 실내외의 경계를 허물어 자연과 조화를 이루는 디자인을 추구한다. 또한 전통적인 기둥 · 보 구조와 현대적인 디자인이 잘 어우러져 세련된 외관을 갖추고 있다. 지속 가능성과 에너지 효율성을 고려한 친환경적인 건축 방식이 적용되어 스칸디나비아 지역의 자연환경과 문화적 정체성을 잘 반영하고 있다.

[그림 1-7] 노르웨이 브리겐 지역의 300년 이상 된 목조건물

동양의 목조주택 동양의 목조주택은 자연과 조화를 이루는 설계가 특징이며 전통적으로 기후와 지역적 환경에 맞춰 발전해 왔다. 중국, 일본 등 동아시아 지역에서는 목재를 이용해 유연하고 내구성 있는 구조를 만들었으며, 개방적인 공간 배치와 자연 채광을 활용한 디자인이 돋보인다. 오늘날에도 이러한 전통적 목조 건축 방식은 현대적 기술과 결합되어 친환경적인 주거 형태로 각광받고 있다.

1. **일본**: 개항 이후 19세기에 미국인 건축가들이 참여하여 많은 건축물이 세워졌다. 이 시기에 일본에서는 경량목구조를 2×4공법이라고 불렀다. 간토 대지진 이후 일본 전통주택(기둥 · 보 구조)의 내진 성능에 대한 우려가 커지면서, 상대적으로 지진에 강한 북미식 경량목조주택이 주목받기 시작했다. 현재도 일본에서 목조주택의 수요는 계속 증가하고 있으며, 경량목구조가 일본의 전통 기둥 · 보 구조에 비해 합리적 설계와 시공이 가능하다는 이유로 점차 경량목구조로의 전환이 이루어지고 있다.

2. **중국**: 전통 가옥은 초기 왕조 시대 이후 주로 목재를 사용해 지어졌다. 당시 석조나 흙으로 만든 주택은 드물었으며, 벽돌과 돌은 주로 벽이나 공공 건물의 건축에 사용되었다. 상류층은 부의 상징으로 다양한 등급의 목재를 사용하여 집을 지었다. 지역에 따라 주택의 형태도 다르게 나타났다. 강수량이 많은 중국 남부지역에서는 경사진 지붕이 유리했고, 건조한 북부 지역에서는 평평한 지붕이 더 실용적이었다. 북쪽에서는 일조량을 높이기 위해 안뜰이 강조되었지만 일조량이 풍부한 남쪽에서는 그 중요성이 덜했다. 또한 북부 평원에서는 2층 이상의 주택이 드문 반면에 산악 지역인 남부 지역에서는 공간 부족으로 2층 이상의 주택이 흔히 지어졌다.

국내 목조주택 개요

한국전쟁 이후, 우리나라는 미국으로부터 많은 철근과 콘크리트를 지원받아 콘크리트와 한옥 양식을 결합한 개량 가옥이 많이 지어졌다. 그러나 전통 한옥 양식은 아파트와 철근 콘크리트 주택에 밀려났고, 목조건물은 주로 종교 및 문화유적 건축 등의 한옥 형태로 그 명맥을 이어갔다.

1960년대 후반에는 도시 인구 집중으로 주택 수요가 급격히 증가하면서, 산림 자원 부족으로 목재 가격이 상승함에 따라 콘크리트 아파트가 대량으로 공급되었다. 그 결과 한옥을 포함한 목조건물은 급격히 줄어들었다. 1988년 서울올림픽 이후 경제 호황을 맞으며, 북미식 목조주택을 경험한 사람들이 서울 외곽에 별장으로 경량목조주택과 통나무주택을 짓기 시작했다. 그러나 이 시기에 지어진 목조주택은 전문 빌더가 아닌 이들이 시공해 결함이 많았다. 1990년대 후반, 일산신도시 개발로 북미식 목조주택 단지가 형성되었고 미국인 기술자와 교포들이 유입되면서 목조주택 시공 기술이 전파되었다. 2010년 이후에는 연간 목조주택 착공 수가 10,000세대를 넘으며 단독주택 시장에서 목조주택의 점유율이 높아졌다. 그러나 2020년 이후 건축 산업 전반의 위기로 목조주택 착공 수가 7,000세대 이하로 줄어들어, 목조건축 산업이 위축되었다.

현재 목조주택의 시장점유율은 줄었으나 정부의 탄소중립 정책 덕분에 목조건축 활성화에 대한 인식은 높아지고 있다. 이는 환경 지속 가능성과 탄소중립 목표 달성에 기인한다. 목재는 성장 과정에서 이산화탄소를 흡수하고 저장하는 능력이 뛰어나, 건축 자재로 사용될 때 탄소 발자국을 줄이는 데 큰 도움이 된다. 또한 자연적인 단열 특성으로 에너지 효율성이 높아 난방 및 냉방 비용을 절감할 수 있다. 목재는 재활용이 용이하며, 지속 가능한 산림 관리가 이루어질 경우 환경에 미치는 부정적인 영향을 최소화할 수 있다.

이러한 이유로 많은 나라에서 목조건축을 촉진하는 정책과 인센티브를 도입하고 있으며, 이는 건축 산업의 친환경적 전환을 이끌고 있다. 국내 목조건축 산업도 세계적 흐름에 맞춰 미래 지속 가능한 도시 개발에 중요한 역할을 할 것으로 기대된다.

1.3 목조주택의 발전과정

건축재료로서의 목재

목조건물은 전 세계적으로 찾아볼 수 있으며, 특히 스칸디나비아, 유럽, 북미 등 나무가 풍부한 지역에서 더 흔하게 볼 수 있다. [그림 1-8]의 스타브 교회(Stave Church)는 12세기에서

14세기 사이에 노르웨이에서 건축된 세계에서 가장 오래된 목조건물 중 하나이다. 전통적인 북유럽의 건축 기술과 미적 요소가 결합된 건물로서, 오랜 세월을 견디며 오늘날까지도 보존되고 있다.

또한 아주 오래 전부터 사람들은 나무를 이용한 주거용 건물을 지어왔다. 초기에는 자연 지형을 이용한 쉘터 형태였으나, 돌 위에 나무 기둥을 세워 뼈대를 만들고 보와 보를 나뭇가지로 연결하여 지붕을 형성하는 방식으로 점차 독립적인 구조물로 발전했다. 더 나아가서 쉘터는 개인의 프라이버시를 보호하기 위해 벽을 세우고 동물의 습격과 추위를 피하기 위해 바닥을 올렸으며, 실내에서 불을 피울 수 있는 공간이 있는 형태로 점차 발전했다. 이러한 쉘터 형태의 건축은 주택의 탄생 배경이 되었다.

[그림 1-8] 스타브 교회의 외부와 내부 모습

목조주택의 종류

통나무 구조 통나무주택은 초기 목조주택의 일반적인 형태 중 하나로, 통나무 구조를 활용하여 건축되었다. 통나무주택은 구조뿐만 아니라 외부 및 내부 마감재까지 통나무로 노출되어 있다. 제재 기계와 도구의 부족으로 인해 통나무주택 건설은 더디고 노동 집약적이었다.

일반적으로 통나무 구조는 원형 단면의 통나무를 수평으로 쌓아 올려 구성하지만, 경우에 따라 사각형으로 가공하기도 한다. 통나무 단면에 홈을 파거나 일부를 깎아내는 이유는, 통나무를 쌓을 때 나무 사이의 틈을 최소화하고 통나무를 서로 밀착시켜 벽을 타고 흐르는 빗물이 내부로 스며드는 것을 방지하기 위함이다.

통나무를 수평으로 쌓아 벽을 만드는 통나무 구조는 수평 하중에 취약한 특성이 있다. 이를 보완하기 위해, 통나무 구조에서는 벽 모서리에 홈을 파서 통나무끼리 맞물리도록 시공한다. 이러한 방식은 못을 사용하지 않는 통나무 구조의 약점을 보완하고, 수평 하중에 대한 저항력을 높이는 데 도움이 된다. 또한 벽 모서리는 수평 하중을 견딜 수 있도록 일정 길이만큼 바깥으로 돌출되게 설계한다.

[그림 1-9] 통나무 구조

팀버프레임 구조 팀버프레임은 통나무 구조와 함께 초기 목조건물에서 흔히 볼 수 있는 구조로 '기둥 · 보 구조'라고도 한다. 비교적 큰 사각형 단면의 팀버(목재)가 구조적인 역할을 하며, 실내에서는 목재가 그대로 노출되는 것이 특징이다. 각 팀버는 수작업으로 다양한 짜맞춤 방식으로 조립된다. 외벽은 팀버 부재 사이 공간을 비내력벽(non-load bearing wall)으로 채워 하중을 받지 않도록 설계할 수 있다.

팀버프레임 구조는 수직으로 세워진 기둥과 수평 또는 기울어진 보가 구조물에 영향을 미치며, 하중을 기초 쪽으로 전달한다. 대단면 목재를 사용하면 하중 저항력이 커져 사용되는 부재의 수를 줄일 수 있다. 기둥의 부재 수가 줄어들면 기둥 사이의 간격이 넓어지고, 벽의 활용이 더 수월해진다. 간격이 넓어진 기둥과 기둥 사이의 벽은 외부 하중에 영향을 받지 않는 비내력벽으로 구성할 수 있기 때문에 대형 창문을 설치하여 전망을 확보할 수 있다는 장점이 있다.

[그림 1-10] 팀버프레임 구조

전통적 방식과 현대적 방식의 팀버프레임 구조 간에는 조립 방식에 차이가 있다. 전통적 팀버프레임 구조에서는 목수가 직접 부재를 짜맞춤 방식으로 결합한다. 반면, 현대의 기둥·보 구조는 컴퓨터로 제어되는 공작기계(CNC)를 사용해 부재를 정교하고 빠르게 가공하고 조립할 수 있다. 이 과정에서 현대적인 프리컷 방식은 연결 철물(metal connector)을 사용하여 더 큰 하중을 견딜 수 있도록 설계된다.

현대식 기둥·보 구조의 장점은 목재 골조를 실내에 노출시켜 따뜻하고 자연스러운 분위기를 조성하는 데 있다. 목재는 공기 중 습도를 조절해 쾌적한 실내 환경을 유지하며, 흡음 효과도 뛰어나다. 또한 친환경 소재로서 지속 가능성을 강조할 수 있어 현대적인 디자인과도 조화를 이루는 건축 방식이다.

하이브리드 구조 하이브리드(hybrid)는 두 개 이상의 다른 요소가 합쳐진 것을 의미한다. 같은 맥락에서 하이브리드 건축은 건물의 구조를 형성하는 요소가 두 개 이상의 재료나 기술이 조합되어 있음을 나타낸다. 쉽게 말해 목재와 콘크리트, 목재와 스틸 등 서로 다른 재료가 결합되어 건물의 주요구조부를 형성하는 것이 하이브리드 구조이다. 하이브리드 건축은 다양한 재료와 시스템이 교차하는 영역에서 특별한 주의가 필요하므로, 단일 구조보다 시공 과정이 더 복잡할 수 있다. 그럼에도 불구하고 서로 다른 재료를 혼합하여 건축하는 이유는 무엇일까?

하나의 재료로는 충분하지 않은 구조적 성능을 개선하고 미적 다양성을 더하며, 궁극적으로는 경제적인 이점을 얻기 위함이다. 이러한 이유로 오늘날 많은 중대형 건물이 하이브리드 건축으로 지어지고 있다. 하이브리드 목조건축 시스템은 목재를 기반으로 하되, 강철, 콘크리트, 유리 등 다양한 재료와 기술을 결합하여 여러 가지 구조 솔루션을 제공한다. 못, 나사, 볼트 및 연결용 플레이트는 목조건축에서 표준적으로 사용되는 연결 부재이다. 하이브리드 목조건축은 강철, 콘크리트와 같은 다른 재료를 건물 구조에 필수적으로 사용하며, 각 재료의 장점을 최대한 활용하여 구조와 건물의 성능을 최적화할 수 있기 때문에 대규모 건축물에 주로 사용된다.

[그림 1-11] 목재와 스틸이 결합된 하이브리드 목조건물

매스팀버 구조 목재로 고층빌딩 같은 대형 건축물을 만들 수 있을까? 당연히 가능하다. 목재가 가진 장점들을 최대한 활용하기 위해 공학적으로 재구성한 목재 제품들이 개발되었다. **매스팀버**(mass timber)는 주거용, 상업용, 산업용 건물 등 다양한 용도로 사용할 수 있는 강력하고 내구성이 뛰어난 목재 제품이다. 전통적인 건축 자재에 비해 여러 가지 장점이 있어 최근 들어 인기를 끌고 있다.

매스팀버 제품인 직교 집성재와 못접합 집성재 등의 혁신적인 목재 제품이 개발되면서 건축 산업에 혁신이 일어나고 있다. 매스팀버 건물은 벽, 바닥, 지붕 골조를 주로 공장에서 **프리패브**(prefabrication)로 제작한 대형 목구조패널을 사용한다. 제조 방식에 따라 매스팀버는 다음의 종류로 구분된다.

1. 직교 집성판(CLT; Cross Laminated Timber)
2. 못접합 구조용 집성판(NLT; Nail Laminated Timber)
3. 도웰접합 구조용 집성판(DLT; Dowel Laminated Timber)
4. 글루램 구조용 집성판(GLT; Glue Laminated Timber)

경량목구조 건축구조기준에서는 경량목구조를 '주요구조부가 공칭 두께 50mm(실제 두께 38mm)의 규격재로 건축된 목구조'로 정의하고 있다. 경량목구조는 목재 제품으로 연결된 각 부위의 주요구조부(벽, 기둥, 바닥, 보, 지붕 등)가 주택에 작용하는 다양한 하중(바람, 지진, 눈하중 등)을 분산하고 지지하는 역할을 한다. 즉, 목조주택의 뼈대를 형성하는 가늘고 긴 목재 부재가 건물에 작용하는 외력에 견디도록 설계되어 있다. 기둥·보 구조나 매스팀버 구조와 달리 경량목구조의 가장 큰 차이는 주요구조부의 골조에 가늘고 긴 부재, 즉 규격재를 사용한다는 점이다.

경량목조주택의 주요구조부는 비교적 촘촘한 간격으로 배치된 규격재와 합판과 같은 구조용 목질 판재를 결합해서 격판(diaphragm) 구조를 형성한다. 이렇게 만들어진 목조 벽, 바닥, 지붕 골조 시스템은 외력에 의해 골조가 변형되지 않도록 강성(stiffness)을 제공하며 내부 및 외부 마감재를 지지하고 단열재 설치를 위한 공간을 제공한다.

경량목구조는 골조의 결구 방식에 따라 두 가지로 분류할 수 있다. 하나는 외피구조이고 다른 하나는 층식구조이다. **외피구조**는 1층과 2층의 벽 골조가 연속적으로 이어져 있으며, 바닥과 지붕 골조가 벽 골조에 직접 연결되는 구조이다. 이러한 구조로 인해 하중이 외벽 골조에 일직선으로 전달되어 강성이 높은 편이지만, 공사 과정이 복잡하고 시간이 많이 소요된다. 반면 **층식구조**는 각 층의 바닥 골조와 벽 골조가 별도로 구성되어 있다. 각 층의 벽 골조는 위층의 바닥 골조와 연결되는 구조이다. 이로 인해 외피구조에 비해 공사 과정이 단순하고 빠르게 진행될 수 있다. 그러나 하중이 외벽 골조에 직접 전달되지 않고 층별로 분산되기 때문에 외피구조에 비해 강성이 낮다.

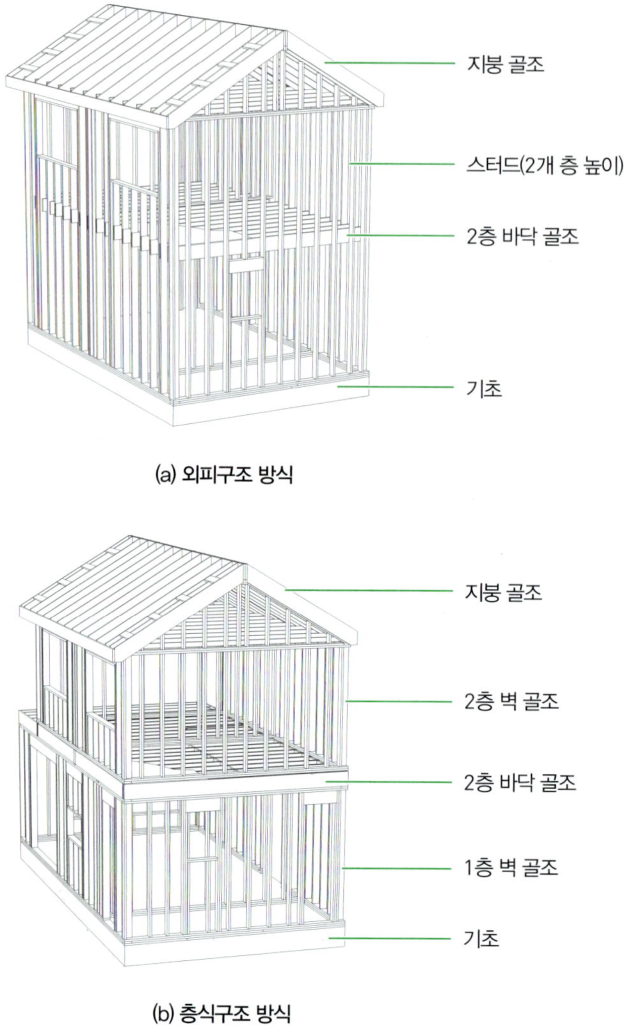

[그림 1-12] 외피구조 방식과 층식구조 방식

외피구조와 층식구조에 대해 보다 자세히 알아보자.

1. **외피구조(balloon framing)**: **벌룬프레임**이라고도 불리는 외피구조는 1830년대 미국에서 개발되어 다른 나라로 전파되었고 19세기에는 미국, 캐나다, 그리고 스칸디나비아에서 인기를 끌었다. 이 구조의 벽 골조는 수직 부재인 스터드(stud)가 기초부터 지붕 골조까지 연속적으로 이어지는 것이 특징이다. 즉, 외벽 스터드는 기초에서 지붕 골조까지 건물 전체 높이에 대해 수직으로 연장된다. 외피구조는 1940년까지 약 100년 동안 경량목조주택의 주요 구조 방식으로 인기를 끌었으나, 외벽 스터드용 긴 목재 구입이 점점 어려워지면서 인기가 떨어졌다. 이후 층식구조의 장점이 널리 알려져 외

피구조는 층식구조로 대체되었다.

앞서 설명한 것처럼 외피구조는 가늘고 긴 규격재를 사용하여 벽의 수직 부재인 스터드가 기둥의 역할을 대신하는 구조이다. 2층 주택의 경우, 스터드는 층에서 끊기지 않고 기초에서 지붕의 처마까지 하나의 긴 부재로 사용된다. 층을 나누는 바닥 판을 형성하기 위해 바닥 장선은 외벽 스터드의 중간 지점까지 연장되어 수평으로 설치된 띠장 위에 걸쳐서 고정된다. 지붕 서까래와 천장 장선은 벽의 이중깔도리라고 불리는 수평 부재 위에 고정된다.

외피구조는 1층과 2층이 막힘없이 이어진 외벽 골조의 긴 스터드 사이 공간이 굴뚝과 같은 역할을 한다. 이로 인해 화재 발생 시 화염이 층과 층 사이를 쉽게 이동할 수 있었다. 긴 부재는 짧은 부재보다 현장에서 다루기가 더 어렵다는 단점 때문에 외피구조는 높은 층고를 요구하는 건물 외에는 현재 거의 사용되지 않는다.

2. **층식구조(platform framing)**: 1950년대 이후 외피구조의 단점을 보완하고 더 효율적인 구조를 개발하기 위해 제안된 것이 층식구조이다. 층식구조는 층별로 분리된 벽 골조와 바닥 골조로 구성되며, 짧은 길이의 목재를 사용하여 외피구조보다 더 효율적이고 강성이 향상된 구조이다. 현재는 목조주택 시장에서 가장 흔히 사용되는 구조 방식으로, **플랫폼구조**라고도 불린다. 화재 시 내화성능이 취약하고 작업성이 떨어지는 외피구조의 약점을 보완한 층식구조는 외피구조와 마찬가지로 벽 골조에는 수직 부재인 스터드, 바닥 골조에는 장선, 지붕 골조에는 서까래 부재에 규격재가 사용된다. 그러나 외벽에 긴 스터드를 사용한 외피구조와 달리, 층식구조는 외벽이 층별로 나뉘어 있다는 특징이 있다.

   층식구조의 시공 방식에서는 1층 벽체를 세운 후 그 위에 2층 바닥 골조를 시공하고, 이 바닥 골조는 2층 벽체 작업을 위한 평탄한 작업대, 즉 플랫폼 역할을 한다. 2층 벽체가 세워지면 그 벽체 위에 다른 층의 바닥 골조가 시공될 수도 있고, 더 이상 층이 없을 경우 지붕 골조가 시공된다.

   외피구조와 달리 층식구조는 각 층이 나뉘어 있기 때문에 수직 부재의 길이가 짧아지고 가벼워져 작업이 용이하다. 또한 층식구조는 단일 층의 구조적 문제가 다른 층에 영향을 미치지 않고 화재 시 층과 층 사이의 화염 확산을 방지할 수 있다. 보다 쉬운 가공 및 설비 설치 등 다양한 장점을 가지고 있어 오늘날 북미뿐만 아니라 여러 나라의 주택 시장에서 가장 흔히 적용된다. 우리나라에서 지어지는 경량목구조의 대부분이 층식구조이다.

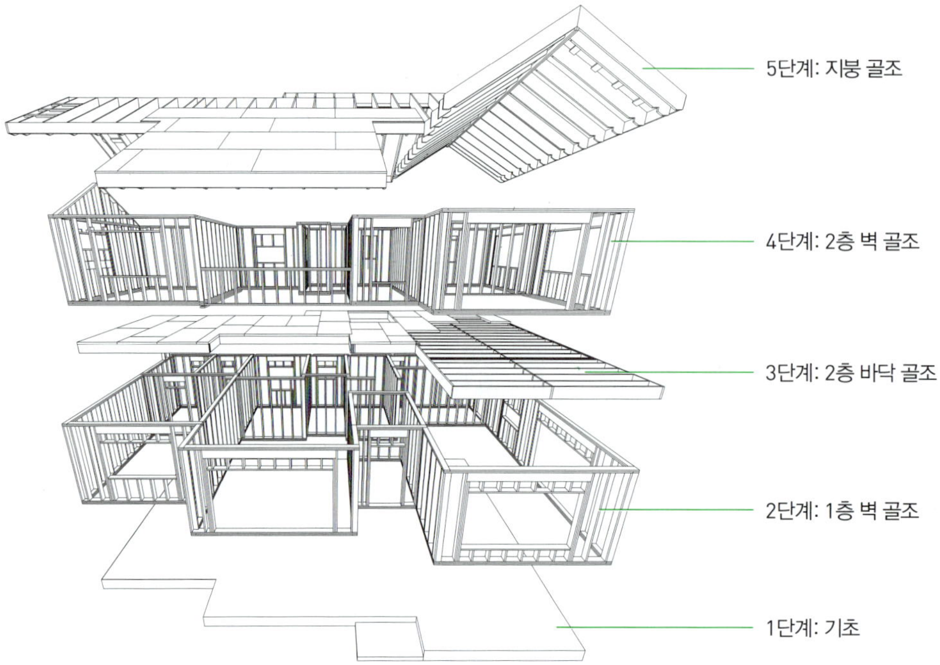

[그림 1-13] 층식구조의 층별 주요구조부 시공 단계

공업화 주택

경량목구조를 시공하는 방식에는 빌더에 의해 현장에서 이루어지는 스틱빌트(stick built) 방식과 공장에서 제작되는 프리패브(prefabrication) 방식 두 가지가 있다. **스틱빌트 방식**은 여전히 목조주택 시장에서 주를 이루고 있지만, 전문 인력이 부족하고 인건비가 지속적으로 상승함에 따라 공장에서 기계에 의해 제작되는 공업화 주택(프리패브 주택)에 대한 수요가 점차 증가하고 있다. 이에 따라 경량목조주택의 구성 요소가 공장에서 조립식으로 제작되어 패널이나 모듈로 현장에 전달되고 조립되는 사례가 점점 더 많아지고 있다.

프리패브 방식으로 공장에서 제작되는 골조 시스템은 크게 모듈러 시스템(modular system), 클로즈드 패널 시스템(closed panel system), 오픈 패널 시스템(open panel system)으로 나눌 수 있다. 각각의 시스템에 대해 알아보자.

모듈러 시스템 유닛(unit)공법이라고도 불리는 모듈러(modular) 시스템은 경량목조주택의 모든 구성 요소가 공장에서 완성되어 현장으로 운송되는 방식이다. 이 시스템은 주택의 각 부분이 공장에서 완성되므로 현장에서는 조립작업만 이루어진다. 이를 통해 현장 시공 기간을 단축할 수 있고 품질 관리도 용이하다. 또한 공장 생산으로 인해 생산성이 높아지고 인건비와 시공비가 절감되며, 환경 친화적인 시설을 통해 에너지 효율성도 향상될 수 있다. 그러나 대규모 생산에 적합한 시설이 필요하고, 설계 변경에 대한 유연성이 떨어지는 단점도 있다.

[그림 1-14] 공장에서 제작 중인 모듈러 주택

클로즈드 패널 시스템 공장에서 벽, 바닥, 지붕 패널에 배선, 배관, 단열재, 외장재, 창문 등을 설치한 후 이를 현장으로 이동하여 조립하는 방식이다. 이 시스템은 패널이 공장에서 완성되기 때문에 현장 작업 시간을 줄일 수 있으며, 공장에서 제조되므로 품질 관리가 용이하다. 또한 패널에 배선, 배관, 단열재 등이 설치되어 있어 현장 작업의 난도가 낮아지고 작업 속도가 빨라진다. 그러나 클로즈드 패널 시스템은 패널의 크기와 무게가 커지므로 운송과 설치에 어려움이 있을 수 있으며, 공장 생산 과정에서 설계 변경이 어려울 수 있다. 또한 공장에서 패널이 완성되기 때문에 현장에서 추가 작업이 필요한 경우 제한이 있을 수 있다.

[그림 1-15] 클로즈드 패널 시스템

오픈 패널 시스템 공장에서 경량목조주택의 벽, 바닥, 지붕의 골조만을 패널로 제작한 후, 이를 이송하여 현장에서 조립하고 각종 마감재를 현장에서 설치하는 방식이다. 이 시스템은 클로즈드 패널 시스템과 달리 패널에 배관, 배선, 단열재 등이 설치되어 있지 않기 때문에 패널의 크기가 작고 무게가 더 가벼워 운송과 설치가 쉽다. 또한 현장에서 마감재를 설치하므로 설계 변경이 더욱 쉽고 현장 조건에 따른 유연한 대응이 가능하다. 그러나 오픈 패널 시스템은 현장에서 마감재를 설치하므로 현장 작업 시간이 더 오래 걸리며, 현장 조건에 따른 품질 변동이 발생할 수 있다. 클로즈드 패널 시스템에 비해 공장 생산 과정에서의 품질 관리가 어려울 수 있다.

[그림 1-16] 오픈 패널 방식으로 시공된 목조주택

1.4 목조주택의 구조

목조주택 시스템

목조주택 시스템은 구조적으로 골조 시스템, 기계/전기 시스템, 인테리어 시스템, 외피 시스템으로 구분할 수 있다. 이 네 가지 시스템은 모두 골조 시스템에 의해 지지되고 있기 때문에 골조 시스템 없이 나머지 시스템은 독립적으로 지지될 수 없다.

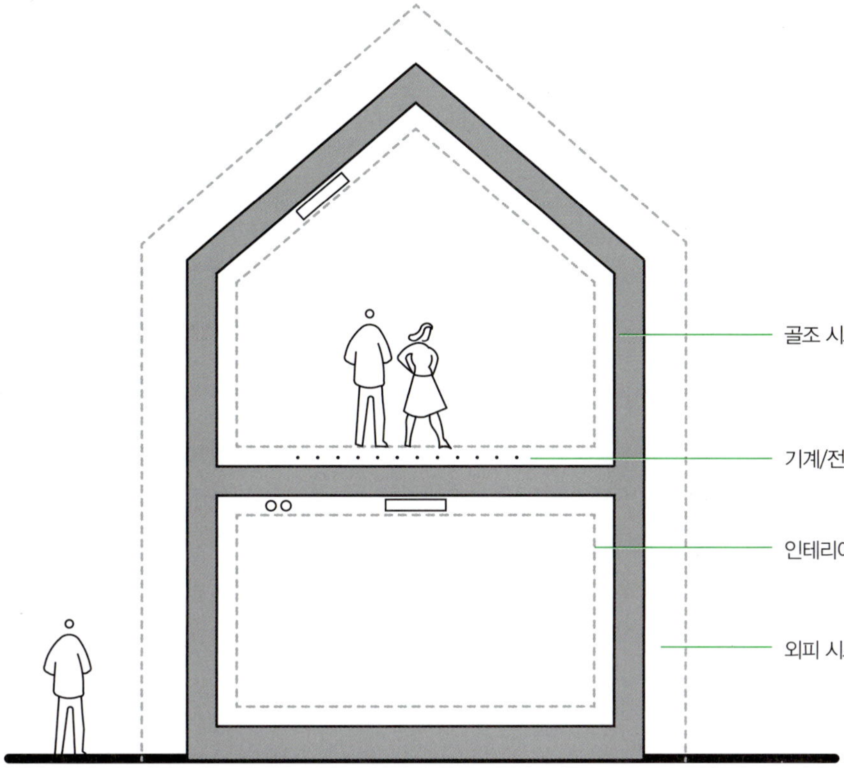

[그림 1-17] 목조주택을 구성하는 네 가지 시스템

집의 외관이 벽돌이나 돌로 마감되어 있을 경우 건물의 골격 역할을 하는 골조 시스템이 겉으로 드러나지 않기 때문에 실제 구조 유형을 파악하기 어렵다. 따라서 주택의 구조 유형은 내부나 외부 마감재가 아니라 실제 구조를 담당하는 주요 부분에 사용된 재료에 의해 결정된다. 예를 들어, 철근 콘크리트로 주요 구조가 이루어진 집은 철근 콘크리트 주택으로 벽돌이 주된 구조 역할을 하는 집은 벽돌 주택으로 분류된다. 목재가 주요 구조 재료로 사용된 경우에는 목조주택이라고 한다.

목조주택의 주요구조부

건축법에서 주요구조부는 내력벽, 기둥, 바닥, 보, 지붕틀 및 주계단을 의미한다. 주요구조부는 건축물의 구조상 중요한 부분을 담당하며 건물에 작용하는 하중과 깊은 관계가 있다. 이 구조부는 하중뿐만 아니라 화재에 노출되었을 때도 일정 시간을 견딜 수 있어야 한다.

목조주택의 주요구조부를 구성하는 대표적인 목재 제품에는 규격재, 공학목재 제품, 구조용 목질판재가 있다. 이러한 제품들은 집의 구조적인 성능에 직접 영향을 미치기 때문에, 반드시 공식적인 절차를 거쳐 구조적으로 인증된 제품을 사용해야 한다.

제품 표면에 있는 등급 도장을 통해 사용하려는 목재 제품의 공식 인증 여부를 확인할 수 있다. 등급 도장에는 목재의 등급, 함수율, 공인된 인증기관, 나무의 수종, 제재소의 고유번호 등이 표시된다. 목재에 등급 도장이 찍혀 있어도, 사용 용도에 맞게 사용하는 것이 중요하다.

또한 주택의 기초나 최하층 바닥은 구조적으로 중요한 부분이지만 건축법에서 정의하는 주요 구조부에는 포함되지 않는다. 건축법에서는 기초나 최하층 바닥이 흙 속에 묻히거나 흙과 접촉할 가능성이 크고, 흙은 수분을 함유하고 있어 이로 인해 방화가 가능하다고 설명한다.

목조주택의 구조 요소 목조주택의 구조 요소는 주요 구조물을 구성하며, 각 구조용 부재가 중요한 역할을 한다. 국내에서 일반적으로 사용되는 경량목조주택은 벽, 바닥, 지붕으로 이루어진 골조로 구성된다. 골조의 시공은 콘크리트 기초에 앵커볼트로 고정된 토대(sill plate) 위에 1층 벽 골조를 세우는 것부터 시작된다. 그 다음 2층 바닥 골조가 1층 벽 골조 위에 수평으로 놓인다. 이후 2층 벽 골조가 2층 바닥 골조 위에 세워지고, 그 위에 지붕 골조가 만들어진다. 이렇게 1층 벽체 위에 2층 바닥, 2층 바닥 위에 2층 벽체, 그리고 2층 벽체 위에 3층 바닥 혹은 3층이 없는 경우 지붕으로 골조가 마무리된다.

경량목구조 시스템의 요소 경량목구조 시스템은 바닥, 천장, 스터드벽, 지붕, 구조용 덮개로 구성되어 건물의 기본 구조를 형성한다. 각 요소를 자세히 살펴보자.

1. **바닥 및 천장 장선(floor joist & ceiling joist)**: 1층 벽 골조 위에 바닥 골조를 설치하고, 벽 골조에 고정한다. 바닥은 목재 장선과 바닥재로 구성된다. 천장 장선은 바닥 장선과 유사한 기능을 수행하는 목재 부재로, 건물의 최상층 천장과 그 위 바닥을 구성한다.

2. **스터드벽 골조(stud wall)**: 바닥 골조는 스터드벽 골조 패널을 조립할 수 있는 작업 플랫폼 역할을 한다. 스터드는 수직 목재 부재로, 표준 시공 간격으로 배치되며 바닥 골조의 하단과 상단에 모두 고정되어 있다.

3. **지붕 골조(roof framing)**: 지붕 트러스는 경사지붕 또는 평지붕 구성을 제공하는 동시에 단열, 환기, 전기, 배관, 난방 및 냉방 서비스를 위한 공간을 제공한다. 경사지붕은 경사진 장선(서까래) 또는 최상층 벽에 고정된 트러스로 구성된다. 서까래는 대각선 목재 부재로 균일한 간격으로 배치되어 있으며 지붕 덮개로 덮여 있다.

4. **구조용 덮개(sheathing)**: 구조용 덮개는 바닥, 벽, 지붕 골조에 고정되는 합판이나 OSB 같은 공학목재 제품이다. 지붕 덮개는 구조적으로 지붕 골조 부재의 측면 버팀대를 제공하며, 활하중과 고정하중을 서까래, 트러스, 바닥, 벽 골조로 전달하는 역할을 한다.

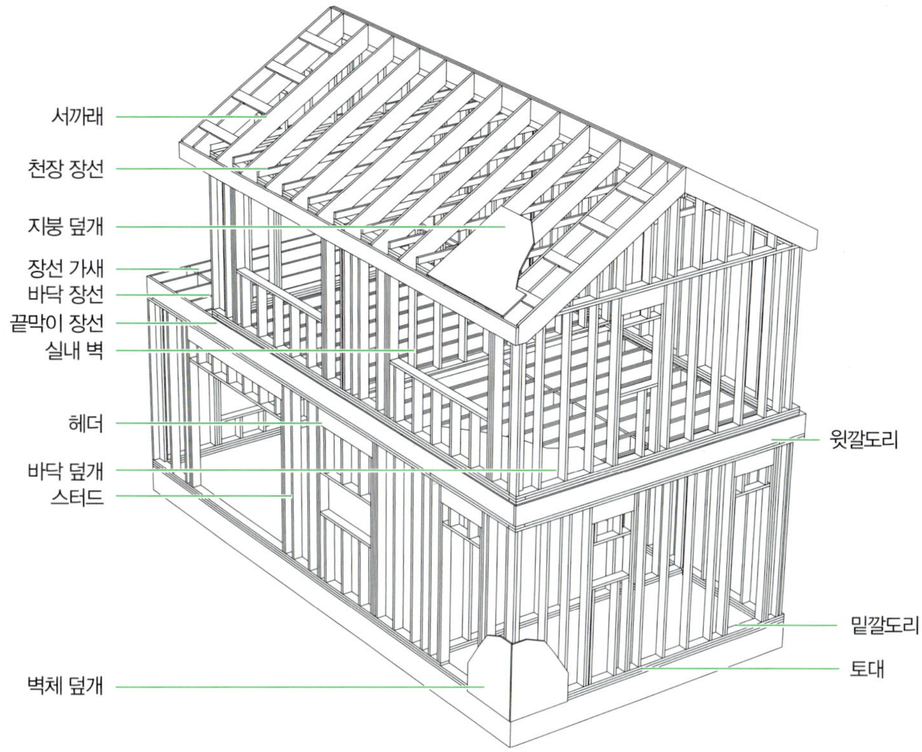

[그림 1-18] 목조주택의 주요 구조 요소

목조주택의 하중경로

하중경로란 구조물의 무게와 활하중이 적용되는 지점에서 기초까지 전달되며, 최종적으로 지면에 이르는 경로를 의미한다. 하중경로는 일반적으로 보, 기둥, 벽, 기초와 같은 일련의 구조 부재로 구성된다.

하중경로의 중요성 효율적인 하중경로 설계는 구조물 전체에 하중을 균등하게 분산시켜 하나의 구성 요소에 과부하가 걸리는 것을 방지함으로써 구조물의 안정성과 강도를 높이는 데 중요한 역할을 한다. 따라서 하중경로는 건물 설계 시 반드시 고려해야 한다.

하중이 적절하게 분산되지 않으면 하나의 구성 요소에 과부하가 걸려 그 부분이 구조물의 안정성을 해칠 수 있고, 결국 전체 구조의 안정성이 저하될 수 있다. 효율적으로 설계된 하중경로는 구조물의 안정성과 강도를 높이고 유지보수와 수리도 쉽게 할 수 있도록 한다. 이러한 점을 염두에 두고 건물을 설계하고 시공하는 것이 매우 중요하다.

수직 하중경로 목조주택의 경우, 건물의 무게는 일반적으로 철근 콘크리트로 만들어진 기초에 의해 지탱된다. 예를 들어 이층집의 지붕, 벽, 바닥은 내력벽, 기둥, 보를 통해 기초로 하중이 전달된다. 이러한 구조적 요소들은 무게를 균등하게 분산시켜 기초의 한 지점에 과부하가 걸리지 않도록 한다. 기초는 하중을 지면으로 전달하여 건물 붕괴를 방지하는 데 필요한 지지 역할을 한다.

하중은 고정하중과 활하중으로 나눌 수 있다. **고정하중**은 구조물의 무게, 지붕 자재, 고정 장비 등 건물에 항상 존재하는 영구적인 하중이다. 반면에 **활하중**은 사람, 가구, 눈과 같이 시간이 지남에 따라 변할 수 있는 임시 하중이다.

일반적인 목조주택에서 고정하중은 앞서 설명한 하중경로를 통해 지붕에서 기초로 전달된다. 하지만 풍하중이나 지진 하중은 수직이 아닌 수평으로 작용하기 때문에 다른 하중경로 메커니즘이 필요할 때가 많다. 활하중은 일반적으로 바닥 장선에 분산되어 하중을 지지하고, 이를 벽으로 전달한 후 기초로 이어진다. 이렇게 활하중의 하중경로는 하나의 구성 요소에 과부하가 걸리지 않도록 설계되어 건물의 구조적 무결성을 보장한다.

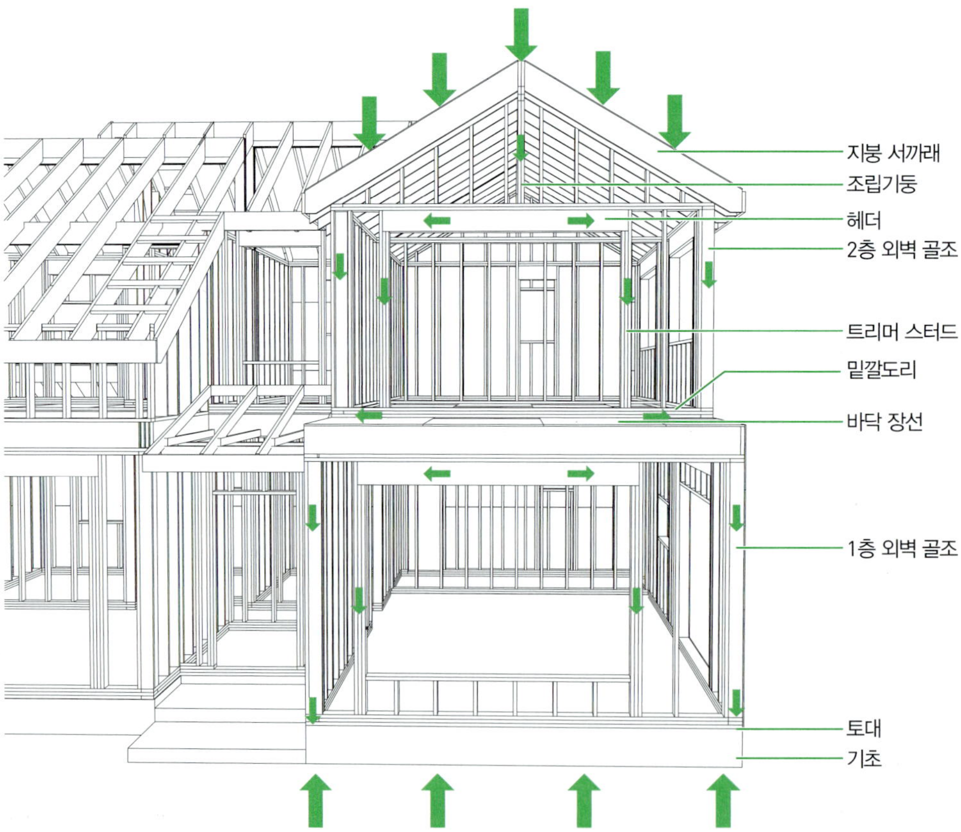

[그림 1-19] 목조주택의 수직 하중경로

수평 하중경로 풍하중이나 지진하중 같은 수평 하중은 건물에 수평 방향으로 작용하는 일시적인 하중이다. 이러한 수평 하중에 대응하기 위해 건물은 일반적으로 전단벽, 모멘트 프레임, 가새(bracing) 또는 이들의 조합을 사용한다.

전단벽은 건물의 바닥, 벽, 지붕을 통해 수평 하중을 기초로 전달하도록 설계되어 있다. 이 벽은 각 층 사이에 있는 모든 벽과 지붕을 연결해 건물 전체에 걸리는 수평 하중을 전달하고 분산하는 데 도움을 준다. 모멘트 프레임은 하중을 기초에 전달하는 고정 연결을 통해, 횝력에 저항할 수 있는 견고한 프레임을 만들어 측면에서 작용하는 힘에 대응한다. 모멘트 프레임은 대개 건물의 바닥, 벽, 지붕을 연결하여 전체 건물에 걸리는 수평 하중을 분산하고 횡력에 저항하는 데 사용한다. 가새는 인장 및 압축력에 대한 골조의 강성을 높이는 데 쓰인다. 주로 대각선 형태로 설치되어 수평력에 대한 저항력을 제공한다. 가새는 구조물의 휘어짐을 방지하고, 진동이나 바람에 의한 힘을 효과적으로 분산시켜 건물의 안전성을 향상시킨다. 일반적으로 강재나 목재로 제작되며, 다양한 건축물에서 널리 사용된다.

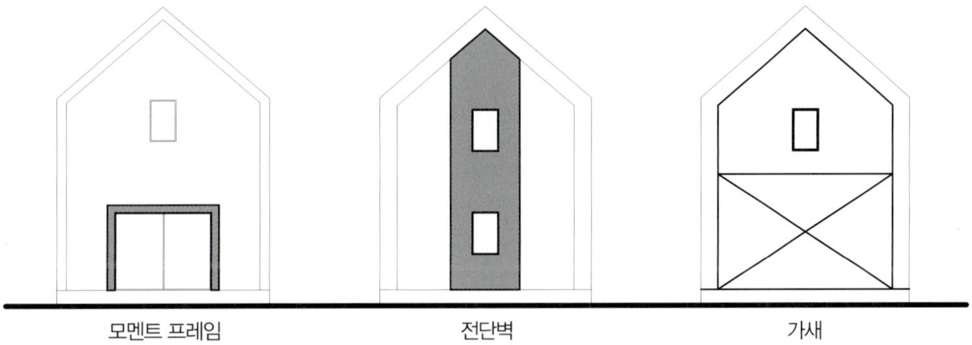

[그림 1-20] 수평 하중에 대응하기 위한 구조 보강 방법

연습문제

다음 설명을 읽고 '맞다' 또는 '아니다'를 선택하시오.

1.1 목재는 불이 붙으면 표면에 탄화층이 형성되어 산소 공급을 차단하고 내부 구조를 보호하는 특성이 있다.

a. 맞다

b. 아니다

다음 질문에 가장 적합한 답을 선택하시오.

1.2 현대 목조주택 건축에서 가장 일반적으로 사용되는 구조 방식은 무엇인가?

a. 외피구조 방식

b. 층식구조 방식

c. 기둥 · 보 방식

1.3 다음 중 재생 가능한 건축 자재는 무엇인가?

a. 콘크리트

b. 철강

c. 목재

1.4 목조주택 구조 방식 중 두 개 이상의 구조 재료를 조합하여 골조를 형성하는 방식은 무엇인가?

a. 통나무 구조

b. 팀버프레임 구조

c. 하이브리드 구조

1.5 목조주택에서 수평 하중에 대응하기 위한 구조 보강 방법이 아닌 것은 무엇인가?

a. 모멘트 프레임

b. 전단벽

c. 가새

d. 팀버프레임

Chapter

2

재료

2.1 규격재

나무의 특징

목조주택 설계 시공 시 나무를 효과적으로 활용하기 위해서는 건축재료로서 목재, 즉 나무가 가지는 특징을 먼저 이해해야 한다. 나무는 그 자체로 내구성, 안정성, 친환경성 등의 장점을 가지고 있다. 나무는 내구성이 좋기 때문에 나무로 만든 목조주택은 상당히 견고하다. 나무의 천연 내구성을 잘 활용하면 목조주택은 오랫동안 변형 없이 품질을 유지할 수 있으며, 자연재해에 대한 저항력을 높여 안정성을 강화할 수 있다. 나무의 친환경성은 목조주택이 지속 가능한 건축 방식임을 잘 보여준다. 나무는 재생 가능한 천연자원이며, 이를 건축에 활용함으로써 환경 보호에 도움이 된다. 또한 나무는 이산화탄소를 흡수하는 탄소저장고 역할을 한다.

목조주택의 구조용 목재는 엄격한 품질 관리와 생산 과정을 거쳐야 한다. 이는 목재의 품질이 목조주택의 안정성과 내구성에 직접적인 영향을 미치기 때문이다. 목재는 고유한 특성에 따라 용도와 등급이 나뉘는데, 이때 등급은 목재의 품질과 성능을 보증하는 중요한 지표이다.

나무는 **침엽수**(softwood)와 **활엽수**(hardwood)로 분류된다. 침엽수는 바늘 모양의 잎을 가진 나무로 소나무와 전나무가 이에 해당한다. 이들은 겨울철에도 잎을 유지하며, 추운 환경에서도 잘 자란다. 반면 활엽수는 넓고 평평한 잎을 가진 나무로 단풍나무와 참나무가 대표적이다. 활엽수는 계절에 따라 잎이 떨어지고 봄과 여름에 활발하게 성장한다.

[표 2-1] 침엽수와 활엽수의 차이점

구분	침엽수	활엽수
성장 속도	빠르다	느리다
무게	무게가 가볍고 강도와 탄성이 있다	무겁고 단단하다
용도	건축재료, 가구, 종이 제조 용도로 사용된다	고급 가구, 바닥재, 조각 재료로 사용된다
가격	활엽수에 비해 가격이 저렴하다	침엽수에 비해 가격이 높다
종류	소나무, 전나무, 가문비나무	참나무, 단풍나무

나무의 재료적 특징 나무는 독특한 재료적 특성을 통해 다방면에서 우리의 생활에 기여하고 있다. 특히 심미성, 색감과 질감, 촉감, 방음과 흡음성, 탄력성과 복원성 같은 특징이 두드러지며, 이러한 특징은 목조주택의 아름다움과 편안함, 기능성을 높이는 데 큰 역할을 한다.

1. **심미성**: 나무는 그 자체로 따뜻하고 자연스러운 느낌을 준다. 다양한 색상과 질감 덕분에 공간에 독특한 매력을 더할 수 있다. 나무의 결이나 무늬는 각기 다른 아름다움을 지니며, 시간이 지남에 따라 더욱 깊이 있는 멋을 발산한다. 이러한 특성은 목조주택이나 인테리어 디자인에서 자연과의 조화를 이루며 아늑한 분위기를 만들어준다.

2. **색감과 질감**: 나무의 다양한 색상과 그에 따른 느낌은 공간의 분위기를 결정짓는 중요한 요소이다. 또한 나무의 표면은 부드럽고 따뜻한 질감을 가지고 있어 실내 공간에 편안한 분위기를 만들어낸다.

3. **촉감**: 나무는 표면이 부드럽고 따뜻해 촉감이 좋다. 이 특성은 가구나 바닥재로 사용될 때 특히 중요하며, 실내에서 편안한 분위기를 만들어 준다. 대부분의 사람들은 나무를 만질 때 행복감을 느낀다. 이는 나무가 높은 열 저항력을 가지고 있어 더 따뜻하게 느껴지기 때문이다. 또한 나무는 아름답고 독소가 없는 친환경적인 재료로 사회적 요구가 높은 분야(건축, 가구, 포장 등)에서도 많이 사용된다.

4. **방음과 흡음성**: 나무는 소리를 흡수하는 능력이 뛰어나 방음과 흡음 효과가 있다. 이런 특징 덕분에 사무실, 음악 스튜디오, 극장 등에서 소음을 줄이고 음향 효과를 개선하는 데 많이 사용된다. 그래서 나무는 소리의 질을 향상시키는 중요한 재료로 인식되고 있다. 오케스트라는 현악기(바이올린, 첼로, 더블베이스)와 타악기(마림바), 피아노, 하프로 구성되며, 이 많은 악기들이 주로 나무로 만들어진다.

5. **탄력성**: 나무는 외부의 힘이나 압력을 받았을 때 원래 형태로 되돌아가는 탄력성이 뛰어나다. 탄력성이 높은 목재는 충격을 효과적으로 흡수하고 변형이 적어 건축 및 가

구 제작에서 우수한 성능을 발휘한다. 예를 들어, 가문비나무(spruce)나 호두나무와 같은 목재는 뛰어난 탄력성 덕분에 스포츠 용품이나 악기 제작에 널리 사용된다.

6. **친환경성**: 나무는 우리의 건강에 여러 가지 방법으로 도움을 주는 재료이다. 먼저 목재는 천연재료로 화학물질이나 알레르기를 유발하는 성분이 적어 안전한 환경을 제공한다. 또한 나무는 습도를 조절하는 능력이 있어 실내 공기를 쾌적하게 유지하는 데 기여한다. 게다가 목재는 자연적인 탄소 저장소로서 대기 중 이산화탄소를 흡수해 지구 온난화 완화에 기여한다. 나무로 만든 가구나 건축물은 자연 친화적인 공간을 조성하여 사람들의 삶의 질을 향상시킨다. 이처럼 나무는 안락하고 건강한 실내 환경을 만드는 데 기여하며, 건강에 해로운 요소를 줄이는 데도 중요한 역할을 한다.

나무의 구조적 특징 구조적으로 나무를 사용할 때 그 특성을 이해하는 것은 매우 중요하다. 나무의 특성을 고려하지 않고 사용했을 때 목조건물에 발생하는 문제는 다음과 같다.

1. 변형과 균열이 생길 수 있다. 목재는 수분 함량 변화에 따라 팽창하거나 수축하기 때문에 구조물에 변형이나 균열을 일으킬 수 있다.

2. 내구성이 저하될 수 있다. 목재의 이방성을 고려하지 않은 설계는 방향에 따른 강도 차이를 간과하게 되어 구조적 약화와 내구성 저하를 초래할 수 있다.

3. 부패와 해충 피해가 발생할 수 있다. 목재는 습한 환경에서 쉽게 부패하며 해충에 취약해 목조건물의 수명을 단축할 수 있다.

이러한 문제들을 예방하고 목조건물의 안전성과 내구성을 확보하기 위해서는 목재의 이방성과 흡습성을 정확히 이해하고 반영해야 한다. **이방성**(anisotropic)은 재료의 물리적 성질이 방향에 따라 달라지는 현상을 의미한다. 목재의 경우, 나뭇결 방향에 따라 구조적 성질이 다르게 나타난다. 이러한 이방성은 나무의 유기적 특성과 세포 구조에서 비롯된다. 나무의 단면을 확대해 보면 빨대처럼 생긴 세포들이 보이는데, 이 세포 배열, 즉 나뭇결의 방향에 따라 목재의 구조적 특징이 달라진다.

나무의 이방성을 쉽게 설명하기 위해 빨대 다발을 예로 들 수 있다. 빨대 다발을 양손으로 눌러도 변형되지 않는 것처럼 나무도 많은 세포로 이루어졌기 때문에 외부에서 오는 압축력이나 인장력에는 잘 견딘다. 그러나 빨대를 수평으로 놓고 위에서 수직으로 힘을 가하면 쉽게 휘어지듯이, 나무도 세포 방향에 수직으로 힘이 가해질 때는 압축이나 인장에 비해 구조적 성능이 낮아진다. 결론적으로 목조주택을 설계하고 시공할 때는 목재의 이방성을 고려하는 것이 중요하다. 목재의 강도가 섬유 방향에 따라 달라지기 때문에, 이를 반영해야만 구조적 안정성과 내구성을 확보할 수 있다.

흡습성은 나무가 주변 환경과의 평형 함수율을 유지하기 위해 공기 중의 습기를 흡수하거나 방출하는 능력이다. 나무는 상대 습도가 높은 환경에서는 수분을 흡수하고 반대로 습도가 낮은 환경에서는 수분을 방출한다. 이 과정 덕분에 나무는 주변 환경의 습도를 조절하는 역할을 한다.

나무를 벌목한 후 햇볕에 빠르게 말리면 나무가 쉽게 갈라지고 변형되는 현상을 종종 볼 수 있는데 이는 나무 내부에 있는 수분, 즉 함수율과 관련이 깊다. 함수율(MC; Moisture Content)은 목재나 다른 재료에 포함된 수분의 양을 나타내는 지표이다. 함수율이 높은 목재는 무겁고 부피가 커지며 기계적 강도가 감소할 수 있다. 또한 곰팡이가 생기거나 해충에 더 취약해지는 문제도 발생할 수 있다.

평형 함수율(EMC; Equilibrium Moisture Content)은 나무가 주변 환경의 상대 습도에 따라 습기를 흡수하거나 방출한 후 도달하는 수분 함량의 균형 상태를 의미한다. 상대 습도가 높으면 나무는 더 많은 수분을 흡수하고 반대로 상대 습도가 낮으면 수분을 방출하게 된다. 평형 함수율은 목재의 사용, 저장, 가공에 있어 매우 중요한 개념이다.

규격재의 특징

경량목조주택에 사용되는 **규격재**는 표준화된 규격으로 제재된 가늘고 긴 목재를 말한다. 규격재(dimension lumber)는 주로 북미에서 수입되며, 인치(inch)와 피트(feet) 단위로 제작된다. 하지만 우리나라에서는 미터법을 사용하기 때문에 인치와 피트 단위로 표기할 경우 소수점 이하의 미세한 차이로 인해 오차가 발생할 수 있다. 규격재는 목조주택의 안전성, 내구성, 그리고 구조적 안정성을 보장하기 위해 엄격한 기준과 규격에 따라 생산되어야 한다. 규격재의 주요 특징은 다음과 같다.

1. **규격화된 치수**: 규격재는 일정한 치수로 제작되기 때문에 건축 과정에서의 일관성과 효율성을 높인다. 이는 설계에서 시공까지 표준화된 과정을 지원하며 자재 손실을 최소화하는 데 기여한다.

2. **강도**: 구조용 목재는 사용 목적에 따라 다양한 강도 등급으로 분류된다. 강도 등급은 목재의 내구성과 하중 지지 능력을 나타내며, 목조주택의 구조적 안정성을 확보하는 데 중요한 요소이다.

3. **건조 처리**: 규격재는 건조 과정을 거쳐 함수율을 19% 이내로 조절한다. 이는 목재의 수축과 팽창을 최소화하고 구조적 안정성을 높이며 곰팡이나 부패의 위험을 줄인다.

4. **환경친화적**: 지속 가능한 산림 관리를 통해 생산된 목재를 사용함으로써, 목조주택

건축은 환경친화적인 선택이 될 수 있다. 목재는 탄소를 저장하는 역할을 하기 때문에 건축물의 탄소 발자국을 줄이는 데 기여한다.

목조주택에 규격재가 사용되는 부위 목조주택에서 규격재가 사용되는 부위는 각각 특정한 기능을 수행한다. 각 부위의 역할을 잘 알고 있어야만 구조의 안정성과 효율성을 높일 수 있다. 따라서 이러한 기능을 이해하는 것은 시공 및 설계 과정에서 매우 중요하다. 규격재가 사용되는 주요 부위에 대해서 알아보자.

1. **장선(joist)**: 바닥이나 천장을 지지하기 위해 사용되는 수평 구조 요소이다.
2. **스터드(stud)**: 벽을 구성하는 수직 구조 요소로 내외벽을 만드는 데 사용되며 벽체의 주요 지지 역할을 한다.
3. **서까래(rafter)**: 지붕을 지지하는 경사진 구조 요소로 지붕의 무게와 눈 또는 비 같은 외부 하중을 지탱한다.
4. **보(beam)**: 큰 하중을 지탱하는 구조 요소로 건물의 한 부분에서 다른 부분으로 하중을 전달한다.
5. **깔도리(plate)**:
   (a) 윗깔도리(top plate): 벽의 상단에 위치하며 천장이나 지붕 구조를 지지한다.
   (b) 밑깔도리(bottom plate): 벽 하단에서 바닥에 고정되어 벽체를 지지한다.
6. **트러스(truss)**: 지붕의 복잡한 구조를 구성하는 삼각형 골조 방식으로 큰 지간을 효율적으로 지지하는 데 사용된다.
7. **씰(sill)**: 기초나 구조물의 바닥에 놓이는 수평 구조 요소로 창문 아래쪽을 지칭할 때도 사용된다.

[그림 2-1] 목조주택에서 사용되는 규격재의 사용 부위

규격재의 생산 과정 규격재는 벌목에서 최종 제품에 이르기까지 총 10단계의 공정을 거쳐 생산된다. 각 단계별 공정은 다음과 같다.

1단계: 벌목된 나무를 일정한 길이로 자른 후, 운반 장소로 이동해 트럭이나 기차를 통해 제재소로 운송한다.

2단계: 제재소에 도착한 통나무를 종류, 크기, 사용 목적(각재, 합판, 목재칩 등)에 따라 분류한다.

3단계: 분류된 통나무는 박피기라는 기계를 사용해 껍질을 제거한다.

4단계: 껍질을 제거한 통나무는 절삭 과정을 거쳐 제품화된다.

5단계: 불규칙한 모서리와 결점을 제거하여 4면이 정리된 목재로 가공한다.

6단계: 트리머 기계를 사용해 일반적인 길이로 자르고 직각 형태를 만든다.

7단계: 두께와 너비에 따라 목재를 분류한다.

8단계: 1차 대패 공정을 통해 표면을 다듬는다.

9단계: 제재된 목재는 수분 함량이 높으므로 건조기에서 뜨거운 스팀을 사용하여 건조한다.

10단계: 건조한 목재를 대패 마감하여 매끄러운 표면을 가진 규격재가 완성된다.

모든 공정이 완료되면 등급 판정사가 목재를 평가하여 사용 목적에 따라 구조용(structural), 외관용(appearance), 재가공용(factory) 등으로 등급을 매긴다.

[그림 2-2] 규격재의 생산 과정

규격재의 치수 규격재 치수 체계가 처음에는 다소 복잡하게 느껴질 수 있지만 그 배경을 이해하면 크게 어렵지 않다. 규격재는 공칭 치수와 실제 치수 두 가지로 나뉜다. **공칭 치수**는 자연 건조, 인공 건조 또는 대패 작업 이전의 대략적인 크기를 나타내며, 일반적으로 인치를 사용한다. 실제 치수는 목재를 건조하고 표면을 평평하게 가공한 후의 실제 크기를 의미한다. **실제 치수**는 미터법이나 인치로 표현될 수 있다.

건축구조기준에서는 공칭(norminal) 치수를 '목재의 치수를 실제 치수보다 큰 25의 배수로 올려서 부르기 편하게 사용하는 치수'로 정의한다. 예를 들어, 공칭 치수가 2×4인치인 규격재의 실제 치수는 1½×3½인치로 공칭 치수보다 ½인치(약 25mm) 작다. 제재소에서는 규격재를 공칭 치수로 제재하지만, 건조 및 가공 과정에서 단면 크기가 줄어들기 때문에 최종적으로 유통되는 제품의 크기가 달라진다. 예를 들어, 2×4인치 규격재를 미터법으로 환산하면 50.8×101.6mm가 되어야 하지만, 실제로 시중에 유통되는 규격재의 크기는 38×89mm로 차이가 있다. 이러한 차이는 목재가 건조되는 과정에서 수축이 일어나고 후속 가공을 통해 표면이 정리되면서 단면이 작아지는 자연스러운 현상이다.

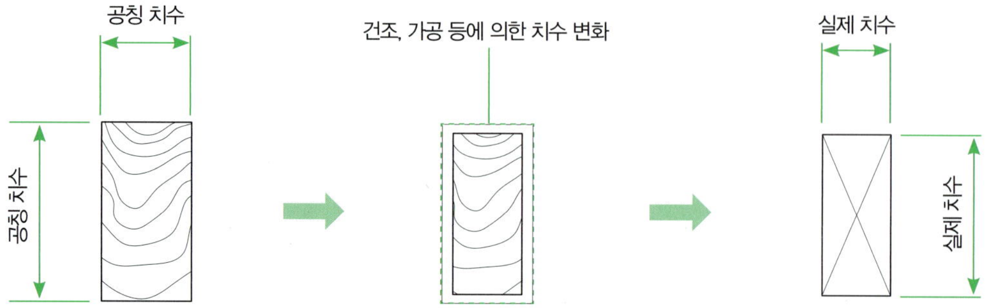

[그림 2-3] 공칭 치수와 실제 치수

규격재의 크기 규격재의 크기는 사용 목적과 구조적 요구에 따라 다양하다. 가장 일반적으로 사용되는 규격재의 크기는 [표 2-2]와 같다.

[표 2-2] 일반적인 규격재의 크기

공칭 치수(inch)	실제 치수(inch)	실제 치수(mm)
2×4	1½×3½	38×89
2×6	1½×5 ½	38×140
2×8	1½×7¼	38×184
2×10	1½×9¼	38×235
2×12	1½×11¼	38×286

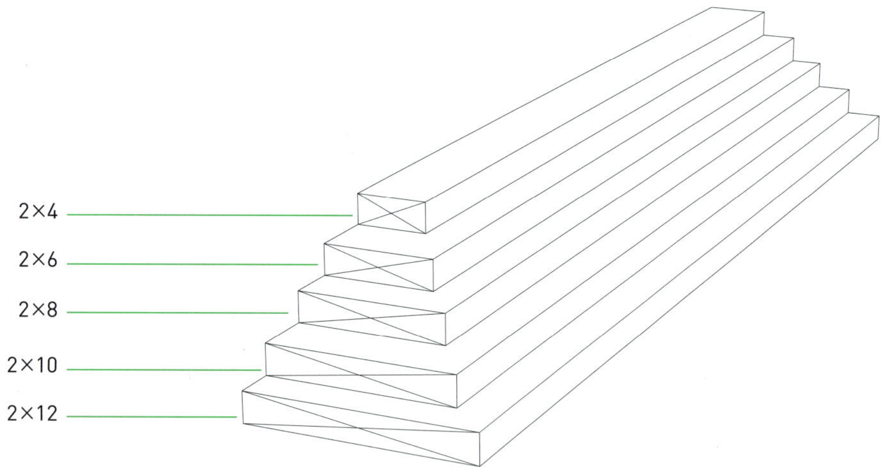

[그림 2-4] 규격재의 크기

규격재의 길이 규격재의 길이는 실제 길이로 표시되는데, 국내시장에서는 2.44m부터 최대 6.1m 길이까지 수급이 가능하다. 길이는 2피트(약 0.6m) 간격으로 생산된다.

[표 2-3] 일반적인 규격재의 길이

단위	규격재의 길이						
피트(ft)	8	10	12	14	16	18	20
미터(m)	2.44	3.05	3.66	4.27	4.88	5.49	6.10

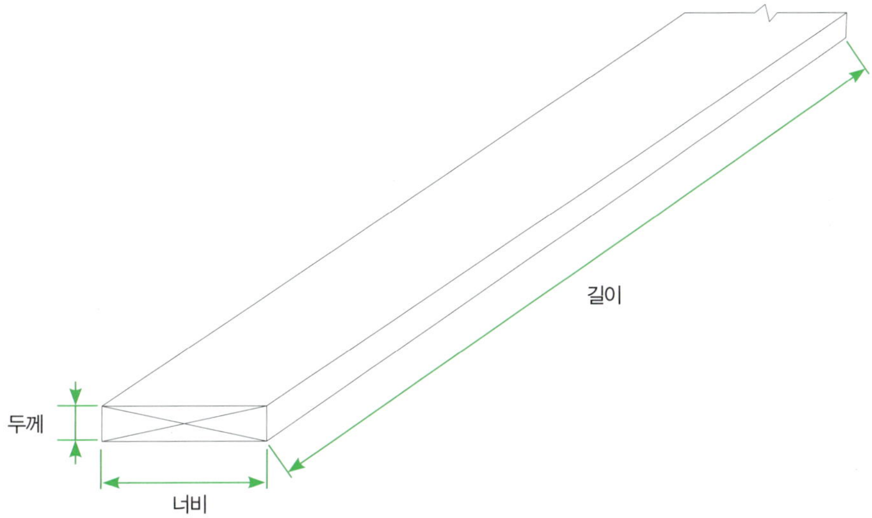

[그림 2-5] 규격재의 길이

규격재의 등급

규격재는 건축물의 구조적 요소로 사용되며, 안전성과 내구성을 확보하기 위해 다양한 등급으로 구분된다. 이 등급은 목재의 품질, 강도, 내구성을 나타내며, 건축물의 용도에 맞는 적절한 등급을 선택해야 한다. 높은 등급의 규격재는 결함이 적고 더 큰 하중을 지탱할 수 있는 반면, 낮은 등급은 결함이 많고 하중 지탱 능력이 떨어진다. 규격재의 등급은 시각적 검사와 기계적 측정을 통해 매겨지며, 전문가가 직접 외관을 평가하거나 기계로 강도를 측정하여 결정한다.

규격재의 등급 결정 기준 규격재의 구조 등급은 다양한 기준을 바탕으로 결정되며 이 기준들은 목재의 강도, 내구성, 그리고 사용 목적에 따라 정해진다. 등급결정기준을 하나씩 살펴보자.

1. **강도**: 강도는 목재가 구조물을 지탱할 수 있는 능력을 평가하며, 이는 목재의 종류, 성장 조건, 나무의 나이 등에 따라 달라질 수 있다.

2. **결함의 유무와 종류**: 목재에 균열, 옹이, 변형, 썩음 등 결함이 많거나 크기가 큰 목재는 강도가 약해서 구조 등급이 낮아질 수 있다.

3. **치수 안정성**: 목재는 환경 변화에 따라 팽창하거나 수축할 수 있다. 이는 건축물의 내구성과 직결되기 때문에 치수 변화가 적을수록 더 높은 등급을 받는다.

4. **습기 함유량**: 목재에 습기가 많으면 변형이나 부패의 위험이 커지므로, 적절하게 건조된 목재가 더 높은 등급을 받게 된다.

5. **나무의 종류**: 나무의 종류에 따라 강도와 내구성이 다르다. 각 수종의 고유한 특징이 구조 등급에 영향을 미치며, 이를 고려해 적절한 등급이 매겨진다.

이러한 기준을 통해 목재의 구조적 안전성과 내구성이 평가되며, 건축가나 구조기술사 프로젝트의 요구 사항에 맞는 적합한 구조 등급의 규격재를 선택하게 된다.

규격재의 등급 분류 목조주택 건축 시, 각 구조 부위의 중요도, 예산, 외관 등을 고려하여 적절한 등급의 규격재를 선택하는 것이 중요하다. 등급에 따른 강도와 특성을 고려해 설계 단계에서부터 정확한 선택을 통해 최적의 성능을 발휘해야 한다.

1. **SS(Select Structural)**: 강도와 외관이 모두 우수한 가장 높은 등급의 목재이다. 구조적 요소뿐만 아니라 겉모습이 중요한 곳에 사용된다.

2. **No.1(Number 1 Structural)**: 높은 강도가 필요한 구조용 목재이다. SS 등급에 비해 약간의 결함은 있지만 구조적인 성능에는 큰 영향을 주지 않는다.

3. **No.2(Number 2 Structural)**: 중간 등급의 구조용 목재로, 일반적인 경량목조주택 건축에 널리 사용된다. 강도는 충분하지만, No.1 등급에 비해 피죽이나 옹이 등 결함이 더 많을 수 있다.

4. **No.3(Number 3 Structural)**: 강도가 낮고 결함이 많아 구조용으로는 적합하지 않은 목재이다.

규격재의 등급 마크 목조주택의 품질을 보장하기 위해 인증기관에서 등급을 부여한 목재를 사용하는 것이 중요하다. 등급이 부여된 목재에는 등급 마크(grade stamp)가 있으며, 이 마크에는 목재에 대한 다섯 가지 핵심 정보가 포함되어 있다. 이를 자세히 살펴보면 다음과 같다.

1. **인증 기관 마크(grading agency)**: 캐나다의 경우, NLGA(National Lumber Grades Authority)에서 총괄한다.

2. **수종/수종군(species group)**: 비슷한 특징을 가진 수종은 하나의 수종군으로 묶어서 표시한다.

3. **목재의 등급(Assigned grade)**: 구조용 목재는 1등급(No. 1)과 2등급(No. 2, No. 2 and better) 이상만 사용할 수 있다.

4. **함수율 표시(moisture content)**: S-DRY (Surfaced DRY) 또는 KD (Kiln Dry)로 구분할 수 있다.
   (a) 구조용 목재의 함수율은 19% 이하만 사용할 수 있다.
   (b) 현재는 자연 건조(S-DRY)보다는 대부분 인공 건조 방식이 사용된다.

5. **제재소의 고유 번호(mill designation)**: 제재소의 고유 번호를 지정하는 이유는 추적성, 품질관리, 규제 준수를 보장하기 위함이다.

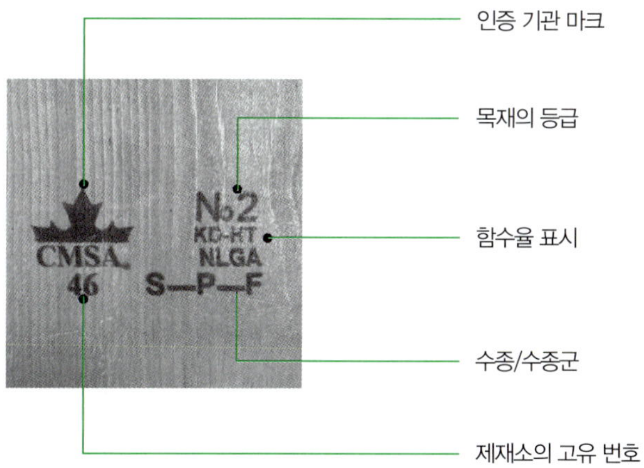

[그림 2-6] 목재의 등급마크

2.2 목질 판재

목재의 수축과 팽창

목재의 함수율은 사용 환경과 목적에 따라 중요하며, 물리적 · 화학적 성질, 가공성, 내구성, 품질에 영향을 미친다. 벌목 후 빠르게 말리면 표면이 갈라지고 변형될 수 있으며, 이는 함수율과 관련이 있다. 나무는 일정량의 수분을 포함하고 있으며, 외부 환경에 따라 수분량이 변한다. 수분이 증가하면 팽창하고, 감소하면 수축하는데, 급격한 변화는 형태 변형과 구조적 문제를 일으킬 수 있다. 목조주택의 구조용 목재는 함수율을 19% 이하로 유지해야 변형과 강도 저하를 방지할 수 있다. 따라서 함수율이 높은 목재를 사용하면 다음과 같은 문제가 발생할 수 있다.

1. **구조적 문제**: 목재가 건조되면서 수축하면 구조물 내에서 균열이나 변형이 생길 수 있다. 이는 주택의 구조적 안정성을 저해하며 장기적으로는 주택의 수명을 단축시킬 수 있다. 또한 목재 구조물의 결합 부위에서 수축이 발생하면 구조가 약해져 지진이나 강풍 같은 외부 충격에 대한 저항력이 떨어진다.

2. **단열 및 기밀성 저하**: 목재의 수축으로 인해 벽, 바닥, 천장 사이에 틈새가 생길 수 있다. 이는 단열성능 저하로 이어져 냉난방 비용 증가를 초래할 수 있다. 기밀성이 저하되면, 실내외 공기 교환이 증가하여 에너지 손실이 발생하고 습기 관리에도 부정적인 영향을 미칠 수 있다.

3. **마감재 손상**: 목재 수축으로 인해 문이나 창문이 제대로 닫히지 않거나 열리지 않을 수 있으며, 이는 사용자에게 불편을 초래하고 추가적인 수리 비용을 발생시킨다. 그리고 목재 수축으로 인해 벽지 벗겨짐, 페인트 균열 등 내부 마감재가 손상될 수 있다.

이러한 문제를 예방하기 위해 건축 초기부터 적절한 수분 관리를 시행해야 하며, 건조된 목재 사용, 올바른 건축 방법, 건축 후 지속적인 유지 관리를 통해 목재의 수축과 팽창을 최소화해야 한다. 이는 목조주택의 장기적인 안정성과 편안함을 보장하는 데 중요한 요소다.

나뭇결 방향에 따른 수축과 팽창 목재는 평형 함수율에 도달할 때까지 수축과 팽창을 반복하지만 모든 방향에서 동일하게 변형되지는 않는다. 목재의 수축 및 팽창 비율은 방향에 따라 달라지며, 특히 접선 방향[2]에서의 수축과 팽창률이 방사 방향이나 섬유 방향에 비해 크다.

2 나이테를 따라 횡으로 뻗은 방향을 나타낸다.

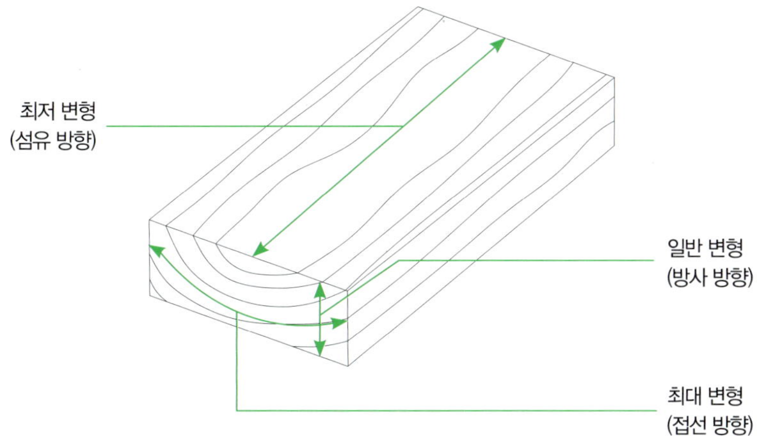

[그림 2-7] 목재의 수축 방향

[표 2-4]를 참고하면 2"×4" 제재목의 경우 함수율이 19%에서 8%로 줄어들면 치수가 약 4mm 작아진다는 것을 알 수 있다. 즉, 목재는 함수율이 낮아질수록 수축한다.

[표 2-4] 목재의 수축률

제재목 공칭 치수(깊이×너비)	함수율 19%	함수율 11%	함수율 8%
2"×4" (38×89mm)	89mm	87mm	85mm
2"×6" (38×140mm)	140mm	136mm	134mm
2"×8" (38×185mm)	185mm	180mm	179mm
2"×10" (38×235mm)	235mm	230mm	228mm
2"×12" (38×286mm)	286mm	279mm	277mm

수축과 팽창을 고려한 시공 규격재와 공학목재는 수축과 팽창률이 다르기 때문에 설치 시 이를 충분히 고려해야 한다. 예를 들어, 규격재 바닥 장선과 공학목재 보를 수축과 팽창을 고려하지 않고 설치하면 초기에는 수평을 이루지만, 시간이 지나면서 문제가 발생할 수 있다. 규격재의 바닥 장선은 시간이 지남에 따라 수분이 빠져 수축하지만, 함수율이 낮은 공학목재 보는 거의 변화가 없다. 이렇게 발생하는 차이로 인해 바닥이 꺼지거나 튀어나올 수 있다. 이런 문제를 피하려면 바닥 장선의 예상 수축률을 고려해 공학목재 보 보다 약간 높게 시공하는 것이 바람직하다.

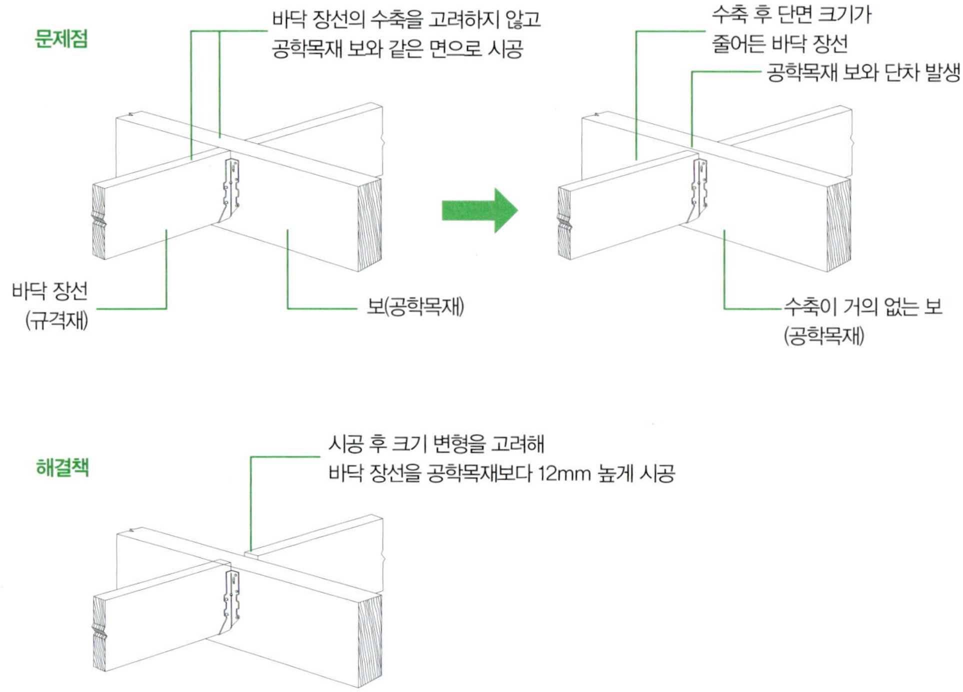

[그림 2-8] 목재의 수축률을 고려한 시공 방법

구조용 목질 판재의 종류

구조용 목질 판재는 목조주택 골조의 덮개용으로 주로 사용된다. 건축구조기준에 따르면 구조용 목질 판재는 '구조물의 지붕, 벽, 바닥 골조 위에 덮어서 하중을 지지하는 용도로 사용하는 구조용 합판 또는 OSB 제품으로서 판재의 용도 및 등급이 기계적 및/또는 물리적 성질들에 따라서 구분되는 목질 판상 재료' 라고 정의하고 있다.

(a) 합판 (b) OSB

[그림 2-9] 합판과 OSB

구조용 목질 판재는 4피트(1,220mm)×8피트(2,440mm)의 크기로 생산되며, 목조주택 골조 공사에서 가장 일반적으로 사용되는 두께는 11.1mm(외벽 및 지붕 덮개용)와 18.3mm(바닥 덮개용)이다.

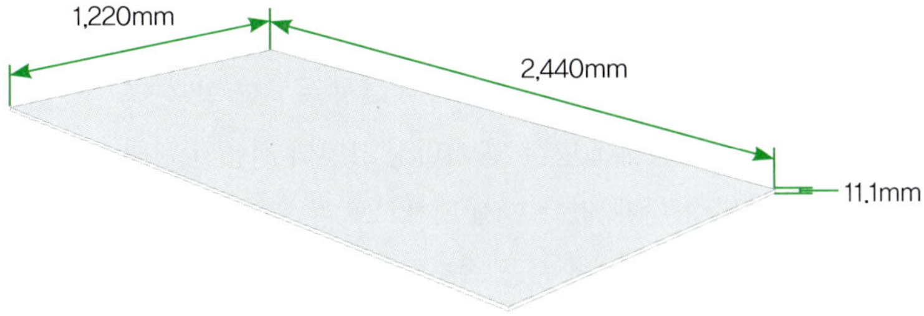

[그림 2-10] 구조용 목질 판재

구조용 합판(plywood) 합판은 여러 겹(ply)의 목재 베니어(veneer: 얇은 시트)를 서로 직각으로 겹쳐 붙인 후, 고온과 고압 상태에서 접착제로 압축하여 만든다. **구조용 합판**은 목조주택의 벽체, 바닥, 지붕 등 주요 구조적 요소에 사용된다. 구조용 합판의 특징에 대해 자세히 알아보자.

구조용 합판은 겹겹이 쌓인 베니어가 교차 배열되어 있어 높은 강도와 내구성을 갖는다. 이 교차 배열은 합판이 힘을 여러 방향으로 분산시켜, 휨과 비틀림에 강하게 만들어 준다. 또한 구조용 합판은 제조 과정에서 품질과 두께가 균일하게 유지되므로 구조적 안정성이 필요한 곳에 적합하다. 구조용 합판은 특수 접착제와 처리 과정을 통해 습기와 환경 변화에 대한 저항성을 강화할 수 있다. 쉽게 절단하고 조립할 수 있어 현장에서의 작업 효율성이 높다. 이렇게 구조용 합판은 다양한 구조적 용도로 사용 가능하기 때문에 건축 분야에서 널리 활용된다.

OSB(Oriented Strand Board) '배향성 스트랜드 보드'라고도 불리며, 건축 및 포장재로 널리 사용되는 공학목재 제품이다. 긴 목재 조각(strand)을 특정 방향으로 배열한 후, 왁스와 합성수지로 고온과 고압에서 제조해 높은 강도와 내구성을 가진다. 주로 목조주택의 벽체, 바닥, 지붕 덮개에 사용되며, 수분에 노출되면 팽창할 수 있기 때문에 방수 처리나 적절한 마감 처리가 필요하다. OSB는 경제성, 균일성, 환경친화성 덕분에 사용이 증가하고 있으며, 목조주택 건축에서 중요한 자재로 자리 잡고 있다. 각 특징에 대해 자세히 알아보자.

1. OSB는 제조 과정이 합판보다 경제적이어서 비용 효율적인 건축 자재로 널리 사용되며, 현재 목조주택 현장에서 가장 흔히 사용되는 자재이다.

2. OSB는 일관된 강도와 두께로 제작된다.

3. OSB는 빠르게 자라는 나무(속성수)나 재활용 목재를 사용해 자원을 효율적으로 활용한다.

고성능 목질 판재 최근 목질 판재에 방수와 기밀성을 추가한 고성능 목질 판재가 개발되어 현장에 적용되고 있다. 대표적인 제품은 미국 후버(Huber)사의 짚시스템(ZIP System)이다. 짚시스템은 현대 목조건축 자재 기술의 혁신적인 예로 고성능 통합 방수 및 기밀성을 갖춘 판재이다. 짚시스템은 구조용 OSB판재에 방수 및 기밀성 코팅이 적용된 형태로, 추가적인 하우스랩(투습방수지)이나 기타 방수 자재 없이 판재 자체로도 우수한 방수 및 기밀 성능을 제공한다. 짚시스템은 일반 목질 판재에 비해 시공 속도를 향상시키고, 건물의 에너지 효율을 높이는 것을 목표로 개발되었으며 주로 목조건물의 외벽과 바닥, 지붕에 덮개재로 사용된다.

구조용 목질 판재의 등급

구조용 목질 판재(APA 인증 판재)를 사용 목적에 맞는 두께, 강도, 방수 처리 여부 등을 고려하여 선택하고, 품질이 보장된 제품을 사용하는 것이 중요하다. 대표적인 공인기관인 미국 공학목재 협회(APA; American Plywood Association-The Engineered Wood Association)는 덮개용 판재(sheathing panel)의 표준을 설정하고 품질을 인증한다. 구조용 목질 판재의 특징은 다음과 같다.

1. **품질 보증**: APA 인증 판재는 엄격한 품질 관리 절차와 표준에 따라 제조된다. 이는 제품이 일관된 품질을 유지하며, 건축 및 구조적 용도에 적합함을 보증한다.

2. **다양한 용도**: APA 인증 판재는 주로 벽, 바닥, 지붕의 덮개 용도로 사용된다. 이러한 판재는 구조적 강도를 제공하며, 건축물을 환경 요소로부터 보호하는 역할을 한다.

3. **정보 제공**: APA 인증 판재에는 제품의 성능 등급, 최적 사용 방법, 제조사 정보 등이 포함된 등급 마크가 있어 사용자가 적절한 제품을 선택할 수 있도록 돕는다.

APA 등급 마크 APA 인증 판재의 등급 마크에서 나타내는 정보에 대해 알아보자.

1. **인증기관**: APA 등급 마크는 APA에서 인증한 목재 제품에 부착된다. APA는 북미에서 합판 및 공학목재의 품질과 성능을 보증하는 대표적인 기관으로 제품이 특정 성능 기준을 충족했음을 보장한다.

2. **성능 표시**: APA 등급 마크에는 제품의 구조적 성능을 나타내는 정보가 포함된다. 예를 들어, '24/0'또는 '48/24'등의 표기는 지지할 수 있는 최대 경간을 나타내며 바닥,

지붕, 벽체 등에 적합한지를 판단하는 기준이 된다.

3. **경간 등급**: 경간 등급은 합판이나 OSB가 특정한 간격의 서포트 위에 설치될 경우 적절한 하중을 견딜 수 있는 능력을 나타낸다. 예를 들어, '48/24'라는 표기는 바닥재로 사용할 경우 최대 24인치 간격, 지붕재로 사용할 경우 최대 48인치 간격의 서포트 위에 설치할 수 있음을 의미한다.

4. **노출 내구성 등급**: 이 표시는 합판의 방수 성능과 내구성을 나타낸다.
   (a) Exterior: 완전 방수 접착제로 제작되어 실내 · 외 모든 환경에서 사용 가능
   (b) Exposure 1: 일시적인 습기 노출에 견딜 수 있도록 설계됨 (건조된 실내 환경에서 사용 권장)
   (c) Exposure 2: 제한적인 습기 노출에 적합하지만 장기간 노출 시 성능이 저하될 수 있음
   (d) Interior: 습기에 노출되지 않는 실내 환경에서만 사용 가능

5. **합판의 두께**: APA 등급 마크에는 합판의 두께가 명시된다. 두께는 일반적으로 인치 또는 밀리미터(mm) 단위로 표기되며, 구조적 안정성과 하중 지지력을 결정하는 중요한 요소이다.

6. **제조업체 고유식별 번호**: 각 제품에는 제조업체의 고유 코드 또는 공장 번호가 부여된다. 이를 통해 생산지와 제조업체를 추적할 수 있으며, 품질 관리 및 책임 소재를 명확히 할 수 있다.

7. **제품 기준**: APA 등급 마크에는 제품이 준수해야 하는 공식적인 표준이 기재된다. 대표적인 기준은 다음과 같다.
   (a) PS 1-XX: 침엽수 합판(Softwood Plywood)에 대한 제품 기준
   (b) PS 2-XX: 구조용 합판 및 OSB의 성능 기준
   (c) CSA O325: 캐나다 합판 및 OSB 제품 기준

구조용 목질 판재의 역할

구조용 목질 판재의 주요 기능은 수평 하중인 바람이나 지진에 저항하도록 설계된 전단벽(shear wall)을 만드는 것이다. 전단벽은 목조주택의 상부 벽체에서 발생하는 하중을 하부 벽체로 효율적으로 이동시켜 기초에 전달하며, 이를 통해 안정성을 유지한다. 이러한 구조적 요

소가 없을 경우 벽체는 랙킹(racking), 베이스 전단, 또는 전복(overturning)과 같은 구조적 손상을 입을 수 있다. 따라서 전단벽은 목조주택의 골조에서 필수적인 역할을 한다.

목조주택에서 버팀대가 없는 스터드벽은 강성[3]이 거의 없어 수평 하중에 취약하다. 만약 이 스터드벽이 단순히 못으로만 고정된 경우(핀접합), 수평 하중이 가해지면 벽이 찌그러져 제 기능을 발휘할 수 없다. 이를 보완하기 위해 스터드벽에 목질 판재를 부착하면 벽체의 수평 하중에 저항 능력이 향상된다. 특히 벽체의 저항 성능은 목질 판재의 물리적 특성에 따라 달라진다. 판재가 두껍고 단단할수록 벽의 강도가 높아지며, 이를 고정하는 패스너 또한 중요한 요소이다. 패스너의 간격이 좁고 크기가 클수록 벽 강도가 높아진다. 이러한 이유로 적절한 목질 판재와 패스너를 사용하는 것은 목조주택의 구조적 안정성을 강화하는 핵심적인 설계 요소이다.

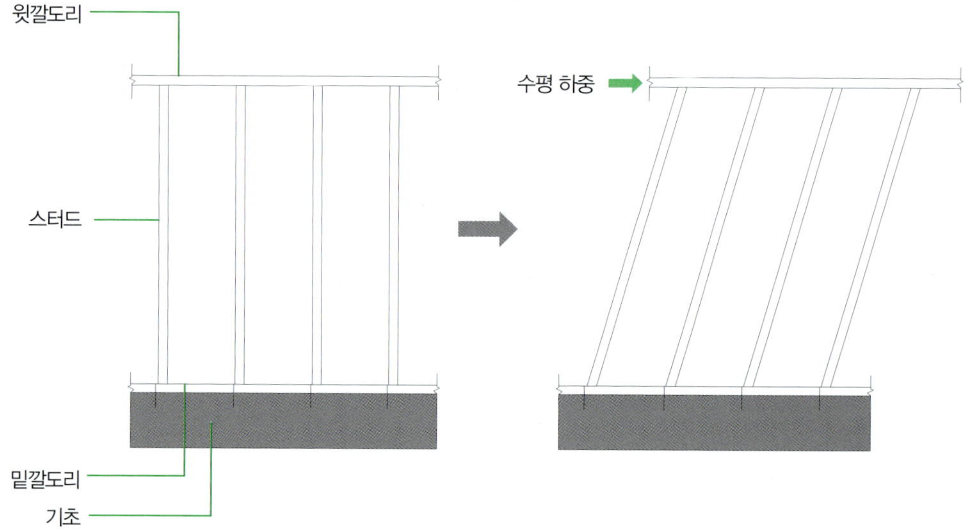

[그림 2-11] 구조용 목질 패널이 없을 경우 발생하는 변형

2.3 공학목재

공학목재의 특징

공학목재(engineered wood products)는 작은 나무 조각과 같은 부산물 또는 얇은 제재목 등의 목재 요소를 접착하거나 공학적으로 재구성한 목재이다. 일반 목재의 단점을 보완하고 강

3 어떤 물체가 외부로부터 압력을 받아도 모양이나 부피가 변하지 아니하는 단단한 성질을 말한다.

도와 안정성을 향상시키기 위해 개발되었다. 이러한 공학목재의 장점은 다음과 같다.

1. 구도적 강도가 높다. 공학목재는 제조 과정에서 목재의 결을 조정하고 고강도 접착제를 사용하여 제작되기 때문에 전통적인 목재보다 더 높은 구조적 강도를 가진다. 이로 인해 더 큰 경간과 복잡한 구조물을 가능하게 한다.

2. 균일한 품질로 생산할 수 있다. 나무는 성장 과정에서 발생하는 불규칙한 결, 마디 등으로 인해 가공 후에도 강도에 변화가 있을 수 있지만 공학목재는 제조 과정에서 이러한 요소들을 통제해 일관된 품질과 성능을 제공한다.

3. 치수의 안정성을 확보할 수 있다. 공학목재는 수분에 의한 팽창과 수축이 적어 일반 구조용 목재에 비해 치수가 안정적이다. 이로 인해 설치 후 변형이나 균열이 적어, 장기간에 걸쳐 구조물의 안정성을 유지할 수 있다.

4. 환경친화적이다. 공학목재의 제조 과정에서는 목재의 잔재물을 재활용해 자원의 효율적인 사용이 가능하다. 또한 지속 가능한 산림 관리에서 생산된 목재를 사용함으로써 환경 보호에 기여할 수 있다.

5. 다양한 설계가 가능하다. 공학목재는 다양한 형태와 크기로 제작될 수 있어, 설계자들이 더 창의적이고 유연한 설계를 할 수 있다. 이는 목조건축물의 미적 가치를 높이는 데에도 기여한다.

6. 시공하기 편리하다. 공학목재는 대개 공장에서 설계에 맞게 정확한 크기로 절단(프리컷)되어 현장에 배송되기 때문에 현장에서의 추가 가공이 필요 없어 시공 시간과 노동력을 절약할 수 있다.

공학목재의 종류

이 책에서는 목조주택의 주요 구조인 경량목구조를 중점적으로 다룬다. 따라서 공학목재는 종류만 간단하게 설명하고자 한다.

구조용 집성재 여러 개의 목재를 접착제로 결합하여 만든 고성능 구조용 목재이다. 주로 소나무, 잣나무 등의 목재를 사용하여 제작되며, 각 나무의 결 방향을 고려해 강도를 극대화한다. 구조용 집성재(glulam)는 뛰어난 강도와 내구성을 지니고 있어 교량, 체육관, 대형 건축물 등 다양한 구조물에 널리 사용된다.

구조용 단판적층재 여러 겹의 얇은 목재 베니어를 접착제로 결합하여 만든 고성능 구조재이다. 주로 소나무, 자작나무 등의 목재를 사용하며, 각 베니어는 같은 방향으로 배열되어 강도를 극대화한다. 구조용 단판적층재(LVL; Laminated Veneer Lumber)는 강하고 균일한 물성을 지니고 있어 기둥, 보, 트러스 등 다양한 구조물에 널리 사용된다.

제작 과정에서 목재의 결함을 최소화하고, 이로 인해 내구성과 안정성이 뛰어나다. 또한 구조용 단판적층재는 제작 시 다양한 크기와 두께로 맞춤형 생산이 가능하여 설계의 유연성을 제공하며, 가벼우면서도 강도가 높다.

출처: Wikimedia commons

[그림 2-12] 구조용 단판적층재

평행스트랜드럼버 고강도 목재 제품으로, 주로 구조용 재료로 사용된다. 평행스트랜드럼버(PSL; Parallel Strand Lumber)는 여러 개의 나무 조각을 긴 섬유 방향으로 배열하고, 접착제를 이용해 압축하여 제조된다. 이 과정에서 나무의 결 방향이 동일하게 정렬되기 때문에 강도와 안정성이 뛰어나며, 휘어짐이나 갈라짐에 대한 저항력이 높다. 평행스트랜드럼버는 주로 기둥, 보, 트러스 등 구조물의 중요한 부재로 사용된다.

출처: Wikimedia commons

[그림 2-13] 평행스트랜드럼버

구조용 집성판 현대 건축에서 주목받는 혁신적인 목재 구조재이다. 직교 구조용 집성판으로도 불리는 구조용 집성판(CLT; Cross Laminated Timber)은 여러 겹의 목재를 직각으로 교차시켜 겹쳐놓고 접착 후 압축하여 제작된다. 이와 같은 제작 방식은 각 층의 나뭇결이 교차되게 만들어, 강도와 안정성을 크게 높인다.

이러한 구조적 특성 덕분에 구조용 집성판은 경량이면서도 높은 구조적 강도를 자랑하며 고층 건물과 같은 대형 구조물에도 적합하다. 뿐만 아니라 우수한 단열성과 차음 성능을 제공해 에너지 효율적인 건축물에 기여한다. 목재를 다량으로 사용하는 구조용 집성판은 탄소를 저장하는 효과가 있어 기후 변화 대응에도 긍정적인 영향을 미친다. 더불어 다양한 디자인 가능성과 빠른 시공 속도 덕분에 구조용 집성판은 현대 건축에서 중요한 대안으로 떠오르고 있다.

[그림 2-14] 구조용 집성판

I-형 장선 영어 알파벳 'I' 모양을 닮은 공학목재 제품으로, 주로 바닥, 지붕, 벽체의 골조에 사용된다. I-형 장선(I-Joist)은 경량 구조물임에도 불구하고 뛰어난 강도와 강성을 제공하는 것이 특징이다.

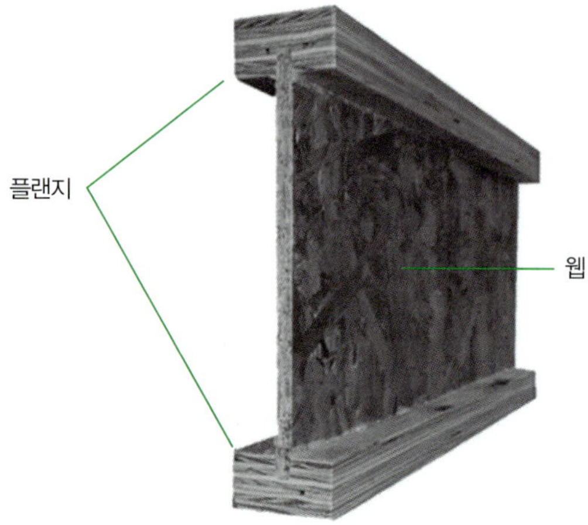

[그림 2-15] I-형 장선의 구성

I형 장선은 다음 요소로 구성된다.

1. **상부 플랜지(top flange)**: 주로 하중을 지지하며, 강도와 강성을 제공한다. 고품질의 단단한 목재나 구조용 단판적층재로 만들어지곤 한다.

2. **하부 플랜지(bottom flange)**: 상부 플랜지와 유사한 재료로 만들어지며, 구조의 안정성을 유지하는 데 기여한다.

3. **웹(web)**: 상부 플랜지와 하부 플랜지를 연결하는 중심 부분으로, 주로 OSB나 합판으로 만들어진다. 웹은 I-형 장선의 높이를 결정하며, 전체 구조물의 무게를 줄이는 동시에 강도를 유지한다.

2.4 패스너

골조의 연결

목재 구조물의 안정성과 연결성을 확보하기 위해 다양한 방법이 사용된다. 금속 연결재는 목재 부재들을 고정하는 데 널리 활용되는 방법으로, 금속 브라켓, 각종 클립, 앵글 등을 통해 기둥과 보의 접합, 벽체와 지붕의 연결 등 여러 부위에 적용된다. 이러한 금속 연결재는 고정력이 우수하며 설치가 간편해 효율적이다.

또한 볼트, 나사, 못과 같은 고정재를 사용하여 목재를 견고하게 고정할 수 있다. 이들은 설치가 쉬울 뿐만 아니라 필요에 따라 해체 및 재조립이 가능하다는 장점이 있다. 주로 구조적으로 중요한 부위의 접합이나 목재와 다른 재료의 결합 시에 사용된다.

마지막으로 강력한 목재용 접착제를 사용하여 부재들을 서로 붙이는 방법도 많이 사용된다. 접착제는 특히 목재 패널이나 합판 제작, 가구 제작 등에 유용하며, 견고한 접합을 위해 못과 병행하여 사용되기도 한다.

(a) 금속 연결재

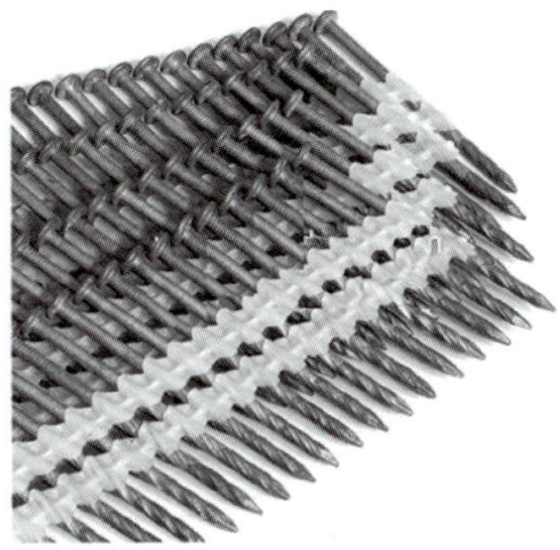

(b) 나사와 못

(c) 접착제

[그림 2-16] 목구조 결합을 위한 철물과 접착제

나사와 못

못은 목조주택의 골조에 사용되는 필수 연결재중 하나로, 설치가 간편하고 비용이 저렴하며, 목재를 효과적으로 연결해 구조물의 안정성과 내구성을 높이는 역할을 한다. 법규에 따르면 '경량목조주택 골조의 못박기는 KS 규격에 따라 접합 철물이나 수입 접합 철물을 사용해 신뢰성 있게 시공해야 한다'고 명시하고 있다. 못은 다양한 종류와 크기가 있으며, 사용 목적과 연결할 목재의 종류 및 크기에 맞는 적절한 못을 선택하는 것이 중요하다.

석고보드 나사 석고보드를 고정하기 위해 사용되는 특수 나사로, 석고보드의 특성과 사용 환경을 고려하여 설계되었다. 석고보드는 주로 내부 벽이나 천장 마감에 사용되는 건축 자재로, 이를 고정할 때는 석고보드의 손상을 최소화하면서도 안정적으로 고정할 수 있는 나사가 필요하다. 석고보드 작업에서 나사의 올바른 선택과 사용은 작업의 품질과 내구성에 중요한 영향을 미친다.

못 못은 목재 구조물의 다양한 연결과 고정 작업에서 중요한 역할을 하며, 종류에 따라 특징과 용도가 다르다. 하나씩 자세히 알아보자.

1. 일반 못(nails)은 머리가 있는 일반적인 형태부터 머리가 없는 핀 형태, 나선 형태나

링 형태의 샤프트[4]를 가진 못까지 다양한 종류가 있다. 이러한 못은 목재 골조의 기본 연결, 판재나 시트재 고정, 마감재 설치 등 다방면에 널리 사용된다.

2. 구조용 못(structural nails)은 일반 못보다 더 크고 길며, 샤프트가 두껍고, 나선 형태나 링 형태로 제작되어 구조적 부하를 잘 견딜 수 있도록 설계된다. 이들은 구조적으로 중요한 부분에 추가적인 지지력이 필요할 때 사용된다.

3. 장선걸이 못(joist hanger nails)은 금속제 조이스트 행거나 브라켓을 목재에 고정할 때 사용된다. 짧고 두꺼운 형태로 강한 고정력을 제공하며, 주로 보와 기둥의 연결 같은 구조적 지지가 필요한 부위의 금속 연결재 고정에 쓰인다.

4. 보통 못(common nails)과 박스 못(box nails)은 골조 작업 시 사용되며, 보통 못은 기계를 사용해 빠르게 못질할 수 있도록 설계되어 작업 시간을 절약할 수 있다. 중간 크기의 못 머리를 가지며, 끝은 뾰족하고 몸통은 매끄럽게 처리 되어있다. 이러한 못은 지붕이나 벽체의 시트 고정 등 대량 못질이 필요한 작업에 주로 사용되며, 구조 내력상 중요한 부분에는 KS F 4537규정에 따른 품질의 못을 사용한다. 보통 못(CMN) 또는 박스 못(BXN)의 호칭 치수는 다음 [표 2-5]와 같다. 단, 이 기준에서 지정하지 않은 경우에는 호칭 치수에 해당하는 보통 못을 사용한다.

5. 마감 못(finish nails)은 머리가 작거나 없어 마감 작업 시 못 자국이 거의 보이지 않게 하며, 마감재의 고정이나 장식적 목적으로 사용된다.

[표 2-5] 목조건축용 못의 호칭치수

호칭치수	보통 못(CMN)			박스 못(BXN)		
	기호	길이(mm)	못대 지름(mm)	기호	길이(mm)	못대 지름(mm)
6d	CMN50	50.8	2.87	BXN50	50.8	2.51
8d	CMN65	63.5	3.33	BXN65	63.5	2.87
10d	CMN75	76.2	3.76	BXN75	76.2	3.25
12d	CMN85	82.6	3.76	BXN85	82.6	3.25
16d	CMN90	88.9	4.11	BXN90	88.9	3.43

출처: 소규모 목조건축기준

건네일 못을 총알처럼 발사하여 목재에 박는 전동 공구, 즉 네일 건(nail gun)에 사용하는 못

4 동력을 전달하거나 전달하는 부품을 끼워두는 기계요소를 말한다.

을 의미한다. 건네일(gun nail)은 목조주택 현장에서 시간과 노동을 절약하기 위해 널리 사용되며, 네일 건을 통해 짧은 시간 안에 많은 못을 정확한 위치와 각도로 박아 작업 속도와 효율성을 크게 향상시킨다. 이를 통해 수작업으로는 어려운 일관된 결과를 얻을 수 있다. 건네일은 다양한 길이와 직경의 못을 사용할 수 있어 여러 재료와 프로젝트 요구사항에 맞출 수 있다.

[그림 2-17] 건네일을 사용하는 모습

못박기 방법

못박기는 목재나 건축 재료의 결합을 위해 사용하는 다양한 기술을 포함하며, 목적과 상황에 따라 여러 방법이 있다. 각각의 방법은 특정한 용도와 고유한 장점을 가지고 있어 목재 작업에서 안정성과 효율성을 높인다. 주로 사용되는 못박기 방법에는 표면 못박기, 끝면 못박기, 그리고 경사 못박기가 있다. 각 방법은 재료의 연결 강도와 외관에 미치는 영향을 고려하여 선택된다.

1. **표면 못박기(face nailing)**: 못을 재료의 표면에 직접 박는 방식이다. 이 방식은 주로 목재나 다른 건축 재료들을 고정시킬 때 사용되며, 연결하려는 재료의 가장 바깥쪽 표면(전면)에 못을 박는 것을 의미한다. 표면 못박기는 목재 작업에서 강력한 고정력을 제공하는 방법으로, 다양한 용도로 사용된다. 이 방식은 못이나 나사의 머리가 재료의 표면에 노출되기 때문에 마감이 중요한 작업에서는 시각적인 측면을 고려해야 한다. 특히 표면 못박기는 재료의 바깥쪽 표면에 직접 못을 박아 다른 방법에 비해 뛰어난 고정력을 제공하며, 구조적 안정성이 중요한 작업에 자주 사용된다.

2. **끝면 못박기(end nailing)**: 목재나 다른 건축 재료의 끝부분이나 가장자리에 못이나 나사를 박는 방식을 말한다. 이 방법은 보통 두 재료의 끝에서 서로를 연결할 때 사용된다. 끝면 못박기는 두 재료의 끝부분에 직접 못이나 나사를 박아 연결 부위의 강도를 높이는 데 기여한다. 이러한 특성 덕분에 벽 골조를 세울 때 수직 스터드와 수평 깔도리 또는 씰 사이의 연결에 자주 활용된다. 또한 끝면 못박기는 목재나 기타 재료의 끝부분을 견고하게 결합할 수 있어 구조적인 연결이 필요한 다양한 작업에 유용하다.

3. **경사 못박기(toe nailing)**: 목재를 연결할 때 못을 기울여서 박는 방법으로, 두 재료를 직각으로 연결하거나 제한된 공간에서 견고하게 고정할 때 많이 사용된다. 이 방법은 재료의 외부에서 못의 머리가 보이지 않게 할 때도 유용하다. 경사 못박기는 못을 수직이 아닌 약 45도 각도로 기울여 박음으로써 두 재료를 더욱 견고하게 결합할 수 있다. 이 방법은 목골조를 세울 때 특히 유용하며, 벽 골조의 수직 스터드와 수평 헤더 또는 바닥 장선을 연결할 때 자주 사용된다. 또한 못의 머리가 재료의 외부에 보이지 않게 하는 효과가 있어 마감 작업에서 깔끔한 외관을 유지할 수 있다.

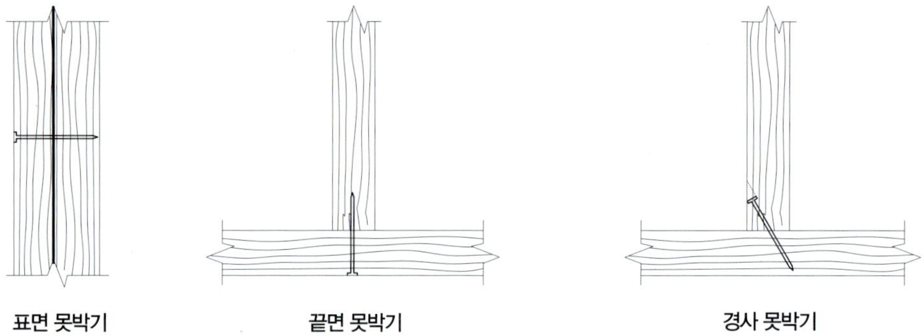

[그림 2-18] 못박기 방법

못박기 주의 사항 못박기 작업에서 깊이를 조절하는 것은 구조물의 안정성과 재료의 내구성을 위해 매우 중요하다. 과도한 못박기와 부족한 못박기는 모두 결합력 약화와 재료 손상을 유발할 수 있으며, 이는 특히 목재 구조물에서 큰 문제가 될 수 있다. 따라서 적절한 못박기 깊이를 유지하여 구조적 안정성을 확보하고 재료의 손상을 방지하는 것이 필수적이다.

1. 과도한 못박기(overdriven)는 못이나 나사를 너무 깊게 박아 목재의 반대편으로 완전히 통과시키거나, 목재 표면 아래로 너무 깊게 박는 것을 말한다. 이 경우, 못 머리가 재료 표면 아래로 들어가 너무 깊이 박히게 된다. 못 머리가 재료를 충분히 압박하지 못해, 재료들 사이의 결합력이 약해지고, 특히 목재의 경우에는 표면이나 구조가 손상될 수 있다.

2. 부족한 못박기(underdriven)는 못이나 나사를 충분히 깊게 박지 않아 못 머리가 재료 표면 위로 솟아오르는 경우를 말한다. 이때 못 머리가 완전히 목재 내부로 들어가지 않아 표면에 노출된다. 못이 충분히 깊게 박히지 않으면 연결 부위가 불안정해질 수 있다. 못 머리가 목재를 제대로 고정시키지 못하게 되면, 이는 구조적인 약점으로 이어질 수 있다.

3. 적절한 못박기는 못 머리가 재료 표면과 일치하거나 약간 아래로 들어가는 것이다. 이렇게 하면 구조적 안정성을 보장하고 목재의 손상을 최소화할 수 있다. 못박기의 깊이를 조절하기 위해서는 네일 건의 압력 설정을 조정하거나 박는 힘을 적절히 조절해야 한다.

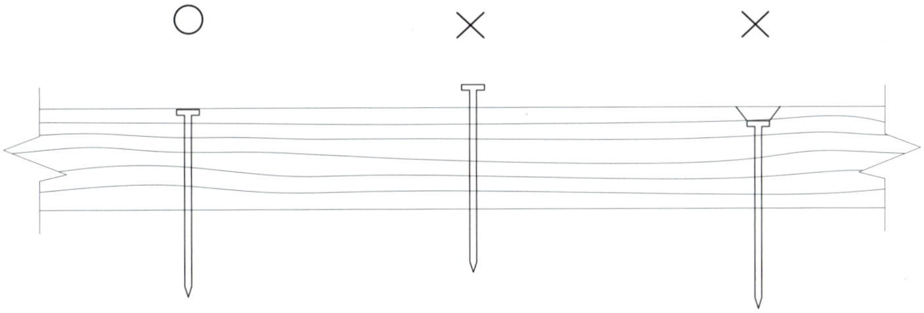

[그림 2-19] 못박기 주의 사항

앵커볼트

앵커볼트는 건물의 안전과 안정성을 보장하고 지진이나 강풍 같은 외부 요인에 대한 저항력을 높이는 매우 중요한 역할을 한다. 주로 건물의 기둥이나 벽체를 기초에 견고하게 고정하기 위해 사용된다. 앵커볼트를 사용하여 기초에 구조물을 견고하게 결합하면 시간의 흐름에 따라 변형을 방지하여 구조물의 수명을 연장한다.

목조건축에서 앵커볼트는 구조물의 견고한 고정을 위해 다양한 종류가 사용된다. 기계식 앵커볼트, 케미컬 앵커볼트, L-형 앵커볼트 등은 각각 고유한 방식으로 목골조를 콘크리트 기초에 고정하여 안정성과 내구성을 높인다.

1. **기계식 앵커볼트**: 기계식 앵커는 목골조를 콘크리트 기초에 고정시키는 데 사용된다. 확장형 앵커볼트가 여기에 해당되며, 설치 시 볼트를 조임으로써 확장되어 견고하게 고정된다.

2. **케미컬 앵커볼트(접착식 앵커볼트)**: 케미컬 앵커는 접착제를 사용하여 볼트를 기초에 고정시키는 방법이다. 이는 목골조와 콘크리트 기초 사이에 강력한 접착력을 제공한다.

3. **L-형 앵커볼트**: L-형 앵커볼트는 토대를 콘크리트 기초에 직접 고정시키는 데 사용된다. 이 앵커볼트는 'L'모양을 하고 있으며, 콘크리트 타설 시 함께 설치된다. 국내 경량목구조 주택 현장에서 흔히 사용되는 앵커볼트이다.

[그림 2-20] 기초 토대에 긴결된 앵커볼트

연결 철물

목조주택 시공 시, 목구조의 안정성과 내구성을 확보하기 위해 다양한 연결 철물이 사용된다. 이 철물들은 목조건물의 구조 요소를 서로 연결하거나 목재를 기초나 다른 구조물에 고정하는 데 중요한 역할을 한다. 목조주택에서 사용되는 연결 철물에는 여러 종류가 있으며, 각각 특정 용도와 설치 방식이 있다. 구조용 철물은 반드시 구조계산 및 제 3자 인증을 받은 제품을 사용해야 한다. 북미의 가장 대표적인 구조용 연결 철물 제조업체인 심슨스트롱타이(Simpson Strong-Tie)에서는 목조주택 골조에 작용하는 여러 가지 하중에 대응하기 위해 수천 가지의 연결 철물을 제조 및 유통한다.

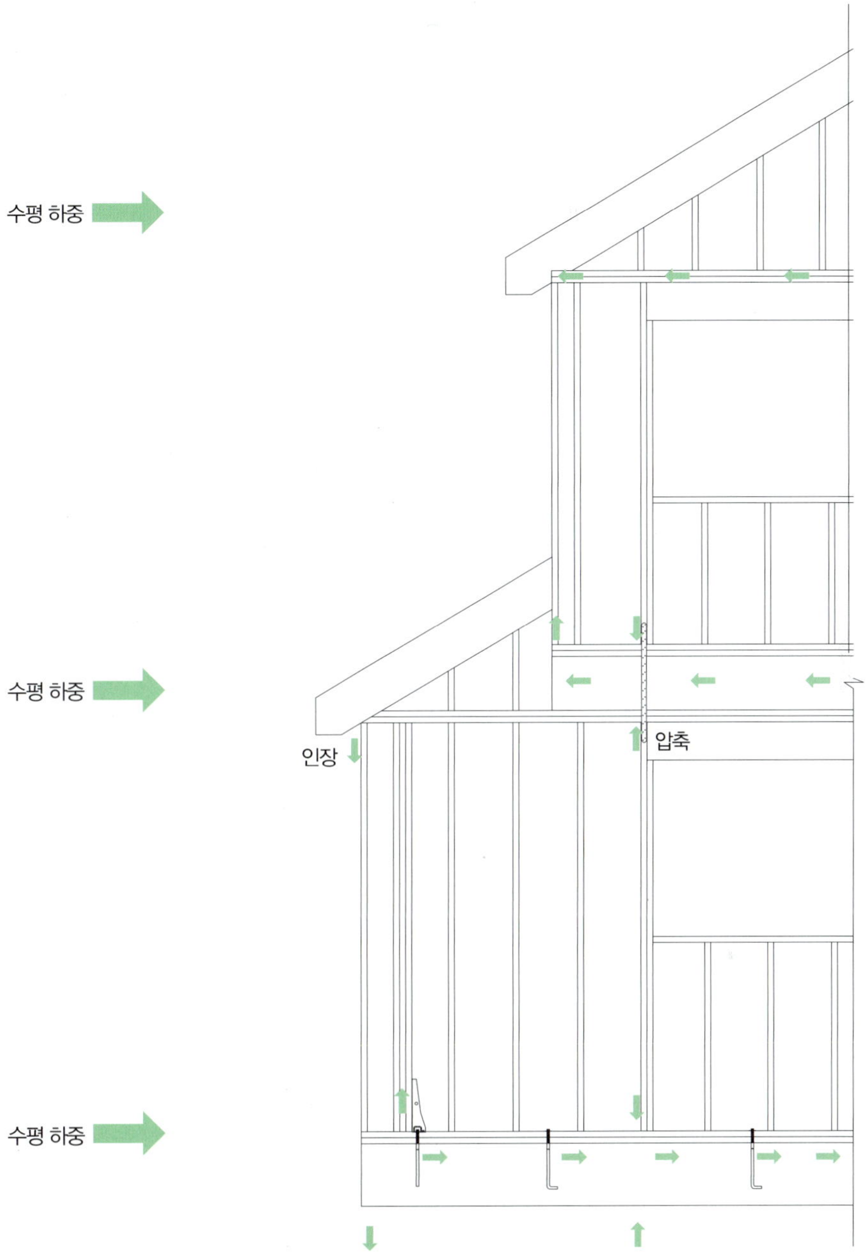

[그림 2-21] 목조주택 골조에 작용하는 하중과 연결 철물

연결 철물의 종류

1. 조이스트 행거(joist hangers): 주로 바닥 장선을 지지하고 고정하는 데 사용되는 연결 철물이다. 이 철물은 장선의 끝부분을 벽체나 기둥에 견고하게 고정해 구조물 전체의 안정성과 내구성을 높이는 데 기여한다. 바닥 장선이 행거를 통해 주요 구조 부분에 연결

되면 하중이 고르게 분산되어 구조물의 안전성이 향상된다. 또한 조이스트 행거는 장선이 시간이 지나면서 휘거나 처지는 것을 방지하고, 지진이나 강풍과 같은 외부 하중에 대한 저항력을 증가시킨다.

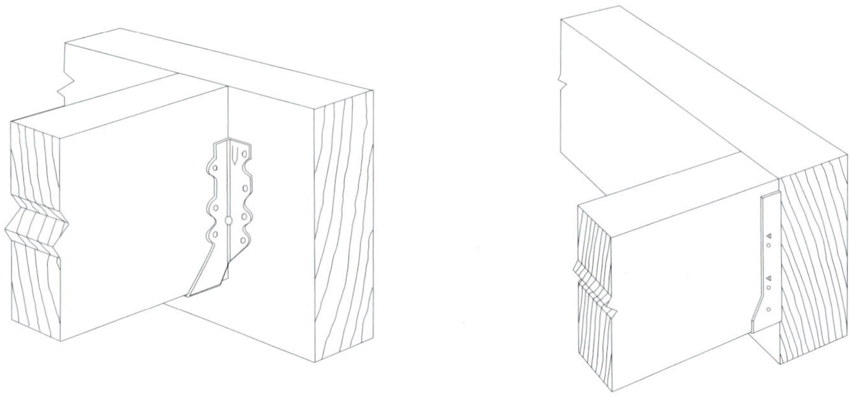

[그림 2-22] 장선을 지지하는 조이스트 행거

2. **앵글 브라켓(angle bracket)**: 일반적으로 'L'자 형태로 되어 있으며, 구조물의 모서리를 강화하거나, 선반을 벽에 부착하는 등 다양한 용도로 활용된다.

3. **스트랩 타이(strap tie)**: 건축 및 목구조에서 주로 사용되는 연결 철물 중 하나로, 두 구조 요소를 견고하게 연결하거나 보강하기 위해 설계된 긴 금속 띠 제품이다. 스트랩 타이는 다양한 길이와 폭, 두께로 제공되며, 구조적 요구사항에 따라 형태와 디자인이 다양하다. 스트랩 타이의 주요 기능은 구조적 연결과 보강이다. 이를 통해 구조물의 안정성을 향상시키고, 하중 분배를 돕고, 특정 구조 요소 간의 움직임을 제한한다. 스트랩 타이는 지진이나 강풍에 대한 저항력을 높인다.

4. **앵커볼트(anchor bolts)**: 목조 구조물을 콘크리트 기초나 바닥에 고정시키는 데 사용된다. 이 철물은 구조물의 기초를 견고하게 하여, 전체적인 안정성을 높인다. 앵커볼트는 다양한 형태와 크기로 제공되며, 그 사용 목적과 설치 환경에 따라 선택된다. 앵커볼트의 종류는 다음과 같다.

   (a) L-형 앵커볼트: 이름에서 알 수 있듯이, L자 형태를 하고 있으며, 콘크리트가 부어지는 과정 중에 설치된다.

   (b) 직선형 앵커볼트: 이러한 볼트는 일반적으로 기존의 콘크리트 기초에 구멍을 뚫어 설치된다.

(c) J-형 앵커볼트: L-형과 유사하지만, 끝이 J자 형태를 이루고 있으며, 보다 복잡한 설치 조건에 적합하다.

5. **홀드다운(hold-downs)**: 목조 구조물 중 벽 골조를 기초나 바닥에 견고하게 고정하기 위해 사용되는 연결 철물이다. 이 철물은 구조물이 수직 하중뿐만 아니라 지진이나 강풍과 같은 수평 하중에 대해서도 견딜 수 있도록 설계되어 있다. 홀드다운 철물은 구조적 안정성을 높이고, 특히 지진이나 태풍과 같은 자연재해에서 구조물을 보호하는 데 중요한 역할을 한다.

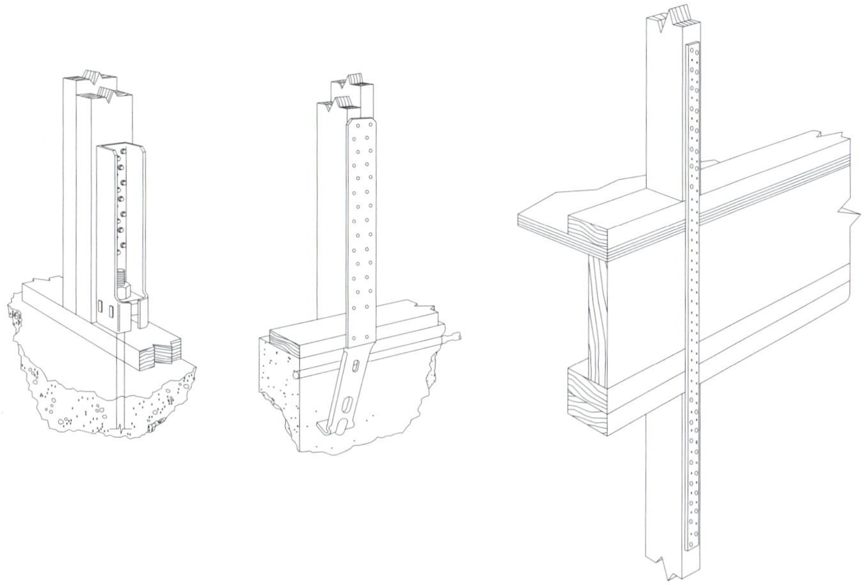

[그림 2-23] 홀드다운 앵커 및 스트랩 타이

연습문제

다음 설명을 읽고 '맞다' 또는 '아니다'를 선택하시오.

2.1 목재는 수분 함량 변화에 따라 모든 방향에서 동일하게 수축하거나 팽창한다.

a. 맞다

b. 아니다

다음 질문에 가장 적합한 답을 선택하시오.

2.2 목조주택의 골조 작업에 가장 많이 사용되는 나무의 종류는 무엇인가?

a. 활엽수(hardwood)

b. 침엽수(softwood)

2.3 목조주택의 골조에 사용되는 규격재(dimension lumber)의 최대 허용 함수율은 얼마인가?

a. 12%

b. 19%

c. 25%

2.4 다음 중 수축이 덜 발생하는 목재 제품은 무엇인가?

a. 규격재

b. 공학목재

2.5 다음 규격재 등급 중 구조용으로 사용할 수 없는 것은 무엇인가?

a. SS(Select Structural)

b. No.1(Number 1 Structural)

c. No.2(Number 2 Structural)

d. No.3(Number 3 Structural)

2.6 구조용 판재의 주요 역할 중 하나는 전단벽을 만드는 것이다. 전단벽이 없을 경우 발생할 수 있는 현상은 무엇인가? (해당하는 항목을 모두 고르시오.)

a. 랙킹

b. 베이스 전단

c. 전복

2.7 목조주택 벽 골조를 기초나 바닥에 견고하게 고정하기 위해 사용되는 연결 철물 중 지진과 강풍에 견딜 수 있도록 설계된 것은 무엇인가?

a. 조이스트 행거(joist hanger)

b. 앵커볼트

c. 홀드다운(hold-downs)

Chapter

3

기초 공사

3.1 목조주택의 기초

기초의 기능

기초는 건물을 안정적으로 지지하는 매우 중요한 역할을 한다. 목조주택 시공 시 골조가 제대로 시공되었더라도, 기초가 건물의 하중을 토양으로 제대로 전달하지 못하면 건물이 붕괴할 수 있다. 즉, 건물의 안정성은 기초가 건물에 작용하는 하중을 효과적으로 지지하고 이 하중을 토양이 견딜 수 있을 때 보장된다. 이 과정에서 기초와 토양의 상호작용이 중요한 역할을 한다. 완성된 건물은 시간이 지남에 따라 정착(settlement) 단계를 거친다. 이때 기초를 지지하는 토양 전체 또는 일부에 문제가 생기면 건물에도 영향을 미친다.

주택 기초의 주요 기능 주택의 기초는 건물의 안정성과 내구성을 보장하는 핵심 요소이다. 주요 기능 세 가지를 살펴보겠다.

1. **하중 전달**: 기초는 건축물의 안정성을 담보하는 역할을 한다. 건물의 무게를 지탱하고 지진이나 기타 자연재해에 대한 저항력을 제공한다. 기초는 주택의 수직 및 수평 하중을 효과적으로 지반에 전달해 주택을 안정적으로 지지한다.

2. **지반 침하 방지**: 기초는 건물의 수평을 맞추는 데 중요한 역할을 한다. 건물의 바닥이 수평을 이루지 않으면 내부의 가구나 설비가 제대로 설치되지 않거나 문이나 창문이 닫히지 않는 등의 문제가 발생할 수 있다. 기초는 지반의 침하, 융기(uplift), 부동 침하 등으로부터 주택을 보호해 안전성을 확보한다.

3. **내구성 확보**: 잘 설계된 기초는 건물의 수명을 연장한다. 기초가 튼튼하면 건물 전체

의 구조적 무결성이 향상되며, 장기적으로 보면 건물의 유지 보수 비용을 줄일 수 있다. 기초는 주택의 하중을 안정적으로 지탱한다.

목조주택의 기초 설계 요건 목조주택의 기초는 건물의 안정성과 내구성을 보장하기 위해 다음과 같은 요건을 충족해야 한다.

1. **하중 전달 및 분배**: 건물에 작용하는 모든 하중을 주변 토양으로 효율적으로 전달하고 분배할 수 있어야 한다.
2. **구조적 안정성 유지**: 건물 안정화 과정에서 발생하는 구조적 변화를 최소화하여 장기적인 안전성을 확보해야 한다.
3. **침하 및 융기 방지**: 기초는 지반의 동결과 해동 과정에서 발생할 수 있는 침하와 융기를 방지하도록 설계되어야 한다.
4. **수평 하중 및 상향력 저항**: 풍하중, 지진하중, 상향력(uplift force) 등 외부 힘에 저항하여 건물을 견고히 고정할 수 있어야 한다.
5. **방수 성능**: 표류수(surface water)가 건물에 침투하지 못하도록 방수 기능을 갖추어 목재 구조를 보호해야 한다.
6. **열 이동 제어**: 건물과 토양 사이의 열 이동을 효과적으로 차단하여 에너지 효율성을 높이고 실내 환경의 쾌적함을 유지해야 한다.
7. **해충 방지**: 흰개미 등 목재에 해로운 해충으로부터 건물을 보호할 수 있는 설계가 이루어져야 한다.

기초의 설계

콘크리트 골조와 목구조는 기초에 전달되는 고정하중 측면에서 다른 특성을 가진다. 고정하중은 구조물 자체의 무게와 구조물에 지속적으로 작용하는 하중을 의미하며 기초 설계에도 큰 영향을 미친다. 따라서 콘크리트 골조와 목구조 각각의 특성을 잘 이해하고 프로젝트의 요구 사항과 지반 조건을 고려하여 최적의 설계 방안을 선택하는 것이 중요하다.

1. **지반 조사**: 지반의 지지력, 토질 특성, 지하수 위치 등을 파악하여 적절한 기초 형식을 선택한다.
2. **하중 분석**: 주택의 수직 및 수평 하중을 정확히 산정하여 기초의 크기와 깊이를 결정한다.

3. **기초 형식 선택**: 지반 조건과 하중에 따라 줄기초, 매트기초, 크롤 스페이스 기초 등 적절한 기초 형식을 선택한다.

4. **단열 고려**: 기초의 단열 성능을 높이면 에너지 효율을 향상시킬 수 있다.

콘크리트와 목구조의 기초 설계 콘크리트는 무거운 고정하중을 지니고 있기 때문에 이를 지탱할 수 있는 보다 견고하고 강한 기초 설계가 필요하다. 높은 밀도로 인해 구조물의 안정성을 높이지만 때에 따라 지반 개량 작업이 필요할 수도 있으며 이로 인해 시공 비용이 상대적으로 커지기도 한다.

반면 목구조는 콘크리트에 비해 더 적은 지지력을 요구한다. 목조주택의 무게가 상대적으로 가벼워서(콘크리트 대비 약 1/3) 지반 조건이 열악한 지역에서도 시공하기가 유리하다. 또한 목재는 유연성이 뛰어나 지진과 같은 외부 충격에 대한 저항력이 우수하다. 따라서 필요한 지지력이 낮아 시공 비용도 상대적으로 줄어들 수 있다. 각각의 구조 방식은 그에 맞는 기초 설계와 시공이 필요하며, 이를 통해 건물의 안정성과 효율성을 극대화할 수 있다.

[표 3-1] 콘크리트와 목구조의 기초 설계 비교

구분	콘크리트	목구조
고정하중	무거움	가벼움
기초 설계 특징	• 견고하고 강한 기초 설계 필요 • 구조물의 안정성을 높임 • 경우에 따라 지반 개량작업이 필요	• 콘크리트 주택 무게에 비해 더 적은 지지력 필요 • 지반 조건이 열악한 지역에서 시공이 유리 • 뛰어난 유연성으로 외부 충격(예: 지진)에 대한 저항력 우수
시공 비용	상대적으로 높음	상대적으로 낮음

기초의 종류

목조주택의 기초는 다른 건축시스템(철근 콘크리트, 벽돌, 철골 구조)과 크게 다르지 않으며 일반적으로 철근 콘크리트가 사용된다. 기초 방식은 다양하지만, 어떤 기초방식을 선택할지는 대지 조건이나 구조설계에 따라 달라진다.

매트기초 온통기초라고도 불리며 지내력이 약한 지반에 효과적인 경제적인 기초 공법이다. 이 방식은 건물 바닥 전체에 연속된 철근 콘크리트 바닥판을 설치하는 것으로, 지하층 슬라브 아래에는 슬라브와 동일한 두께의 자갈을 깔고 방습막을 설치해 건조 상태를 유지하는 것이 좋다.

매트기초는 건물의 하중을 넓은 면적에 분산시켜 지지함으로써 지반의 약한 지내력 문제를 해결할 수 있다. 이는 건물의 안정성을 높이는 데 기여한다. 매트기초는 건물 바닥 전체에 콘크리트를 타설하는 방식이기 때문에 공사 과정이 비교적 간단하다.

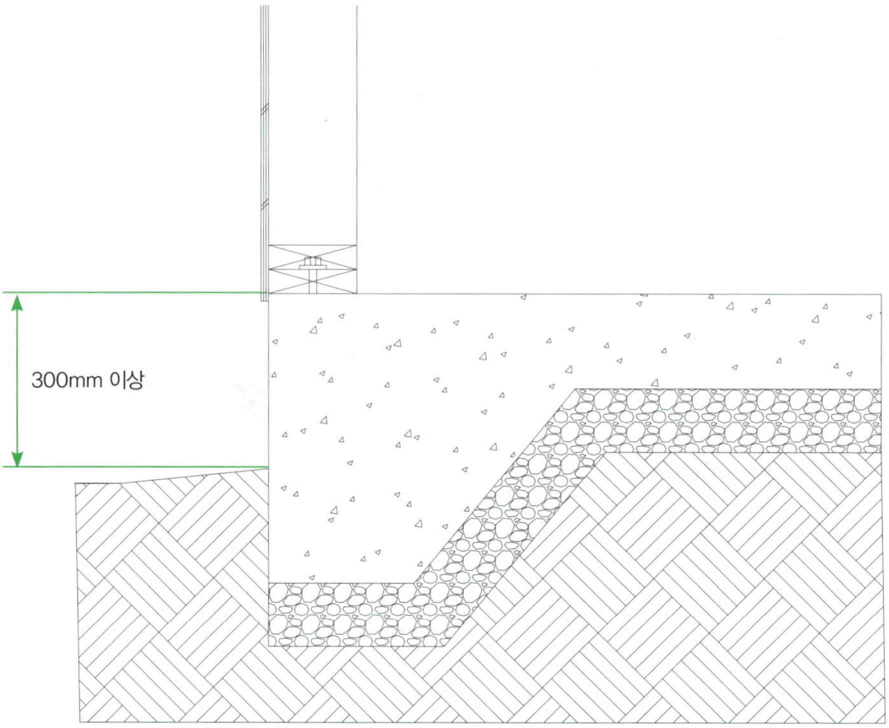

[그림 3-1] 매트기초

줄기초 줄기초는 건물의 벽체나 기둥의 하중을 지지하는 연속된 기초로 좁고 길게 도랑 모양으로 땅을 파고 잡석을 다짐한 후, 그 위에 슬라브를 시공하는 방식이다. 줄기초는 기후 변화에 따른 지반의 움직임을 방지하는 데 유리하며, 지하 동결선 아래로 기초의 깊이를 설정하기도 쉽다. 하지만 공정이 많고 복잡하며 많은 인력이 소모되므로 공사 기간이 길고 비용이 많이 드는 단점이 있다.

[그림 3-2] 줄기초

크롤 스페이스 기초 주로 불균형한 토양 위에 지어진 주택에 적합한 기초 유형이다. 크롤 스페이스의 기초 상부 바닥면은 지면에서 45cm에서 120cm 높이 사이에서 형성되며, 내력벽을 통해 지지된다. 이 기초는 1층 바닥과 지면 사이에 충분한 공간을 제공해 환기와 접근성을 향상시키는 것이 특징이다. 주로 북미 지역의 목조주택에서 흔히 볼 수 있는 유형이다. 지하층 없이 목구조로 1층 바닥을 시공하는 경우, 목구조 바닥의 부식 방지를 위한 환기와 내부 수리 등의 목적을 위해 바닥 밑에 확보하는 공간이 바로 크롤 스페이스이다.

[그림 3-3] 크롤 스페이스 기초

크롤 스페이스 기초벽과 목재 보의 설치 콘크리트 벽에 크롤 스페이스가 있는 경우, 목재 보를 지지하기 위한 포켓을 만들어야 한다. 이때 목재 보가 콘크리트의 습기로부터 손상되지 않도록 보호해야 하며, 목재 보와 콘크리트 사이에 12.5mm의 틈을 두어 공기 순환이 가능하게 해야 한다.

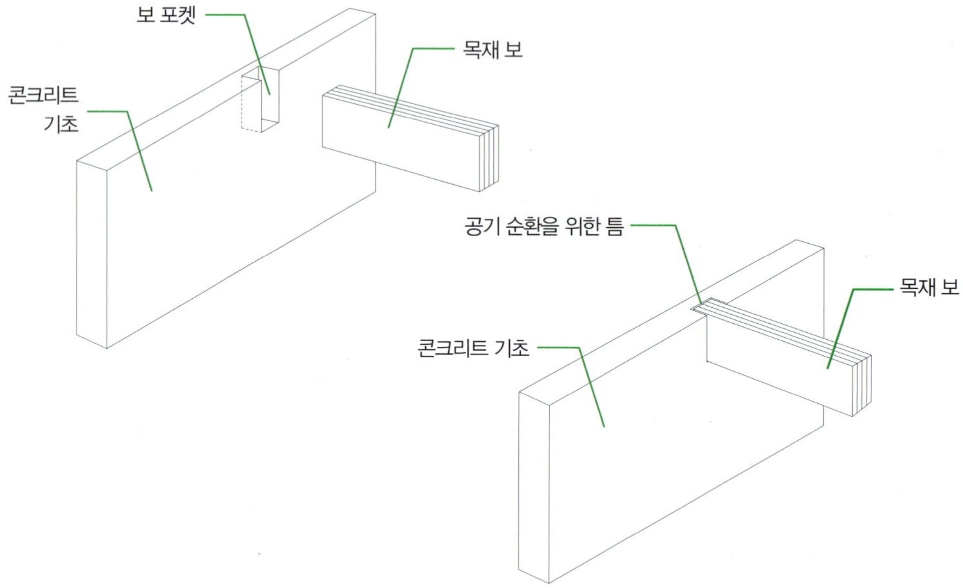

[그림 3-4] 콘크리트 기초벽과 목재 보의 설치

3.2 기초 공사의 종류

방습 및 방수 작업

목조주택의 기초 공사에서 방습 및 방수 작업은 건물의 안정성과 내구성을 유지하는 데 매우 중요하다. 습기가 기초를 통해 실내로 침투하면 구조물의 손상, 곰팡이 발생, 실내 환경 악화 등의 문제가 발생할 수 있다. 방습 및 방수 처리는 이러한 위험을 예방하고 목재 구조를 보호하며 쾌적하고 건강한 실내 환경을 유지하는 데 필수적이다.

방습 처리 기초벽의 방습 처리는 건물을 습기로부터 보호하고 실내 환경을 건강하게 유지하는 데 중요한 역할을 한다. 그렇기 때문에 흙에 접하는 내부 공간의 벽이나 바닥 등은 반드시 방습 또는 방수 처리를 해야 한다. 또한 수압 현상이 발생하지 않는 기초벽이나 바닥에는 방습 처리를 통해 습기가 실내로 침투하지 못하도록 해야 한다. 방습 처리 방법은 다양하고 각 방법은 건물의 구조적 특성과 환경 조건을 고려해 적절히 선택해야 한다. 다음은 목조주택 기초 공사에서 주로 사용되는 방습 처리 방법이다.

1. **아스팔트 방습**: 가장 일반적인 방법의 하나로, 검은색의 아스팔트를 녹인 액체를 기초벽에 발라주는 방식이다. 아스팔트 방습 방법에는 방습과 방수 효과를 모두 제공하는 제품이 널리 사용된다.

2. **폴리에틸렌 필름 사용**: 바닥 아래 방습 시에는 최소 0.01mm 폴리에틸렌 필름을 150mm 이상 겹쳐서 깐다.

[그림 3-5] 아스팔트 프라이머를 사용한 기초의 방습

방수 처리 기초 방수는 지하 수위가 높거나 습기가 많은 지역, 또한 목조주택 신축 시 필수적인 작업이다. 이러한 환경에서는 건물의 기초가 지속적으로 수분에 노출될 위험이 있기 때문에 방수를 통해 수분 침투를 막고 건물 내부로 습기가 침투하는 것을 방지해야 한다. 기초 방수는 곰팡이 발생과 구조물 부식을 예방해 건물의 안정성을 유지하고, 궁극적으로 건물의 수명을 연장하는 중요한 역할을 한다.

1. **아스팔트 프라이머 사용**: 가장 기본적인 재료인 아스팔트 프라이머를 방수면에 도포하면 표면에 침투해 강력한 피막을 형성한다.

2. **복합 시트 방수**: 복합 시트 방수는 반영구적인 방수 효과를 유지하며, 다양한 재료의 시트를 사용해 방수층을 형성한다.

[그림 3-6] 복합시트를 사용한 기초의 방수

터파기

터파기 공사는 기초를 구축하기 위해 지면의 흙을 파내는 과정이다. 이 과정은 건축물의 안정성과 내구성을 확보하는 데 매우 중요한 첫 단계이다. 터파기에 앞서 대지를 평평하게 만들고 필요한 경우 정화조를 미리 매립한다. 터파기 깊이는 구조도면에 맞게 진행되며 건물의 크기와 토질의 상태에 따라 굴착 깊이가 달라질 수 있다.

터파기의 중요성 터파기는 기초의 안정성을 확보하고 하중을 고르게 분산시키며, 배수를 관리하는 데 중요한 역할을 한다. 또한 시공 준비를 위한 공간을 마련하고 지반 상태를 확인할 수 있게 해주므로, 안전하고 효율적인 기초 공사를 위해 꼭 필요한 과정이다.

터파기 시 주의 사항 터파기 작업을 진행하기 위해서는 몇 가지 중요한 준비 작업이 필요하다. 먼저, 착공 전에 경계 현황 측량을 통해 설계도서와 현장 여건 간의 차이를 검토해야 한다. 이렇게 하면 예상되는 문제를 미리 파악할 수 있다. 다음으로, 법면 절개 및 성토로 인해 발생하는 사면부에 대한 보호 계획을 수립해야 하며, 습윤부는 초기 육안 검사를 쉽게 할 수 있도록 투명 재질로 보호하는 것이 중요하다. 또한 후속 공정을 위한 작업로와 작업공간, 즉 자재 적치와 장비 작업 위치 등을 충분히 고려해야 한다. 이를 통해 작업이 원활하게 진행될 수 있다. 기초는 안정된 원지반 위에 구축되어야 하며, 기초 주변의 나무뿌리와 같은 유기물은 반드시 제거해야 한다.

[그림 3-7] 기초 터파기

배수

수압 현상이 없는 곳에 건물을 짓는 경우, 바닥 슬래브 하부나 기초 주변에 적절한 배수시설을 설치해야 한다. 이렇게 하면 지하수가 건물 내부로 침투하지 못하게 되어 습기로부터 건물을 보호할 수 있다. 기초 주위의 배수는 건물의 안전과 직결되는 중요한 요소로, 배수 시스템이 제대로 작동해야만 건물 기초 주변에 물이 고이지 않는다. 이는 결국 건물의 수명을 연장하는 데 필수적인 역할을 한다.

배수의 중요성 건물의 안전성을 확보하기 위해서는 기초 주변의 물이 건물에 미치는 영향을 잘 관리해야 한다. 기초 주변에 물이 고이면 건물의 안전성이 저하될 수 있으므로, 적절한 배수 작업을 통해 이를 방지하는 것이 중요하다. 또한 기초 주위의 습기는 건물 내부로 침투해 곰팡이 발생의 원인이 될 수 있기 때문에, 습기를 효과적으로 관리해야 한다. 마지막으로, 강우나 눈이 녹을 때 발생할 수 있는 침수 위험을 줄이는 것도 매우 중요하다. 이러한 조치를 통해 건물의 안전성과 내구성을 높일 수 있다.

배수 방법

1. **기초 주변 배수(perimeter foundation drains)**: 지표면 아래의 모든 기초에는 배수 드레인 장치를 설치하는 것이 좋다. 기초 터파기를 하기 전에 기초 주변 배수 계획 도면을 확인하고 배수 파이프의 설치 위치를 파악해야 한다. 기초 주변 배수는 항상 배수가 잘되는 되메우기와 함께 계획되어야 하며, 가장 효과적인 배수관의 위치는 기초판 옆이다. 배수구는 여과천 상단에서 아래로 최소 150mm 정도 되어야 하며, 최소 150mm의 자갈이나 잡석으로 덮여 있어야 한다.

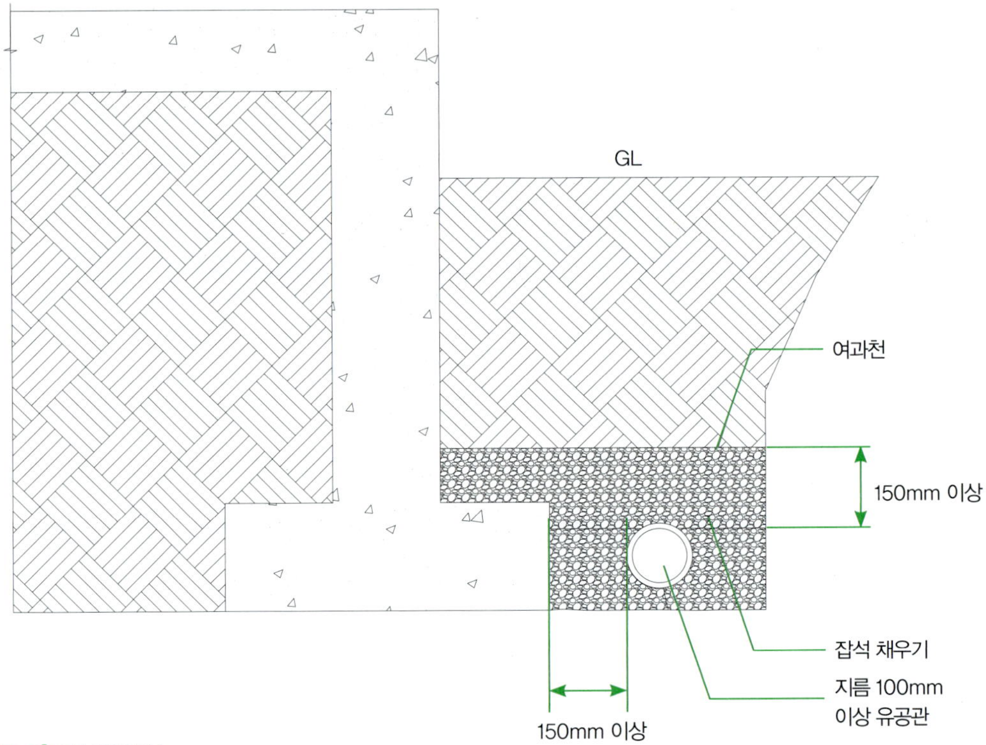

[그림 3-8] 기초 주변 배수

2. **지표면 배수**: 기초 주변 배수는 토양을 통해 이동하는 물을 처리할 수 있지만, 지표수(surface water)를 처리하기에는 충분하지 않을 수 있다. 지하수 문제에 대한 첫 번째 방어선은 지표면에서 처리되어야 한다.

지표면의 경사도 주택 주변의 지표면 경사도는 0.8% 이내 비율로 기초에서부터 외부로 기울어져야 한다. 주택에서 멀리 떨어진 곳으로 빗물을 유도하기 위해 콘크리트 보도, 포장재 또는 얕은 지하 배수관을 활용하는 방식이다. 물 홈통이 없는 곳은 적절하게 기울어진 콘크리트 또는 포장 인도는 되메우기를 통해 스며드는 표면수를 줄여준다. 건물 주변에 조경하는 경우, 식재 부분 아래에 폴리에틸렌 시트를 묻어 배수를 개선하고 뿌리가 뻗어나갈 수 있는 구멍을 낸다.

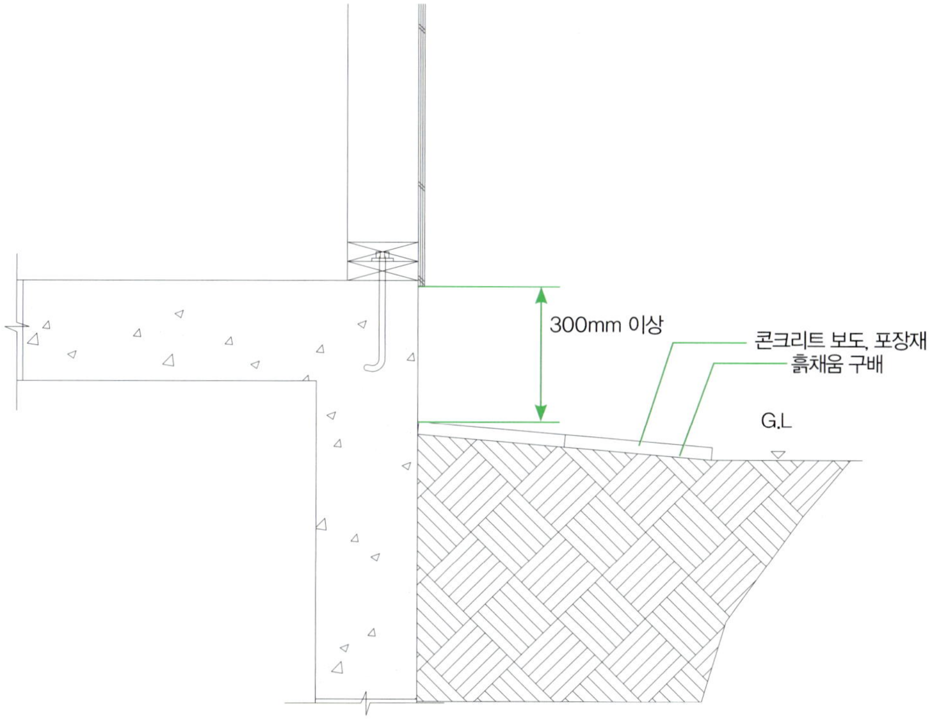

[그림 3-9] 지표면의 경사

물받이와 홈통을 사용하면 지붕에서 떨어지는 빗물이 지면으로 침투하는 것을 줄일 수 있다. 홈통 아래에는 빗물받이를 설치해 빗물을 건물로부터 최대한 멀리 보내야 한다.

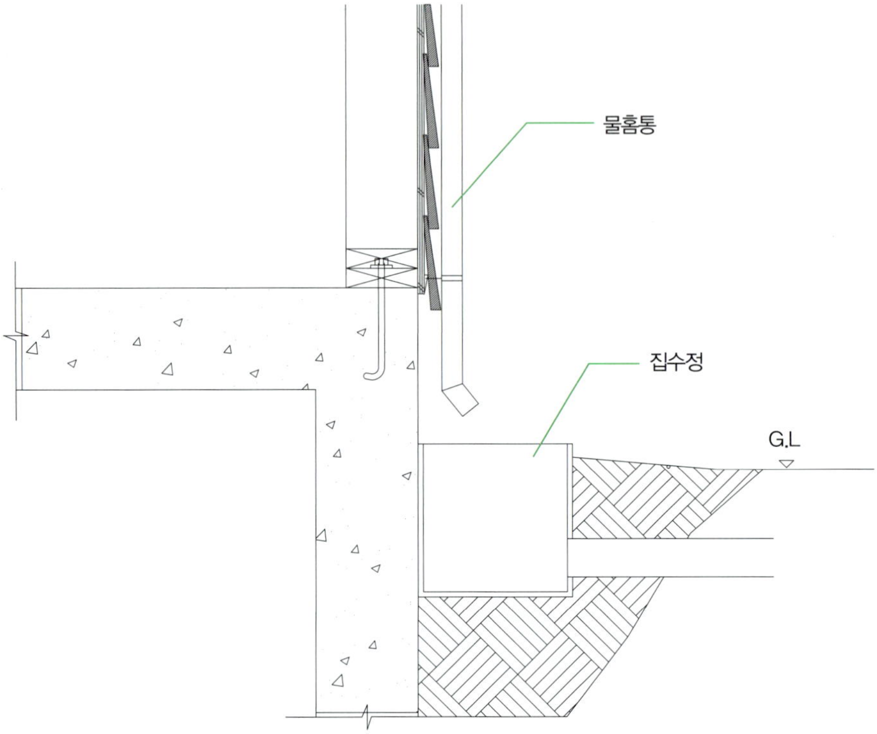

[그림 3-10] 물홈통 배수

동결심도를 고려한 설계 얼어있는 땅에 기초를 시공하는 것은 여러 가지 위험을 수반한다. 특히 겨울철에 대기 온도가 0℃ 이하로 떨어지면 흙 속의 수분이 얼어붙어서 흙이 팽창하게 되는데, 이러한 현상은 건물의 기초에 심각한 문제를 일으킬 수 있다.

기온이 영하로 내려가면 땅속의 수분이 얼어 동결이 발생한다. 이로 인해 건축물을 지을 때 동결선 아래까지 터파기를 해야 하며, 이 깊이를 동결선이라고 한다. 동결선을 지키지 않으면 건축물의 기초에 균열이 생겨 안전에 문제가 발생할 수 있다. 흙 속의 수분이 얼면서 팽창해 지표면이 융기되는 현상을 동상이라고 하며, 이는 건축물의 기초에 심각한 손상을 초래할 수 있다. 동결심도를 고려한 설계 시 다음 사항을 고려해야 한다.

1. **기후 조건**: 건물을 설계 및 시공 시에는 해당 지역의 기후 조건을 반영하여 동결선의 깊이를 고려해야 한다. 이는 건축물의 장기적인 안전성과 내구성을 확보하는 데 중요하다.

2. **배수 시스템**: 얼어있는 땅에 기초를 시공할 때는 물이 기초 주변에서 적절히 배수될 수 있도록 배수 시스템을 설계하는 것이 중요하다. 이는 동상 현상을 방지하고, 기초의 안정성을 유지하는 데 기여한다.

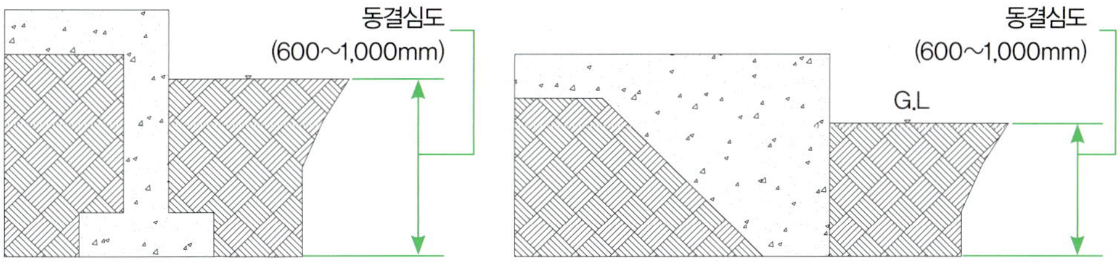

[그림 3-11] 기초 동결선 작업

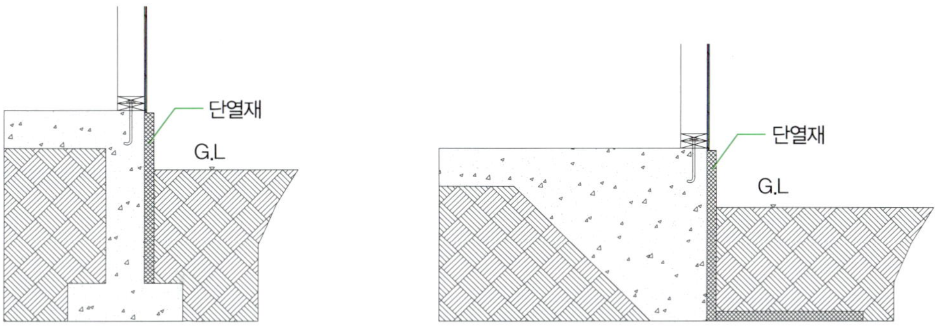

[그림 3-12] 기초 단열 작업

3.3 기초의 구성 요소

목조주택의 골조를 이루는 나무 뼈대인 벽, 바닥, 지붕 골조는 콘크리트 기초 위에 설치된다. 이때 기초 바닥면과 맞닿는 목골조는 반드시 기초와 고정되어야 한다. 그렇지 않으면 주택이 완성된 후 여러 가지 문제가 발생할 수 있다. 예를 들어 지진이나 강풍이 불 때 상부 구조물이 기초에서 미끄러지거나 전복될 위험이 있다.

목조주택은 바람과 지진으로 인한 상향력과 수평 하중에 저항하기 위해 기초에 단단히 고정되어야 한다. 이는 1층 골조를 토대에 안전하게 연결함으로써 이루어진다. 토대는 콘크리트에 묻혀 일정 간격으로 설치된 앵커 볼트를 통해 기초에 연결된다. 지진의 위험이 큰 지역에서는 앵커 볼트 외에도 목골조를 기초에 고정하기 위한 추가 조치가 필요할 수 있다. 외벽의 모든 토대는 지름 12mm 이상의 앵커 볼트로 기초에 고정되어야 하며, 앵커 볼트의 간격은 구조도면에 별도로 표기되어 있지 않으면 1.8m보다 넓어서는 안 된다. 흙 속에 묻힌 콘크리트 기초는 항상 습기를 머금고 있기 때문에 토대는 방부목재를 주로 사용한다. 방부목재는 나무가 물에 닿아도 썩지 않도록 수용성 액체를 나무에 주입해 방수막을 형성한다.

토대

콘크리트 기초와 맞닿은 목재를 토대(sill plate)라고 한다. 이 토대는 기초 상단에 수평으로 설치되며, 기초 위에 시공되는 목골조(벽, 바닥, 지붕 골조) 중 유일하게 콘크리트 기초와 고정된다. 기초와 토대가 앵커볼트와 홀드다운 앵커로 고정되면, 나머지 목골조의 연결은 못으로도 가능하다.

기초 콘크리트를 타설할 때는 'L'자 모양의 앵커볼트를 일정 간격으로 콘크리트에 심어 놓는다. 콘크리트가 굳으면 앵커볼트가 기초와 일체화되어 쉽게 뽑히지 않게 된다. 이후 씰실러를 토대의 밑면에 고정하고, 실러가 붙어 있는 토대에 앵커볼트 지름만큼 구멍을 뚫어 끼운 다음, 와셔와 너트로 위에서 조인다. 이렇게 하면 토대가 기초에 완전히 고정된다.

앵커볼트는 토대의 끝면으로부터 150~300mm 이내에 설치해야 하며, 콘크리트에 180mm 이상 묻히게 시공해야 한다. 또한, 구조도면에 별도 언급이 없을 경우 앵커볼트는 최대 1.8m 간격 이하로 설치해야 한다.

[그림 3-13] 토대 설치 작업

토대 실러 토대 실러(sill sealer)는 토대와 기초 사이에 설치되며 두 가지 주요 기능을 수행한다. 첫째, 모세관 현상으로 인해 콘크리트 기초를 따라 상승하는 습기가 토대로 전달되는 것을 차단하는 역할을 한다. 이는 목재 부식과 구조적 손상을 방지하는 데 중요한 역할을 한다. 둘째, 토대와 기초 콘크리트 사이의 작은 틈을 밀봉하는 밀폐재 역할을 하여 바람이 통과하는 것을 막고 누수를 방지하며, 해충이나 곤충이 침입하는 것을 예방한다. 이러한 기능을 통해 건물의 내구성과 안정성을 높이는 데 기여한다.

[그림 3-14] 토대 실러 작업

내벽 토대의 설치

온통기초를 가진 주택에서는 외부와 내부 하중을 견디는 내력벽을 콘크리트 기초에 고정해야 한다. 이렇게 하면 구조물의 안정성을 높일 수 있다.

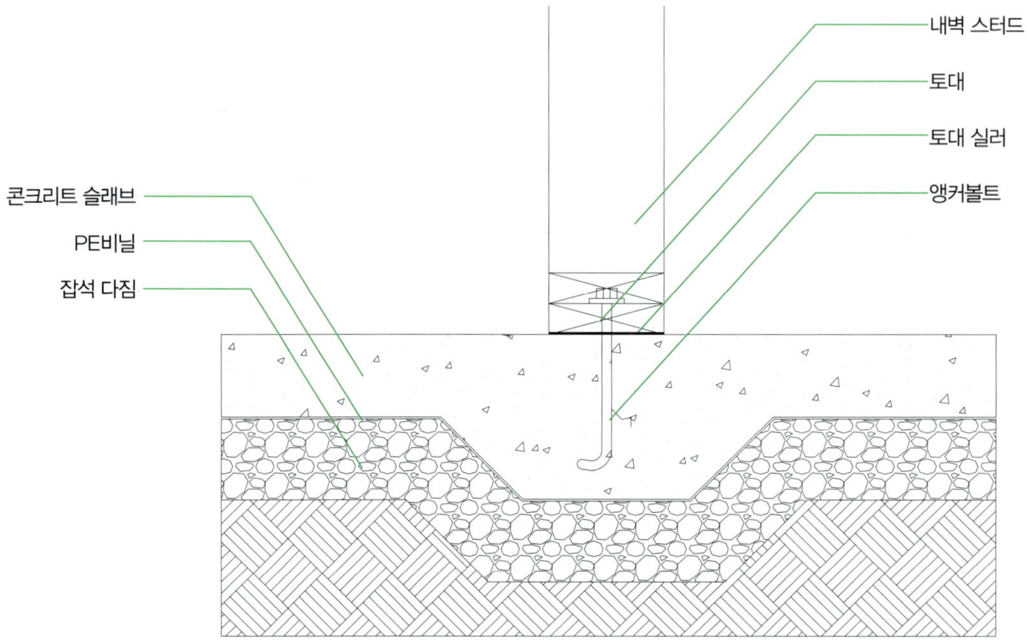

[그림 3-15] 내벽 토대 시공 사례

연습문제

다음 설명을 읽고 '맞다' 또는 '아니다'를 선택하시오.

3.1 목구조의 지지력은 콘크리트 구조가 요구하는 지지력에 비해 약 1/3 정도 낮다.

a. 맞다

b. 아니다

다음 질문에 가장 적합한 답을 선택하시오.

3.2 콘크리트 기초에 토대를 고정하는 앵커볼트가 묻혀야 하는 최소 깊이는 얼마인가?

a. 150mm

b. 180mm

c. 210mm

3.3 콘크리트 기초와 토대를 연결하는 앵커볼트의 최소 지름은 얼마인가?

a. 8mm

b. 10mm

c. 12mm

3.4 콘크리트 기초와 토대 사이에 설치되는 토대 실러의 역할이 아닌 것은 무엇인가?

a. 습기 차단

b. 공기 차단

c. 흰개미 차단

PART 2

골조

제2부는 목조주택의 구조적 안정성과 기능성을 결정짓는 핵심 요소를 다루며, 골조 설계와 시공에 대한 심층적인 이해를 제공한다. 총 4장으로 구성되며, 바닥, 벽, 지붕, 계단 골조의 설계 원칙과 시공 방법을 상세히 설명한다.

제4장에서는 바닥 골조의 역할과 구조적 요구 사항을 설명하며, 다양한 바닥 시스템을 비교 분석한다. 또한 바닥 골조의 재료 선택, 하중 분산 기술, 진동 저감 공법 등에 대한 정보를 제공하여 안전하고 효율적인 바닥 구조를 설계 · 시공할 수 있도록 돕는다.

제5장에서는 벽 골조의 구조적 중요성과 다양한 설계 · 시공 기법에 대해 다룬다. 벽 골조의 기본 구성 요소와 이들의 역할을 설명하며, 벽의 하중 지지 기능과 단열, 방음 성능에 대한 논의도 포함된다. 또한 벽 골조의 시공 과정에서의 주의 사항과 일반적인 오류를 피하는 방법에 대해서도 설명하여, 독자가 견고하고 효율적인 벽 구조를 구축할 수 있도록 안내한다.

제6장에서는 지붕의 구조적 요구 사항과 다양한 지붕 시스템을 설명하며, 각 시스템의 장단점을 비교 분석한다. 또한 지붕 골조의 재료 선택, 방수 및 단열 기술, 기후 조건에 따른 적절한 지붕 설계 방법 등을 다루어서 안전하고 내구성이 뛰어난 지붕 구조를 구축할 수 있도록 돕는다.

제7장에서는 계단의 구조적 요구 사항과 안전 기준을 설명하며, 다양한 계단 유형과 그에 따른 설계 원칙을 다룬다. 계단 골조의 재료 선택, 하중 분산 기술, 편안하고 안전한 계단 설계를 위한 고려사항 등을 포함하여 실용적이면서도 안정적인 계단 구조를 완성할 수 있도록 안내한다.

제2부는 목조주택의 골조의 각 구성 요소를 체계적으로 설명하며, 독자가 실무에서 적용할 수 있는 구체적인 설계 및 시공 지침을 제공한다.

Chapter

4

바닥 골조

4.1 바닥

바닥 골조의 기능

바닥 골조는 목조주택에서 매우 중요한 역할을 담당한다. 주로 건물 내부의 하중을 지지하고, 상부 구조로부터 전달되는 하중을 기초로 전달하는 기능을 한다. 또한 지진이나 바람과 같은 외력에 대응하여 건물의 안정성을 유지하는 역할도 수행한다.

목조주택에서 바닥 골조의 주요 기능 중 하나는 상부층의 바닥과 지붕에서 내려오는 하중을 벽과 기초로 전달하는 것이다. 바닥에 작용하는 하중은 고정하중(dead load)과 활하중(live load)이 있다. 고정하중은 구조체 자체의 무게가 지속적으로 바닥 구조에 작용하는 수직 하중이다. 활하중은 건축물을 사용함으로써 발생하는 여러 가지 하중을 일컫는다. 바닥을 사용하는 거주자, 가구 등이 활하중에 속한다.

목조주택의 바닥 골조 시스템의 주요 기능은 다음과 같다.

1. 바닥에 가해지는 여러 가지 하중을 건물의 다른 구조 요소(보, 장선, 바닥 덮개 등)로 전달하고 분산시켜야 한다.
2. 처짐(휘어지는 정도)을 제한하고 거주자에게 불편을 줄 수 있는 진동을 최소화해야 한다. 진동을 줄이기 위해서는 강성(stiffness)을 높여야 한다.
3. 전기, 배관 및 기계 서비스 설치를 수용할 수 있어야 한다.
4. 마감된 바닥 마감재를 적용하기에 적합한 표면을 제공해야 한다.

바닥 골조의 구조 요소

바닥 골조는 보(beam), 장선(joists), 보막이재(blocking), 바닥 덮개(floor sheathing)로 이루어져 있다. 각 요소의 치수는 구조물에 작용하는 하중의 크기와 자재의 강도에 따라 결정된다. 하중이 클수록 각 요소의 단면 크기와 강도도 커져야 한다. 바닥 골조의 구조 요소가 적절히 시공되지 않으면, 처짐 및 진동으로 인해 바닥 하부 천장 마감재에 균열이 발생할 수 있다.

국내 목조주택은 북미의 경량목조주택 시스템과 유사하다. 그러나 두 나라 목조주택의 가장 큰 차이점은 온돌 난방의 적용 여부이다. 북미의 경목조주택은 온돌 난방을 적용하지 않기 때문에, 온돌 난방을 적용하는 국내 경량목조주택의 바닥 고정하중이 훨씬 크다. 난방을 위한 시멘트 모르타르(mortar)[5] 무게로 인해 국내 경량목조주택의 바닥 하중은 북미의 것보다 3배 이상 차이가 난다. 따라서 국내 경량목조주택은 온돌 바닥에 대한 하중을 반드시 고려하여 자재를 선정해야 한다.

바닥 골조의 처짐 현상을 막기 위해서는 바닥이 강성체가 되도록 만들어 주면 된다. 보막이재(blocking), 띠장(strapping), 가새(cross bridging)과 같은 바닥 골조 시스템은 바닥 구조가 강성체가 되는 데 큰 역할을 한다.

목조주택 바닥 골조의 구조 요소별 특징은 다음과 같다.

1. **바닥 장선**: 바닥 구조 요소 중 비교적 작고 좁은 간격의 수평 부재이며, 바닥, 천장, 지붕에서 작용하는 하중을 지지하는 구조부재이다. 규격재나 공학목재를 사용한다.

2. **끝막이 장선**: 바닥 장선 끝면과 직각으로 설치되는 일련의 수평 구조부재. 규격재나 공학목재를 사용한다.

3. **보**: 바닥과 지붕 장선을 지지하는 단면이 큰 수평 구조부재로 규격재를 조합한 조립부재나 공학목재가 주로 사용된다.

4. **바닥 덮개**: 바닥 장선의 윗 면에 수평으로 설치하는 구조용 목질 판재를 말한다. 바닥용 목질 판재는 침엽수 합판 또는 OSB가 사용되지만, 벽에 사용되는 판재의 두께보다 두꺼운 것을 사용한다. 목질 판재의 길이 방향의 끝면에 제혀쪽매(T&G)를 만들어 이웃하는 판재끼리 연결할 때 끝면을 서로 끼워 넣어 강도를 높인다.

---

5 회나 시멘트에 모래를 섞고 물로 갠 것. 얼마 지나면 물기가 없어지고 단단하게 되는데, 주로 벽돌이나 석재 따위를 쌓는 데 쓰인다.

5. **보막이재**: 장선은 두께가 얇은 반면 너비는 큰 단면 구조를 가지고 있어 좌굴(buckling)[6]이 일어나기 쉽다. 보막이재는 바닥 장선 사이에 설치하는 부재로 장선의 좌굴을 방지한다. 장선의 강성을 높이기 위해 장선의 하단에 접합하는 수평 가새와 작은 구조재를 사용한다.

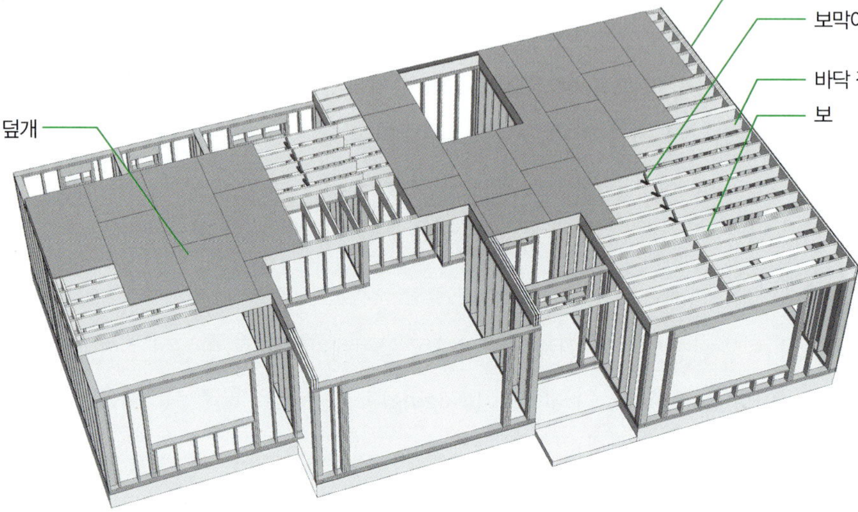

[그림 4-1] 바닥 골조의 구조요소

4.2 바닥 장선

바닥 장선 규정 바닥 장선은 규격구조재(1종구조재)로서 2등급 또는 이와 동등 이상의 품질을 지닌 너비 140mm 이상의 목재를 사용한다. 바닥 장선 상호 간의 간격은 650mm 이하로 한다. 단면이 38×235mm 이상이면 2.4m 이하의 간격으로 두께 38mm 이상의 보막이를 설치한다. 다만, 장선을 2개 이상 접합하여 사용하거나 경간이 4.5 m 미만인 경우는 제외한다. 바닥 장선, 보 또는 기타 수평구조부재는 부재 경간의 중앙 1/3 부분에서 따내기를 할 수 없다. 바닥 장선, 보 또는 기타 수평구조부재에 대한 따냄은 부재의 단부를 제외하고 인장측에 설치할 수 없다. 따냄의 깊이 및 길이는 각각 부재 높이의 1/6 및 1/3 이하로 한다. 다만, 단부에서 인장측에 따내기를 하는 경우 완만한 경사로 한다. 바닥 장선, 보 또는 기타 수평구조부재에 구멍을 뚫는 경우 구멍의 중심은 부재 높이의 중앙(중립축) 부위에 위치하도록 하며,

6 장선이 휘어지는 현상을 말한다.

구멍의 지름은 부재 너비의 1/6 이하로 한다. 바닥 장선의 중심간격은 610mm 이하로 한다. 바닥에 설치하는 개구부는 이를 구성하는 바닥 장선과 동일한 단면을 가지는 부재로 개구부의 4면을 보강한다.

바닥 장선의 시공

바닥 장선의 시공 간격 목조주택은 구조재와 목질 판재로 연결된 부위별 구조 요소(바닥, 벽, 지붕 골조 등)가 주택에 작용하는 다양한 하중을 분산 · 지지하는 구조이다. 바닥 시스템은 규격재와 덮개를 사용하여 조립되며, 기초 또는 벽체 위에 고정된다. 바닥 장선의 일반적인 시공 간격은 벽 골조와 마찬가지로 구조용 목질 판재(합판, OSB 등)의 크기와 밀접한 관계가 있다. 목질 판재의 표준 크기는 폭 1,220mm(4피트), 길이 2,440mm(8피트)이다. 바닥 장선의 일반적인 시공 간격은 305mm(12인치), 406mm(16인치), 610mm(24인치)이다. 바닥 덮개는 길이 방향(8피트)을 장선에 직각으로 배치하여 고정한다. 예를 들어 305mm(12인치) 간격으로 장선을 시공하면 2,440mm(8피트) 길이의 판재 위에 8개의 305mm 공간이 형성되며, 판재 끝이 장선의 중심부와 정확히 일치하게 된다. 즉, 판재의 길이를 장선 간격의 수로 나누면 장선의 시공 간격이 결정된다. 바닥 장선의 시공 간격은 표준 바닥 덮개 크기에 맞춰 설계되는 것이 일반적이다.

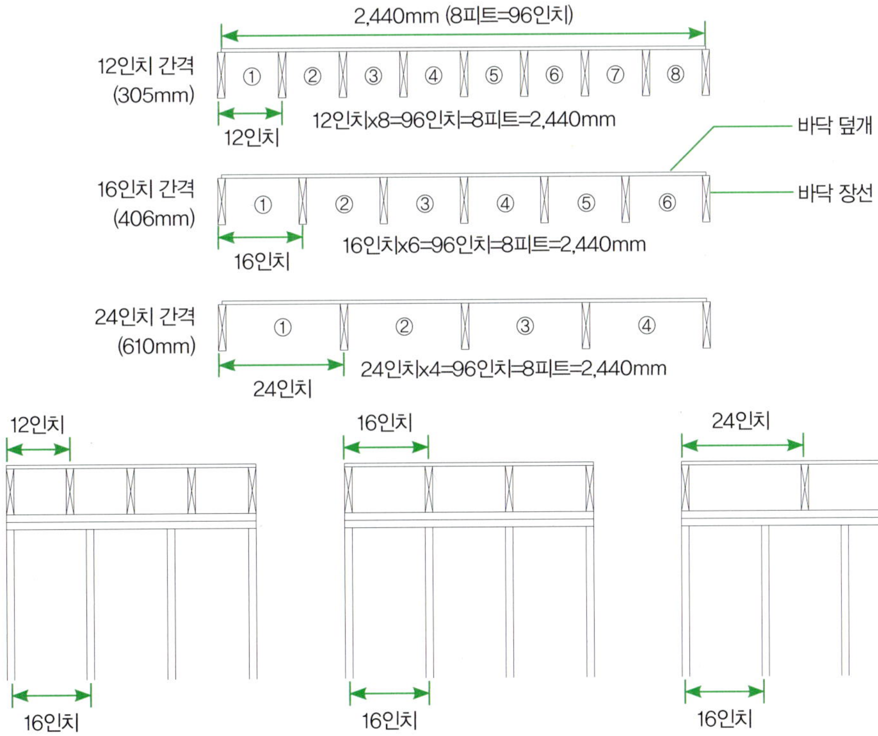

[그림 4-2] 장선의 시공 간격

바닥 장선의 자재

대부분의 목조 바닥 시스템은 규격재로 구성된다. 바닥 장선에 가장 많이 사용되는 규격재의 세 가지 일반적인 크기는 38×184mm, 38×235mm, 38×286mm이다.

바닥 보에 사용되는 목재의 가장 일반적인 등급은 No. 2이다. 공학목재 제품, 특히 I형 장선은 바닥 장선용 규격재 대안으로 사용된다. 오픈 웹(Open Web) 장선은 매우 긴 경간에 사용할 수 있는 또 다른 대안이다.

(a) 규격재 장선　(b) I형 장선　(c) 오픈웹 장선

[그림 4-3] 바닥 장선의 자재

4.3 보

보의 구조 요소

바닥 골조 시스템에서 사용되는 보는 바닥 장선의 하중, 보 상부 하중, 지붕의 하중을 지지한다. 보에 전달된 전체 하중은 보를 지지하는 기둥 또는 기초 벽으로 전달된다. 보를 지지하는 기둥과 기초는 상향력과 수평 방향 하중에 저항하도록 고정되어야 하며, 이를 위해 일반적으로 연결 철물을 사용한다. 구조용 보는 2개 이상의 규격재를 못이나 볼트로 접합한 조립보(built-up beam)를 사용할 수 있다. 이때 보 끝면의 지지점은 최소 90mm 이상 확보되어야 한다. 그렇지 않으면 보 부재에 할렬이 생겨 구조적인 문제가 발생할 수 있다. 못박기 규정에 맞게 만든 목재 조립보는 단일 구조재와 동일한 기능을 갖는다. 반면, 제대로 제작되지 않은 조립보는 단일 구조재와 동일한 강도를 가질 수 없기 때문에 구조상 요구하는 충분한 성능을 발휘하려면 기준에 맞게 제대로 제작해야 한다.

보의 기능

아주 작은 집을 제외하고는, 바닥 장선(특히 규격재 장선)이 집 전체 너비를 가로지르는 것은 보통 비현실적이다. 보는 바닥 장선이 가로질러야 하는 경간을 줄이고, 하중을 기초로 전달하는 데 도움을 준다. 보가 바닥 장선의 경간을 줄여주기 때문에 더 작고 경제적인 장선을 사용할 수 있다. 사이즈가 작은 장선은 운반, 현장 취급 및 설치가 더 쉽다.

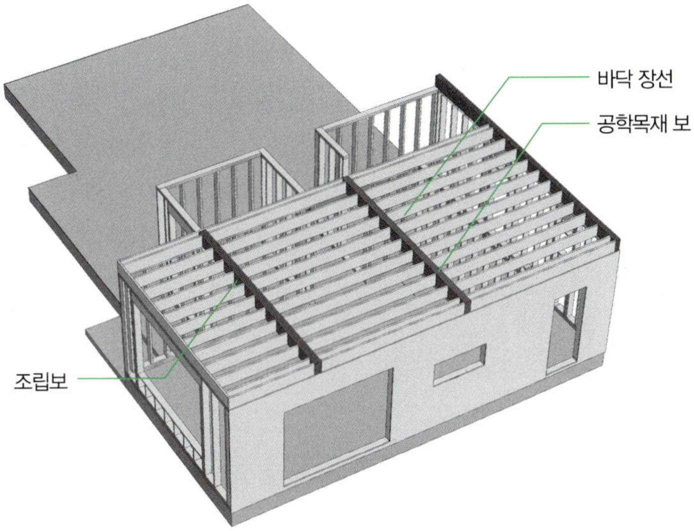

[그림 4-4] 바닥 장선의 경간을 줄여주는 보

보의 재료

보는 보통 현장에서 개별 규격재를 조립하여 만들어지며, 조절 가능한 금속 기둥에 의해 지지되기도 한다. 금속 기둥의 길이는 보 재료가 건조되면서 발생하는 수축이나 기초의 침하를 막기 위해 조절이 가능한 것으로 사용한다.

공학목재 제품은 보 재료로서 점점 더 인기를 끌고 있다. 이는 공학목재가 기존 규격재보다 치수 안정성이 높고, 지지 기둥 사이의 거리를 더 멀리 가로지를 수 있기 때문이다. 스틸보는 또 다른 옵션으로, 기존 목재보다 치수 안정성이 높고 더 긴 거리를 가로지를 수 있다. 스틸보는 무게와 크기 때문에 규격 목재나 공학목재 제품으로 현장에서 조립한 보 보다 운반 및 설치가 더 어렵다. 스틸보의 또 다른 문제는 목재 바닥 장선 및 기타 바닥 프레임 구성 요소를 강철 보에 고정하는 것이 목재 보에 고정하는 것보다 더 어렵다는 것이다.

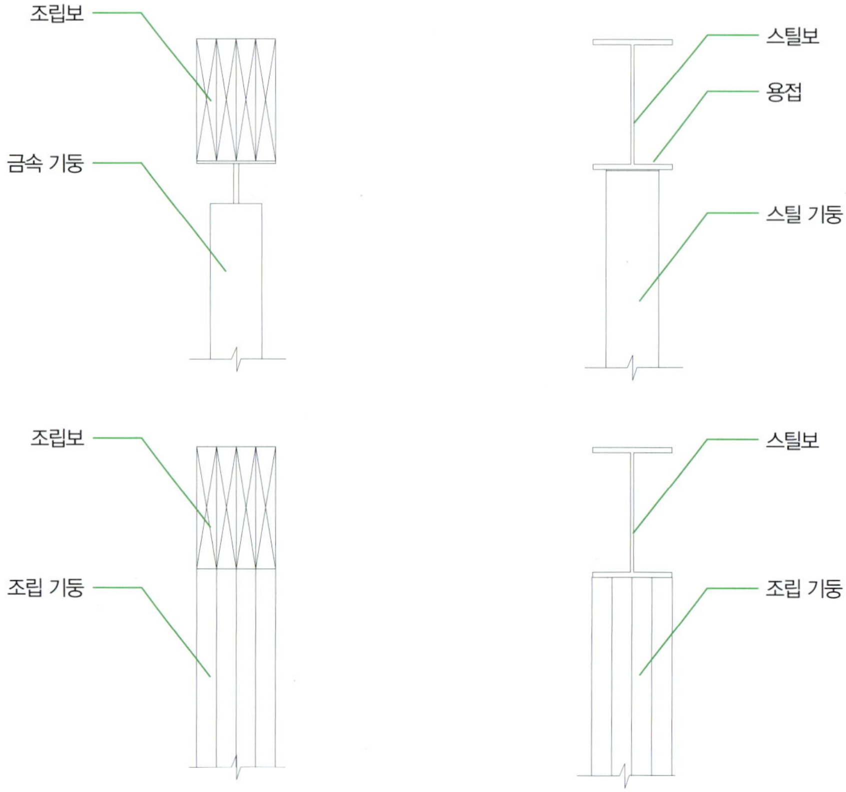

[그림 4-5] 보의 종류

보와 장선의 올바른 설치 방법

경간이 긴 공간의 경우 길이의 한계를 가진 규격재 장선으로 하중을 분산시키기 어렵다. 이때 바닥 장선의 하중을 분산시키기 위해 보를 설치한다. 보에 장선을 설치하는 방법은 두 가지가 있다.

1. 장선을 보 위에서 겹침(lapping) 또는 맞댐(butting) 설치한다.
   - 겹친 장선은 서로 못으로 고정된다.
   - 장선을 맞댈 경우, 장선 측면에 목재 덧판을 사용하여 장선을 서로 고정한다.
2. 장선을 보의 측면에 고정한다.
   - 장선은 보의 측면에 부착된 지지목이나 장선 걸이(joist hanger)라는 연결 철물에 의해 지지된다.

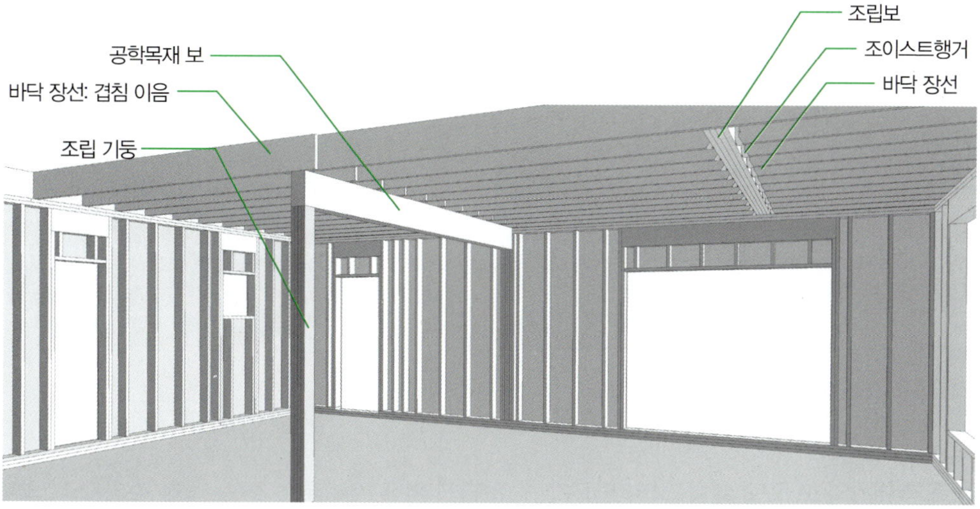

[그림 4-6] 겹침과 맞댐 설치 방법

보 단부 최소 지지 거리 목재 보의 단부가 충분히 지지되지 않으면, 비대칭 하중이나 외부 힘에 의해 보가 불균형 상태에 놓일 수 있다. 이런 상태로 하중이 지속적으로 가해지면 보가 휘거나 파손될 수 있다. 이를 방지하기 위해 보의 단부는 최소 90mm 정도 지지되어야 한다.

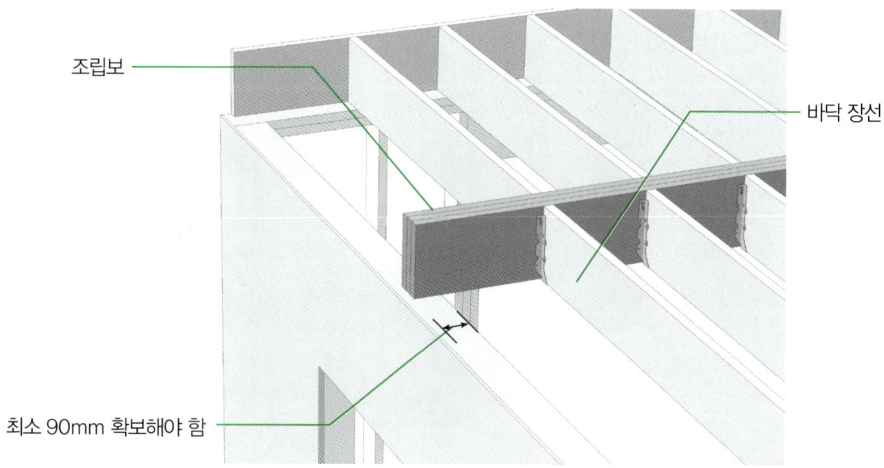

[그림 4-7] 보 단부 최소 지지 거리

보를 지지하는 수직 부재 보의 끝부분은 내력벽에서 견고한 지지를 받아야 한다. 내력벽의 골조는 보 단부의 최소 지지거리를 확보해 견고한 지지를 제공하도록 해야 한다. 예를 들어, 3겹 목재 조립보는 하중을 지지하는 벽 아래에 동일한 수의 스터드가 직접 위치해 보를 지지해야 한다.

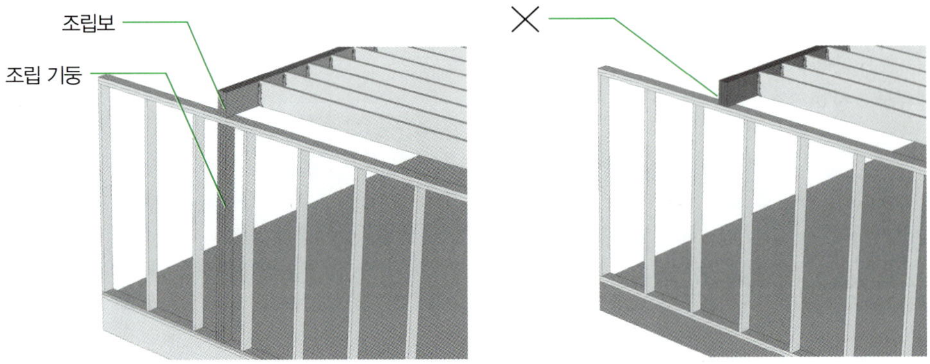

[그림 4-8] 보를 지지하는 수직 부재

목조 벽에서의 보 포켓 설치 보의 단부가 목조 벽에 의해 지지되는 경우, 보통 추가 스터드와 함께 벽 속에 포켓 골조로 지지된다. 이 경우 보의 단부는 바로 아래에 있는 스터드의 끝 단면에 직접 지지된다. 보가 벽의 이중깔도리에 위에서 지지되는 경우와 비교할 때, 스터드에 직접 지지되는 이 방법은 더 강한 지지를 제공하며 수축으로 인한 침하가 적게 발생한다.

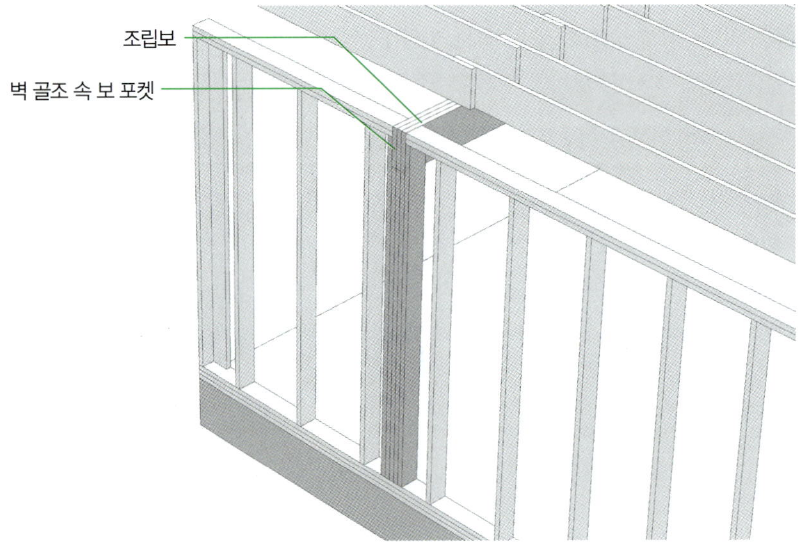

[그림 4-9] 보 포켓

조립보 연결 방법

조립보의 접합 조립보의 개별 부재(규격재)는 특정한 위치에서만 접합될 수 있다. 부재 간의 접합은 보의 순경간의 1/4 지점에서부터 150mm 이내에 이루어져야 한다. 보의 구조적인 기능을 약화시키지 않기 위해 보 단부 근처에서의 접합은 피해야 한다.

[그림 4-10]은 조립보의 접합 위치를 보여준다. 그림에서 볼 수 있듯이, L1과 L2는 보의 길이를 나타내며, 접합은 L1과 L2의 1/4 지점을 기준으로 설정된다. 접합부 양쪽에는 150mm의 여유 공간을 두어 부재 간의 구조적 연결을 확보해야 한다. 이러한 접합 방식은 보의 강도를 유지하면서도 균등한 하중 분포를 가능하게 한다.

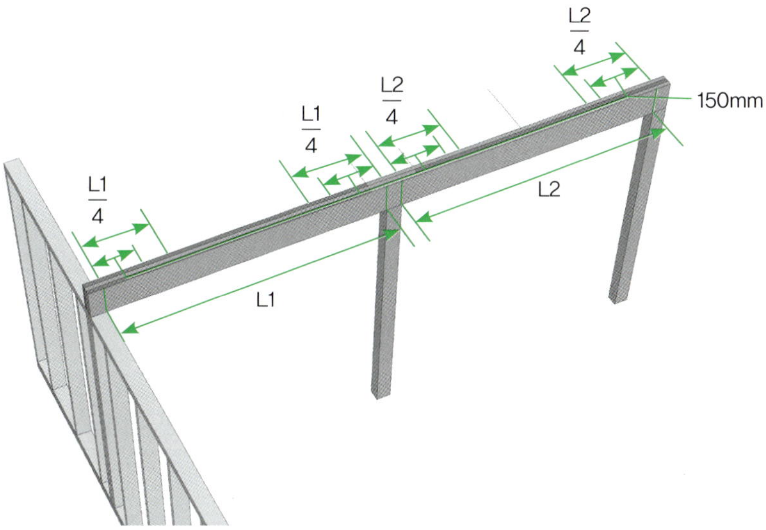

[그림 4-10] 조립보의 접합

지지대 사이 보 접합부 제한 보의 어느 지점에서든 접합부가 보 너비의 50%를 초과하지 않도록 하는 것이 중요하다.

접합부 엇갈림 조립보의 개별 부재는 동일한 위치에서 접합되지 않아야 한다. 접합이 발생하는 경우, 인접한 두 부재에서 접합부가 겹치지 않도록 접합 위치를 엇갈리게 해야 한다.

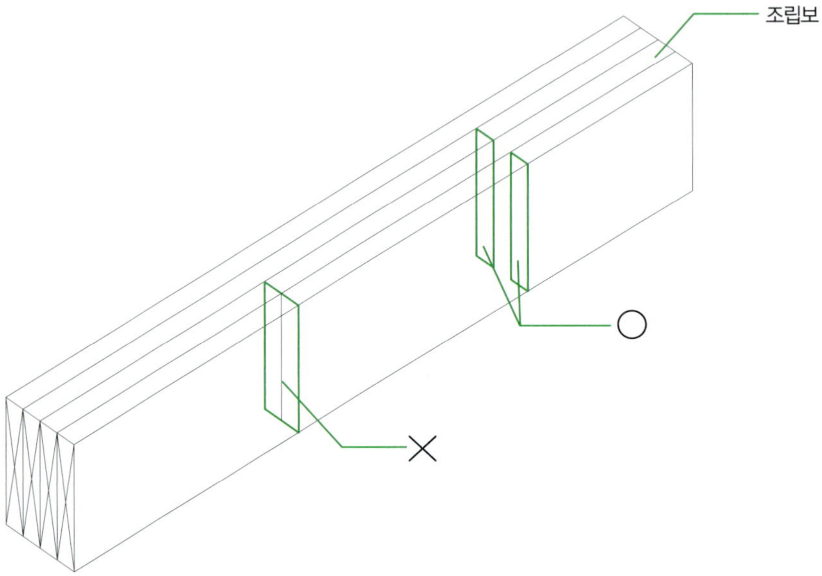

[그림 4-11] 접합부 엇갈림

조립보 못박기 규칙 두 겹 조립보(2-ply beams)의 경우, 보를 구성하는 데 사용되는 규격 목재의 크기에 따라 필요한 못의 수가 결정된다. 규격재 크기에 따른 권장 못박기 패턴을 사용해서 조립보를 만든다.

[그림 4-12]는 다양한 크기의 규격 목재(2"×4", 2"×6", 2"×8", 2"×10", 2"×12")에 대한 권장 못 박기 패턴을 나타낸다. 못 박기 패턴은 보의 크기가 커질수록 더 많은 못을 사용하여 균일한 하중 분산과 강한 결합력을 확보할 수 있도록 설계된다. 그림에서 볼 수 있듯이, 작은 규격재는 상대적으로 적은 수의 못이 필요하지만, 보의 크기가 증가할수록 못의 개수와 배열이 더욱 촘촘해진다. 이는 보의 구조적 안정성을 높이고, 하중을 효과적으로 전달하기 위함이다.

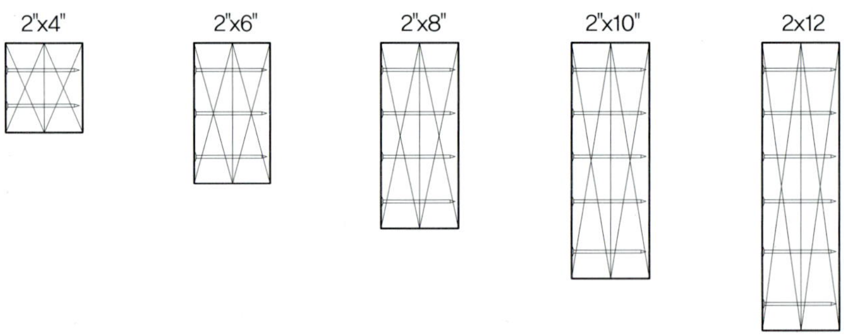

[그림 4-12] 조립보 못박기 규칙

못박기 간격 첫 번째 줄의 못은 보 단부에서 100~150mm 이내에 박아야 한다. 또한 접합부에서도 100~150mm 이내에 못을 사용해야 한다. 추가 못 줄은 최대 450mm 간격으로 배치해야 한다. 더 촘촘한 간격은 보의 겹판 사이 연결을 더 강하게 만든다. 3겹, 4겹, 5겹 조립보의 경우, 목재가 쪼개지는 것을 방지하기 위해 못을 엇갈리게 박아야 한다.

[그림 4-13]은 다겹 조립보의 못박기 간격과 패턴을 나타낸다. 첫 번째 줄의 못은 보의 단부와 접합부에서 100~150mm 이내에 배치되며, 이후 최대 450mm 간격으로 못을 배치해야 한다. 그림에서 볼 수 있듯이, 못박기 패턴은 보의 구조적 결합력을 높이기 위해 겹판 사이에서 엇갈리도록 배치되었다. 이러한 못박기 방식은 조립보의 강도를 향상시키고, 목재가 쪼개지는 것을 방지하는 역할을 한다.

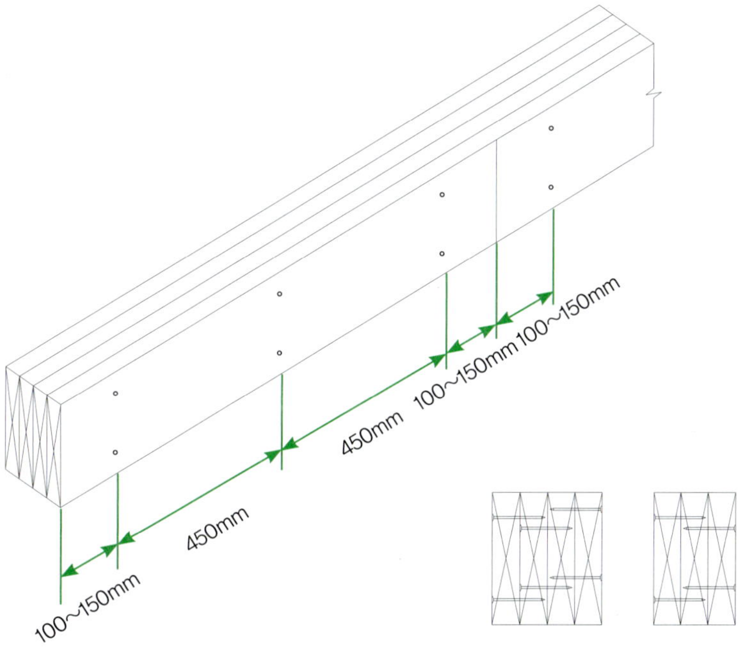

[그림 4-13] 조립보의 못박기

4.4 바닥 덮개

바닥 덮개의 기능

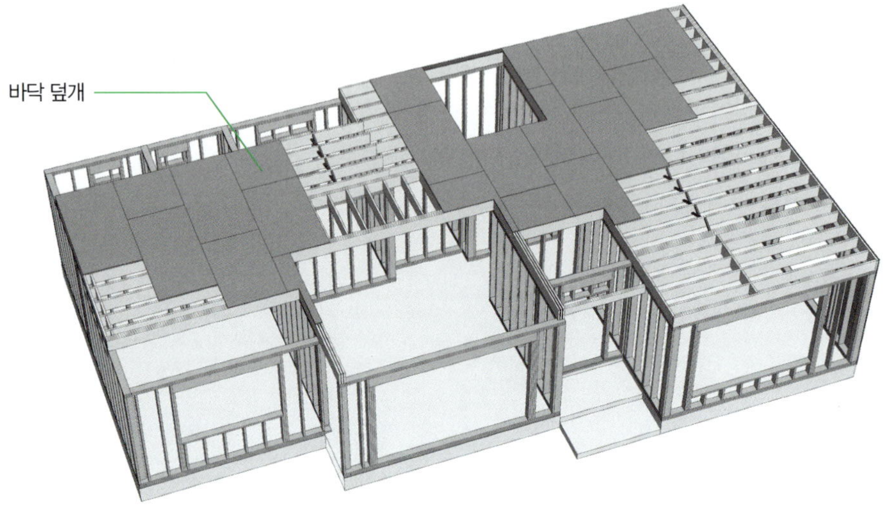

[그림 4-14] 바닥 덮개

바닥 덮개는 바닥 장선 상부에 고정되는 구조재로 구조용 판재가 주로 사용된다. 바닥 덮개의 기능은 바닥 시스템을 강화하고 마감 바닥재를 위한 기초 바탕으로 사용되는 것이다. 또한 외벽과 내벽 골조를 조립하고 세울 수 있는 편리하고 평탄한 작업대(플랫폼)을 제공한다. 풍하중 또는 지진하중이 심한 지역에서, 바닥 덮개는 하중이 구조물을 통해 전달되는 경로를 제공한다.

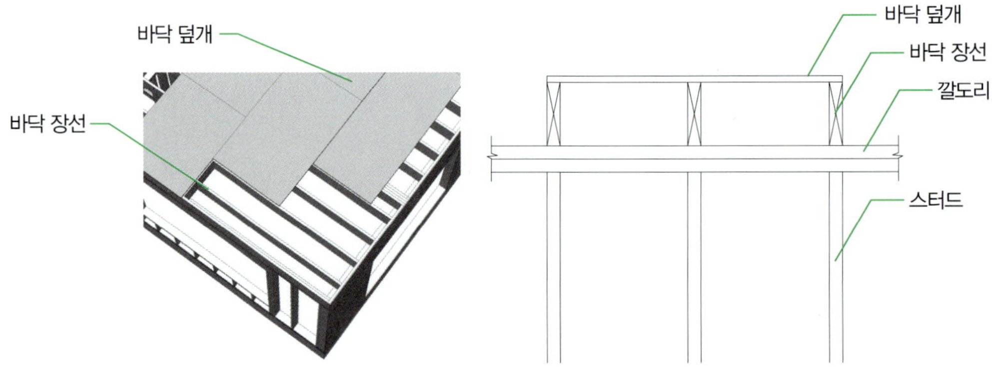

[그림 4-15] 바닥 덮개의 기능

바닥 덮개의 시공

바닥 덮개 시공 시 유의 사항 바닥 덮개는 바닥 장선과의 사이에 건축용 접착제를 도포한 후 적정 치수의 못으로 고정한다. 합판과 OSB는 목재의 목리 방향 또는 표층의 스트랜드 방향인 길이방향의 강도가 더 크다. 따라서 판재의 길이 방향이 장선에 직각이 되게 설치한다. 이는 강도가 큰 길이 방향으로 설치하게 되면 바닥 구조의 강도 또한 커지게 되기 때문이다. 바닥 장선과 평행하는 판재의 조인트는 서로 교차하도록 설치한다. 또한 수분에 의해 수축 팽창할 것을 감안하여 3mm의 틈을 두고 설치한다. 바닥 하중과 장선의 시공 간격에 의해 덮개의 두께가 결정되며, 지지되지 않는 덮개의 가장자리는 반드시 보막이재로 보강해야 한다.

바닥 덮개의 두께 바닥 덮개는 두께 18mm 이상의 구조용 합판, OSB 또는 이와 동등 이상의 구조용 목질 판재를 사용한다. 바닥 덮개는 바닥 장선에 확실하게 고정되어야 한다. 바닥 하중의 크기와 바닥 장선의 시공 간격에 따라 덮개의 두께는 22mm이상으로 사용해야 할 수도 있다.

[표 4-1] 바닥 덮개의 최대 두께

지점(장선)의 최대 간격	바닥 덮개의 최소 두께	
	적재 하중 ≤ 2.5kPa	적재 하중 2.5~5kPa
400mm	18mm	18mm
600mm	18mm	22mm

못박기 기준 바닥 덮개와 바닥 장선을 튼튼하게 고정하기 위해 건축구조설계기준에서는 못의 종류와 크기를 규정하고 있다. 바닥 덮개의 두께가 15~25mm인 경우 65mm(8d) 크기의 방청 못[7](CMN 65)을 사용해야 한다. 바닥 덮개의 두께가 28~31mm인 경우 길이 75mm(10d) 크기의 방청 못(CMN 75)을 사용해야 한다.

못은 판재의 끝면에서 최소한 10mm이상 안쪽에 박는다. 못을 구조재에 견고하게 박되, 못머리가 덮개 속으로 과다하게 들어가지 않도록 주의한다. 도면 상에 별도의 표기가 없을 경우 못박기는 덮개의 가장자리에서는 150mm, 덮개의 내측에서는 300mm 간격으로 시공한다.

7 목구조에서 외기에 노출되는 부분에 사용할 수 있도록, 녹스는 것을 방지하기 위하여 표면에 아연 도금 처리를 한 못을 말한다.

[표 4-2] 바닥 덮개 못박기 기준

접합부	못 규격 및 종류
두께 12mm 이하의 구조용 판재	CMN50(6d) 못(방청 못)
두께 15~25mm 이하의 구조용 판재	CMN65(8d) 못(방청 못)
두께 28~31mm 이하의 구조용 판재	CMN75(10d) 못(방청 못)

못은 판재 가장자리에서 최소 10mm 떨어진 곳에 배치하고, 장선 부재에 단단히 박아야 한다. 못은 판재에 너무 깊이 박아서는 안 된다.

목재 바닥 시스템의 성능은 바닥 덮개를 설치하기 직전에 바닥 장선 상단에 특수 접착제를 도포함으로써 향상될 수 있다. 바닥 덮개용 접착제는 바닥 골조 시스템을 견고하게 만들고 삐걱거림과 못이 튀어나오는 현상을 줄여준다. T&G 판재를 사용할 경우, 판재 접합부 사이에 접착제를 도포하면 추가적인 강성을 얻을 수 있다.

[그림 4-16] 바닥 시스템의 강성을 높이는 접착제

[그림 4-17] T&G 바닥 판재

바닥 덮개의 자재

경량목조주택의 바닥 시스템은 외부 등급의 침엽수 합판 또는 OSB 구조용 판재를 사용한다. 이 판재들은 종종 가장자리가 민자가 아니라 긴 쪽에 제혀쪽매(T&G) 처리가 되어 있다. 제혀쪽매 판재로 시공하면 판재 사이의 접합부 아래에 보막이재를 설치하지 않아도 된다.

4.5 바닥 하중

바닥 골조 시스템의 하중 분산

경량목조주택의 바닥 골조 시스템은 구조적 안정성을 확보하고 하중을 효과적으로 분산시키기 위해 다양한 방법을 적용할 수 있다. 대표적으로 네 가지 방법이 있으며, 상황에 맞게 적절한 방식을 선택하여 적용할 수 있다.

1. **바닥 장선 하단에 고정된 연속 띠장(strapping)**: 바닥 장선 하단에 일정 간격으로 연속적으로 설치되는 띠장은 바닥 구조의 안정성을 높이는 역할을 한다. 이를 통해 바닥 장선 간의 일체성을 강화하고 하중이 골고루 분산되도록 돕는다. 특히 진동 및 처짐을 최소화하는 효과가 있어 바닥의 강성을 증가시키는 데 유용하다.

2. **바닥 장선 사이에 설치된 크로스 브리징(cross bridging)**: 바닥 장선들 사이에 대각선 형태로 교차되게 설치되는 가새는 장선 간의 연결을 강화하는 기능을 한다. 가새는 구조적으로 바닥 장선이 휘어지거나(좌굴) 변형되는 것을 방지하며, 하중을 보다 균일하게 분배한다. 일반적으로 금속 가새 또는 목재 가새를 사용할 수 있으며, 바닥의 내구성을 높이는 중요한 요소 중 하나이다.

3. **바닥 장선 사이에 설치된 보막이재(solid blocking)**: 바닥 장선 사이에 일정한 간격으로 규격 목재 블록을 삽입하여 지지하는 방식이다. 보막이재는 바닥 장선 간의 간격을 유지하고, 개별 장선에 집중되는 하중을 주변으로 분산시키는 역할을 한다. 특히 넓은 간격으로 배치된 장선 구조에서 휨 강성을 높이고, 바닥의 처짐을 방지하는 효과가 있다.

4. **바닥 장선과 동일한 방향으로 배치된 내벽 아래에 추가 장선 또는 보막이재**: 내벽이 위치하는 부분의 하중을 지지하기 위해 바닥 장선과 동일한 방향으로 추가 장선을 설치하거나 보막이재를 보강하는 방식이다. 이를 통해 내벽으로 전달되는 하중을 균등하게 분산하여 바닥 구조의 장기적인 안정성을 확보할 수 있다. 특히 내벽이 구조적

역할을 하는 경우 이를 보강함으로써 건물 전체의 하중 전달 경로를 명확하게 하고, 구조적 강도를 높일 수 있다.

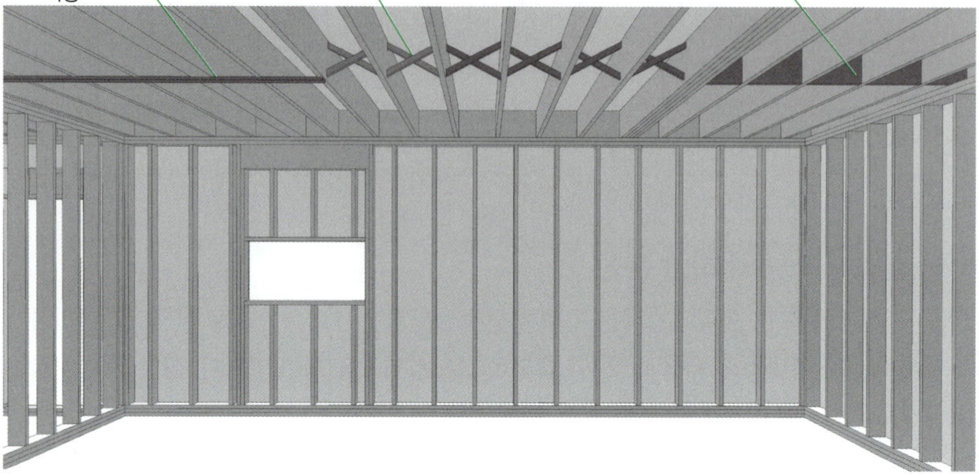

[그림 4-18] 바닥 골조의 하중을 분산시키는 가새 시스템

띠장과 보막이재의 설치 목적 띠장과 가새 또는 보막이재를 설치하는 주요 이유는 바닥이 지탱하는 활하중(live load)을 분산시키기 위함이다. 바닥 골조 시스템을 견고(강성체)하게 만들고 사람들이 바닥을 걸을 때 발생하는 진동을 줄이는 데 도움이 된다. 또한 습도 변화에 따라 바닥 장선이 수축하거나 팽창할 때 비틀림을 방지한다.

띠장과 보막이재의 사이즈 바닥 장선 하단에 고정되는 띠장은 최소 20×65mm이어야 한다. 일반적으로 20×65mm 또는 38×38mm 부재를 사용한다. 보막이재가 설치되는 경우, 일반적으로 바닥 장선과 동일한 치수를 가진다. 예를 들어, 38×185mm 장선에는 38×185mm 보막이재를 사용한다.

띠장과 보막이재 시공 절차

1. 설치의 용이성을 위해 띠장과 보막이재는 바닥 덮개 설치 전에 바닥 장선 사이에 고정된다.

2. 띠장은 가새와 보막이재가 설치된 후에 설치된다.

3. 가새의 경우, 가새의 상단을 바닥 장선에 못으로 먼저 고정하고 하단은 바닥 덮개가 설치된 후 고정한다.

바닥 장선의 길이에 따른 보강 방법

바닥 장선이 길어질수록 하중을 효과적으로 지탱하기 위해 추가적인 보강이 필요하다. 이에 따라 바닥 장선의 길이에 따라 다음과 같은 규칙을 적용해야 한다.

1. **바닥 장선의 길이가 2.1m를 초과하는 경우**: 바닥 장선의 강도를 높이기 위해 띠장, 가새 또는 보막이재 중 하나를 반드시 설치해야 한다.

2. **바닥 장선의 길이가 2.1m에서 4.2m 사이인 경우**: 바닥 장선이 너무 길어지면 처짐이 발생할 수 있으므로, 중간 부분에 보강을 위한 한 줄의 띠장, 가새 또는 보막이재를 설치해야 한다. 이를 통해 바닥 장선이 균형을 유지하며 안전한 구조를 형성할 수 있다.

3. **바닥 장선의 길이가 4.2m를 초과하는 경우**: 장선이 길어질수록 지지력이 약해지므로, 2.1m 간격을 넘지 않도록 일정한 간격으로 보강 행을 설치해야 한다. 이를 통해 하중이 고르게 분산되며, 바닥 구조가 더욱 안정적으로 유지될 수 있다. 이러한 규칙을 따르면 바닥 장선이 길어질 때 발생할 수 있는 문제를 예방하고, 더욱 견고하고 안전한 바닥 구조를 만들 수 있다.

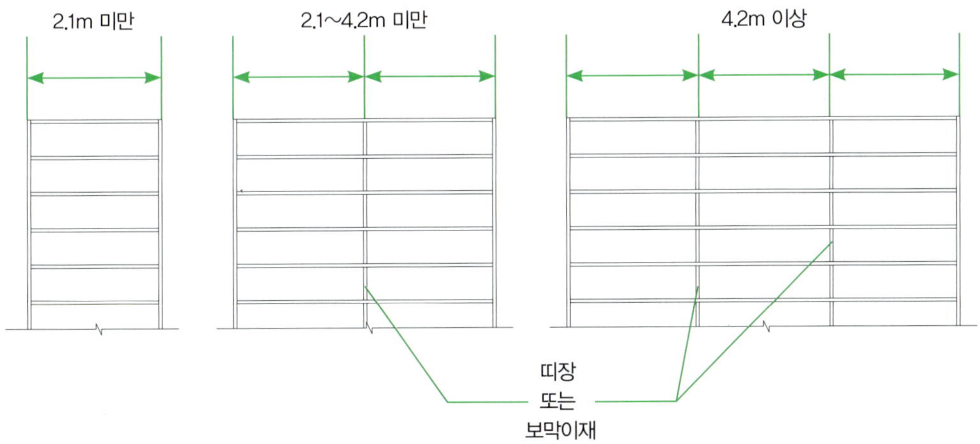

[그림 4-19] 띠장과 보막이재의 시공 간격

장선 단부의 보막이재 바닥 장선 평행 단부와 옆막이 장선 사이에는 보막이재를 설치하는 것이 좋다. 이 보막이재의 설치 목적은 첫째, 외벽으로부터 오는 수직 하중에 추가 지지력을 제공하고 둘째, 기초 상단에서 오는 측면 하중에 대한 바닥 시스템의 저항 능력을 향상시키는 데 있다. 단부 보막이재의 시공 간격은 600mm를 초과해서는 안된다.

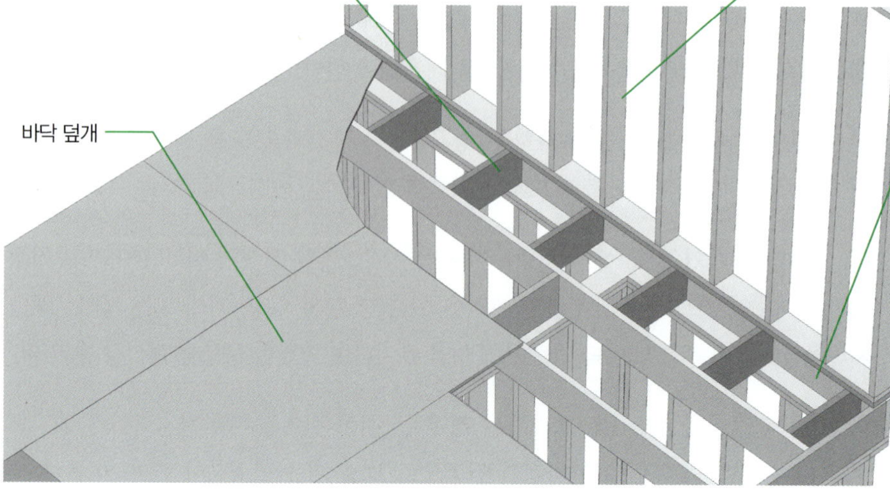

[그림 4-20] 장선 단부의 보막이재

내력벽의 지지

위층의 하중을 지지하는 내력벽 바로 아래에 위치한 바닥 장선은 구조 내력상 필요한 보강을 해야 한다.

바닥 장선과 직각을 이루는 내력벽 경량목조주택에서 내력벽은 위층의 하중을 견디고 이를 기초로 전달하는 중요한 역할을 한다. 바닥 장선은 이러한 내력벽 위에 배치되며, 내력벽과 바닥 장선 간의 적절한 배치는 구조적 안정성을 확보하는 데 필수적이다.

[그림 4-21]에서 표시된 바와 같이, 바닥 장선과 내력벽 간의 최대 간격은 600mm를 초과하지 않아야 한다. 이는 하중이 고르게 분산되도록 하며, 바닥 구조의 처짐을 방지하는 역할을 한다. 만약 이 간격이 600mm를 초과하면, 바닥 장선이 충분한 지지를 받지 못해 장기적으로 변형이 발생할 가능성이 있다.

따라서 건축 설계 시 내력벽과 바닥 장선 간의 간격을 600mm 이하로 유지하고, 이를 통해 구조적 안정성과 내구성을 확보하는 것이 중요하다.

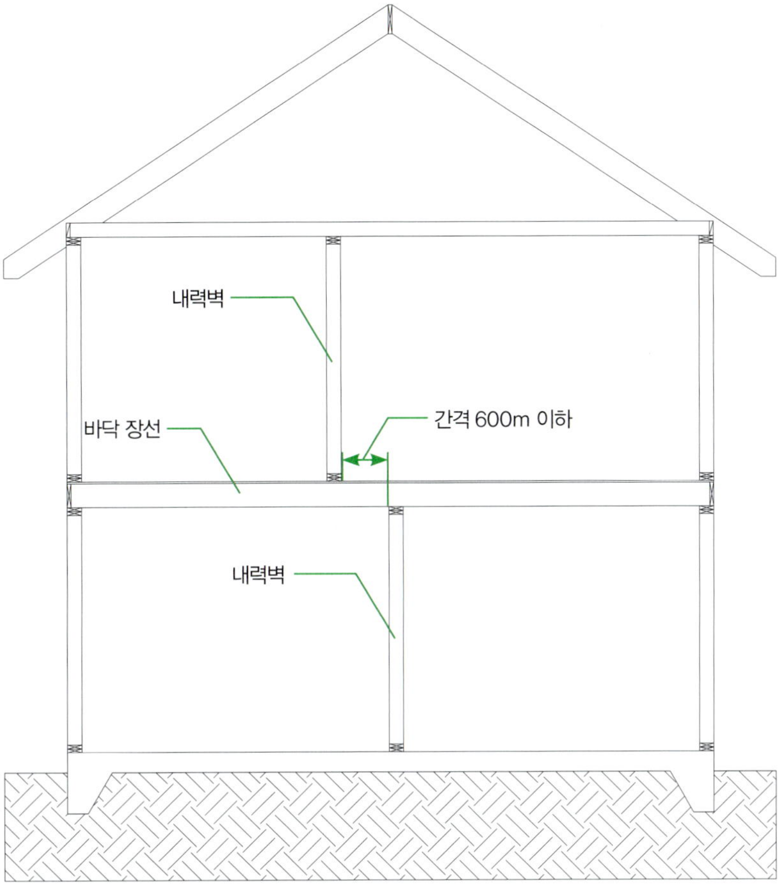

[그림 4-21] 내력벽 지지 최대 이격거리

바닥 장선과 평행을 이루는 내력벽 바닥 장선과 평행한 내력벽은 하중을 수직 지지 부재로 전달할 수 있는 충분한 강도의 보나 내력벽으로 지지되어야 한다. 이는 일반적으로 구조계산을 필요로 한다. 만약 비내력벽이라면 벽 아래에 보강을 위한 이중 장선이 필요하지 않다.

바닥 장선과 직각을 이루는 내부 비내력벽 비내력벽은 건물의 하중을 지지하지 않는 벽이지만, 올바르게 배치되지 않으면 구조적으로 불안정할 수 있다. 특히 바닥 장선과 직각을 이루는 비내력벽의 경우 적절한 위치에 배치하는 것이 중요하다. [그림 4-22]에서 보듯이, 비내력벽은 보나 내력벽에서 최대 900mm 이내에 위치해야 한다. 만약 이 거리를 초과하면 구조적 안정성을 확보하기 위해 추가적인 구조 계산이 필요할 수 있다.

또한, 비내력벽 하부에는 보막이재(solid blocking)를 설치해야 한다. 보막이재는 벽체를 지지하고 바닥 장선 간의 강성을 강화하여 벽체의 흔들림을 방지하는 역할을 한다. 이를 통해 비내력벽이 보다 안정적으로 설치될 수 있다.

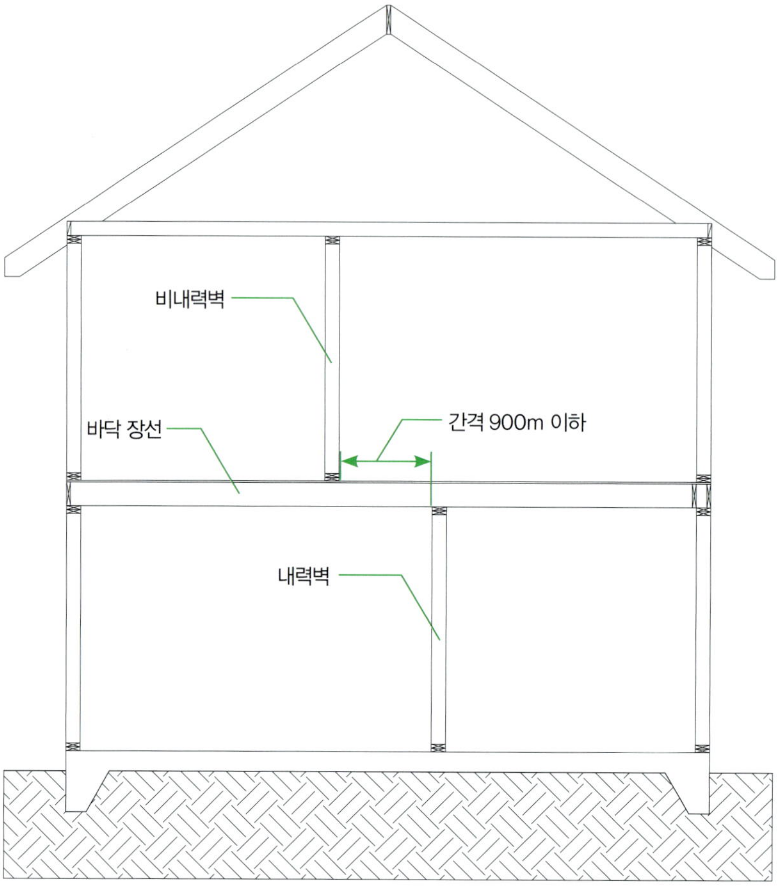

[그림 4-22] 실내 비내력벽의 이격거리

바닥 장선과 평행을 이루는 내부 비내력벽 벽은 바로 아래에 있는 장선이나 장선사이의 보막이재로 지지되어야 한다. 이 보막이재는 최소 38×89mm 크기여야 하며, 간격은 1.2m를 넘지 않아야 한다. 벽이 바로 위에 있을 경우 장선을 이중으로 설치하는 것이 일반적이다.

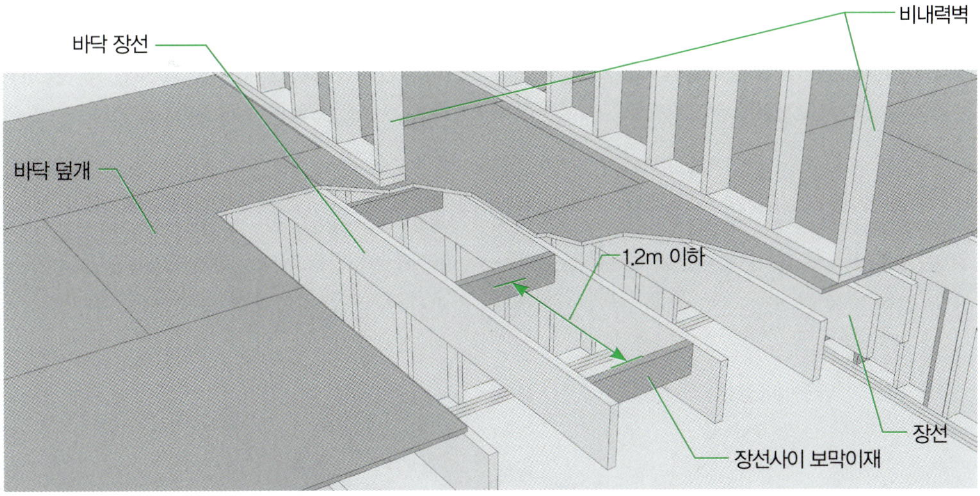

[그림 4-23] 바닥 장선과 평행인 비내력벽의 보

비내력벽 아래의 보막이재 비내력벽 아래에 보막이재를 포함한 이중 장선을 설치하면 설비 배관이나 다른 서비스 배관을 설치하는 것이 훨씬 쉬워진다.

이중 장선 욕조와 같은 무거운 하중이 집중적으로 발생하는 구역에서는 바닥 장선을 이중으로 설치해 구조 보강을 해야한다.

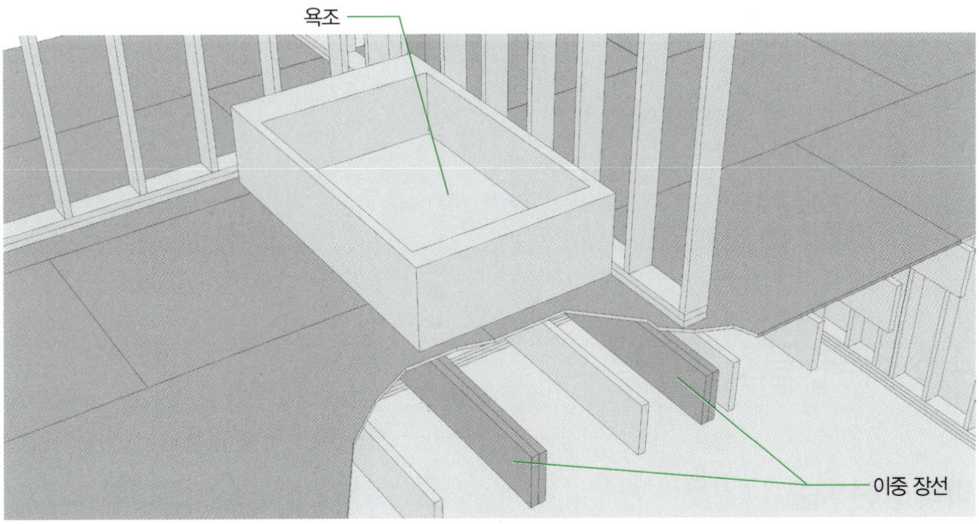

[그림 4-24] 구조 보강을 위한 이중 장선

바닥 골조 개구부

계단이나 개구부 주변의 구조 보강 계단은 사용 시 상당한 하중을 받기 때문에 계단 주변은 구조적으로 보강되어야 한다. 개구부 역시 일반적으로 구조적으로 약한 부분이기 때문에 특히 개구부 주위의 골조는 구조적으로 보강되어야 한다. 개구부의 너비가 1.2m에서 3.2m 이내인 경우, 헤더 장선은 이중으로 해야한다. 개구부의 너비가 0.8m에서 2.0m 이내인 경우, 트리머 장선은 이중으로 해야 한다. 더 큰 개구부에는 구조 계산이 필요하다. 아래 그림은 바닥 개구부 주위의 골조를 이중으로 해야 하는 경우와 구조계산이 필요한 경우를 보여준다.

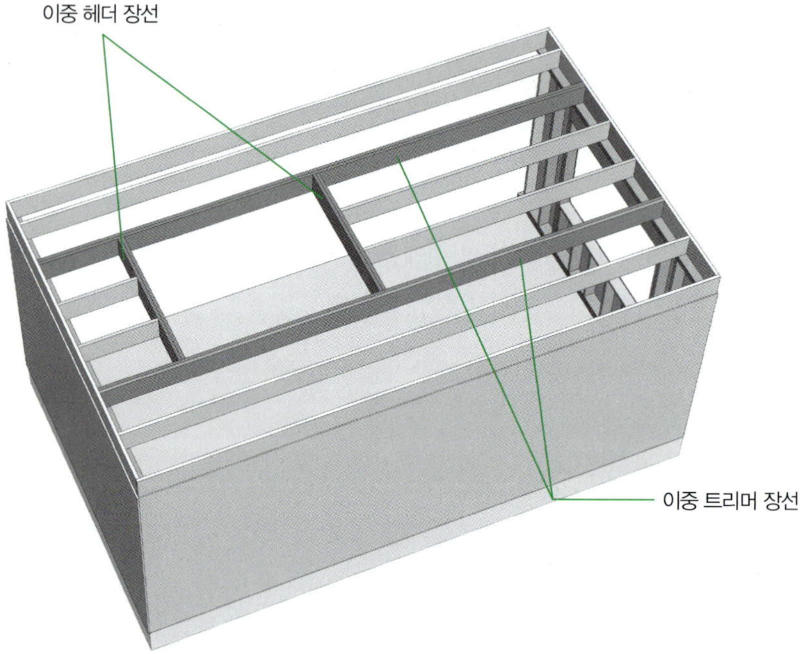

[그림 4-25] 바닥 골조 개구부의 보강

4.6 바닥 골조 시공

바닥 장선 시공

줄기초 위 바닥 장선 크롤스페이스 기초의 경우 1층 바닥을 콘크리트가 아닌 목재 장선을 사용하는 경우가 많다. 1층 바닥을 목재 장선으로 설치 시, 콘크리트 기초벽 위에 토대(sill plate)를 깔고 앵커볼트로 고정시키는 일이 선행되어야 한다. 이때 토대는 방부처리 목재(방부목)를 사용하고 방부목 하부와 기초벽이 닿는 부분에는 토대씰러(sill sealer)를 설치한다.

바닥 장선 레이아웃 및 시공 바닥 장선은 구조계산된 바닥 장선 골조도에 따라 배치되고 시공 간격을 맞춰야 한다. 바닥 장선의 간격은 바닥 덮개 판재의 크기(1,220×2,440mm)에 맞춰야 한다. 가장 일반적인 바닥 장선의 간격은 406mm(16인치)이다. 그러나 장선의 경간과 바닥 하중에 따라 305mm(12인치) 또는 610mm(24인치) 간격으로 배치될 수도 있다.

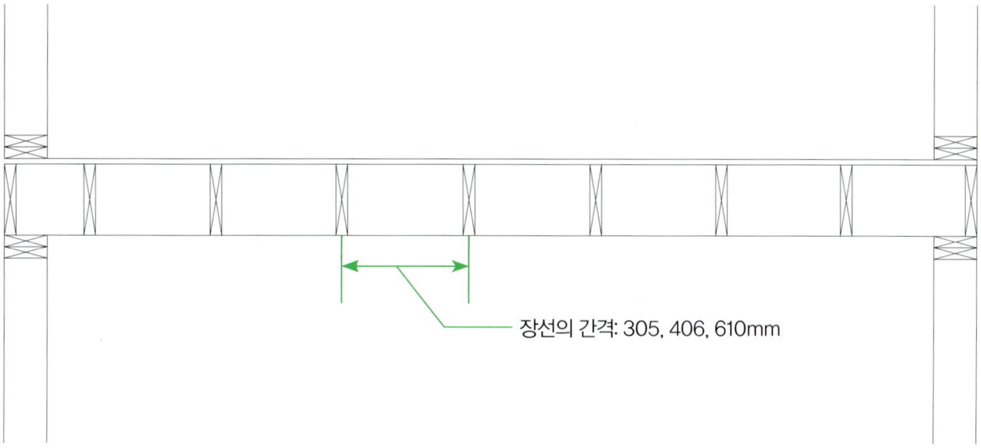

[그림 4-26] 바닥 장선의 시공 간격

바닥 장선 시공 시 유의 사항

장선 부재의 크라운 확인 크라운(crown)은 통나무에서 제재 후 목재가 가지는 약간의 자연 곡선을 의미한다. 바닥 장선으로 사용될 각 목재는 크라운 확인을 위해 시각적으로 검사해야 한다. 크라운의 방향은 화살표로 목재에 표시해야 한다. 크라운은 일반적으로 1m당 3mm를 초과하지 않는 범위 내에서 허용된다.

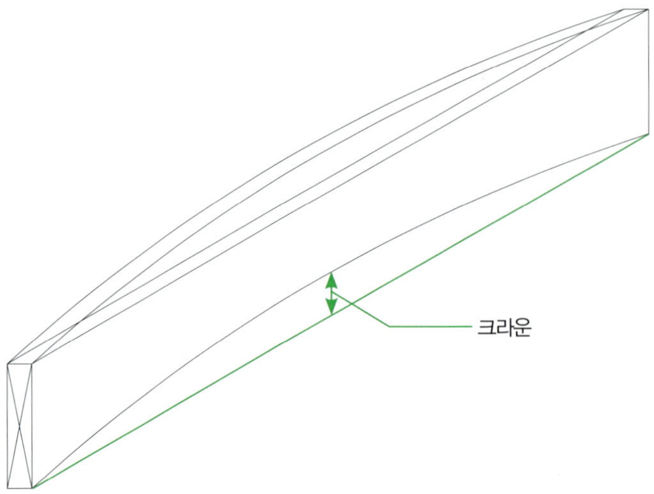

[그림 4-27] 장선의 크라운

크라운이 있는 장선의 시공 바닥 장선은 크라운이 위로 향하도록 설치해야 한다. 이유는 시공 후 바닥 하중이 가해졌을 때 장선이 곧아지는 경향이 있기 때문이다. 크라운이 있는 바닥 장선은 함께 그룹화해서 설치해야 한다. 장선의 크라운이 상하로 교차되어 설치되면 바닥에 물결 모양 효과가 생길 수 있어 바닥 위를 걸을 때 불편함을 느낄 수 있다. 크라운이 적은 장선은 매우 평평한 바닥이 필요한 집의 영역에 사용하면 좋다. 붙박이 장이나 고급 타일 바닥이 설치될 주방 및 욕실과 같은 공간이 대표적인 예이다.

장선의 균등 시공 바닥 장선은 전체 길이에 걸쳐 고르게 배치되는 것이 중요하다. 바닥 장선이 적절하게 간격을 유지하고 서로 평행하게 배치되면, 하부 바닥 덮개 판재의 이음새가 장선 위에 정확하게 위치하게 된다.

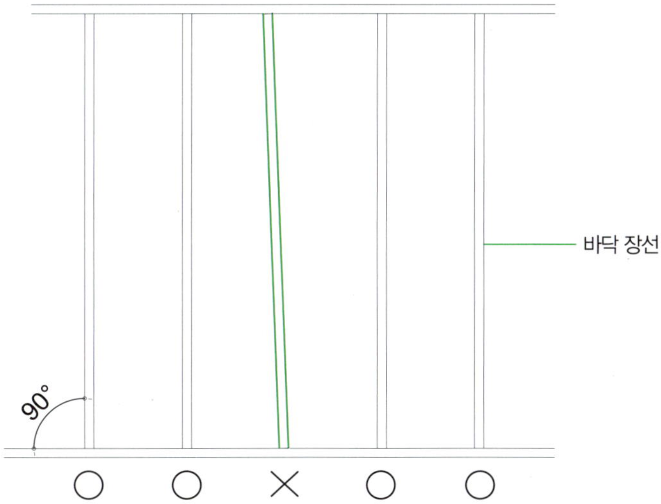

[그림 4-28] 장선의 균등 시공

임시 가새 장선을 설치할 때, 장선 상단에 임시 가새를 설치하는 것이 좋다. 임시 가새는 하부 바닥이 설치되고 장선 사이에 크로스 브리징 또는 보막이재가 설치될 때까지 바닥 장선의 정렬을 유지해준다. 임시 가새의 추가적인 이점은 작업자가 장선 위를 걷는 것이 더 안전하고 쉬워진다.

보막이 장선 시공

테두리 장선의 기능 테두리 장선은 '헤더 장선(header joist)'라고도 불리며, 바닥 골조 시스템의 주변을 따라 배치되는 바닥 장선을 의미한다. 바닥 장선은 바닥 골조 시스템의 외부를 둘러싸는 테두리 장선에 고정된다. 테두리 장선의 역할은 다음과 같다.

1. 바닥 장선에 못으로 고정되어 장선이 넘어지지 않도록 방지한다.
2. 바닥 덮개 가장자리를 지지한다.
3. 바닥 장선의 단부와 함께 외벽으로부터의 하중을 기초에 설치된 토대로 전달한다.
4. 바닥 장선 단부의 사이 공간을 막아준다.

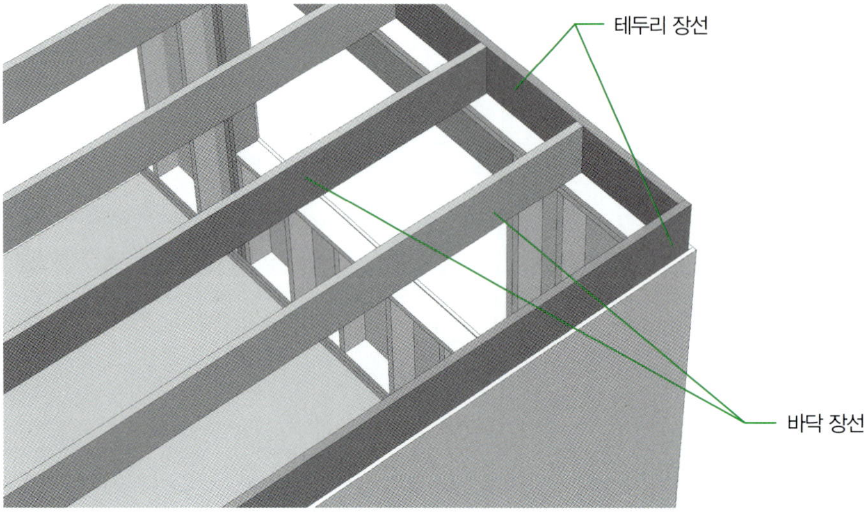

[그림 4-29] 바닥 장선과 테두리 장선

테두리 장선의 재료 테두리 장선에 사용되는 재료는 보통 바닥 장선에 사용되는 재료와 일치한다. 같은 재료를 사용하면 테두리 장선과 바닥 장선이 동일한 수축 특성을 가지게 된다. 규격재는 습도 변화에 따라 폭이나 깊이에 더 많은 수축이 발생한다. 반면, 공학목재 제품은 상대적으로 수축이 적다. 테두리 장선과 바닥 장선에 서로 다른 유형의 재료를 혼용하면 불균등한 침하가 발생할 수 있다.

테두리 장선의 못박기 테두리 장선은 최소 60mm 길이의 못을 사용하여 경사 못박기(toe nailing)방식으로 토대 또는 깔도리에 고정한다. 못의 간격은 150mm를 초과하지 않아야 한다. 지진 위험이 높은 지역에서는 테두리 장선, 토대, 그리고 기초 사이의 연결을 더욱 견고하게 하기 위해 추가적인 연결 철물이 사용된다.

각 바닥 장선은 최소 두 개의 80mm 길이 못을 사용하여 단부 못박기(end nailing) 방식으로 테두리 장선에 90°각도로 연결된다. 바닥 장선의 춤이 더 큰 경우, 세 개 또는 네 개의 못을 사용하는 것이 바람직하다.

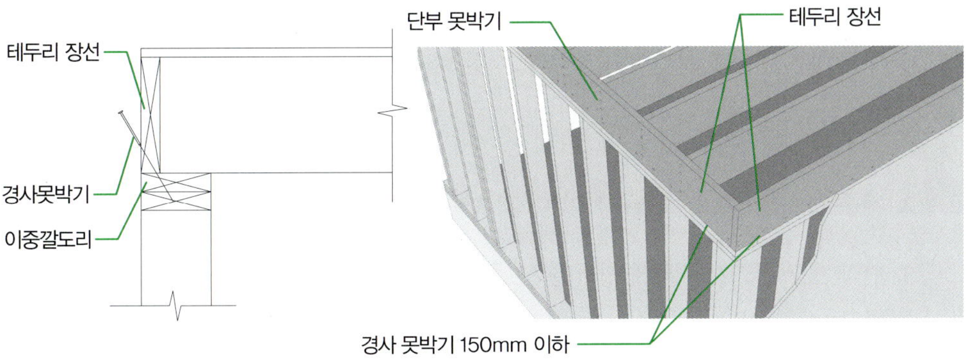

[그림 4-30] 테두리 장선의 못박기

장선의 보강

장선 위 내력벽과 비내력벽이 바닥 장선과 평행 2층 이상의 목조주택 골조에서 2층 바닥 장선이 설치되면 바닥용 OSB를 장선 위에 깔고 바닥판이 형성된다. 2층 벽 골조는 그 바닥판 위에 세워진다. 이때 2층 벽 골조는 2층 바닥 장선의 시공 방향과 평행 또는 직각으로 시공되는 2가지의 경우가 생긴다. 벽 골조가 바닥 장선의 방향과 직각으로 시공되는 경우는 특별히 구조적으로 신경 쓸 필요가 없다. 하지만 바닥 장선에 평행으로 벽 골조가 시공되는 경우는 좀 더 각별한 주의가 필요하다. 주요 규정은 다음과 같다.

벽 골조가 바닥 장선과 평행하게 시공되어 장선 사이에 배치된다면 벽 골조는 장선 사이 OSB 바닥 판재 위에 세워질 수도 있다. 벽 골조의 무게를 OSB가 충분히 견뎌내지 못한다. 따라서 바닥 장선과 평행으로 시공되는 내력벽은 강도가 충분한 보, 벽체, 추가적인 장선에 지지하여 하중을 아래로 전달할 수 있어야 한다.

1. 바닥 장선에 평행인 비내력벽은 벽체 바로 아래에 추가적인 장선 또는 장선 사이에 보막이재로 보강을 해야 한다.
2. 보막이재는 38×89mm이상의 치수를 가져야 하며 간격은 1.2m이내로 한다.
3. 벽 골조 뿐만 아니라 바닥 장선 위에 무거운 하중이 집중적으로 가해지는 경우에는, 이중장선으로 바닥을 보강하는 것이 좋다. 특히, 욕조, 책장, 피아노와 같은 무거운 물건이 놓이는 곳에는 추가 장선을 설치하여 구조 성능을 높일 필요가 있다. 이는 하나의 장선보다 두 개의 장선이, 두 개보다 세 개의 장선이 지지하는 하중의 크기가 크게 달라지기 때문이다.

바닥 장선에 개구부가 있을 경우 바닥 장선에 계단실을 설치하기 위해 개구부를 뚫어야 할 경우가 있다. 이때에도 구조 보강이 필요하다. 다만 바닥 개구부가 큰 경우에만 해당된다.

1. 개구부의 길이가 1.2~3.2m의 범위일 경우에는 끝막이 장선을 이중으로 시공한다.
2. 개구부의 폭이 0.8~2.0m 사이의 경우에는 옆 장선을 이중으로 시공한다.
3. 만약 개구부 크기가 위에 명기된 치수를 초과할 경우에는, 구조계산을 통하여 장선 치수를 계산해야 한다.

바닥 골조 배선과 배관

[그림 4-31] 바닥 골조의 배관 및 배선

콘크리트 바닥과 달리 목조주택에서 바닥의 설비배관과 전기선은 바닥 장선 내에 설치된다. 콘크리트 바닥의 경우 배관을 바닥에 묻어서 시공할 수 없기 때문에 배관을 위한 천장 공간이 별도로 필요하지만, 목조주택에서는 배관과 배선은 바닥 장선 내에서 설치되기 때문에 장선을 따내거나 구멍을 뚫어야 할 상황이 반드시 생기게 마련이다.

이때 설치 규정을 어기고 부적절하게 장선을 따내거나 구멍을 뚫게 되면 바닥보와 바닥 장선의 허용강도를 감소시켜 바닥시스템의 하중을 지지하는 구조 성능이 저하된다. 따냄 규정은 다음과 같다.

1. 휨부재인 작은 보나 장선의 인장측'은 피해야 한다고 규정하고 있다.

2. 또한 바닥 장선의 중앙 1/3부분에는 따내거나 구멍을 뚫지 말아야 한다.

3. 바닥 장선의 끝쪽 1/3부분에서의 따냄 깊이는 부재 춤의 1/6이하로 하며, 따냄 길이는 부재 춤의 1/3이하로 한다.

4. 두께 89mm이상의 작은 휨부재에서는 지지점의 부재 끝부분 이외의 인장측에서의 따냄은 허용되지 않는다.

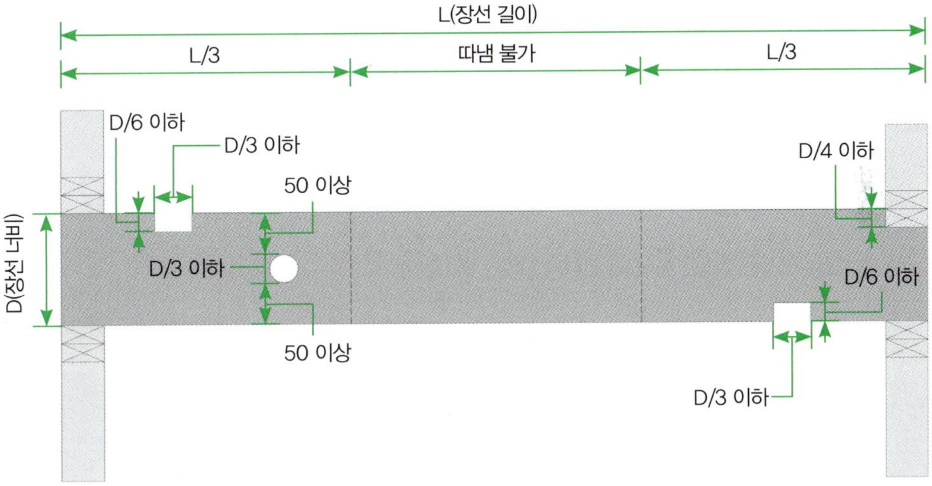

[그림 4-32] 바닥 장선의 따냄과 천공

연습문제

다음 질문에 가장 적합한 답을 선택하시오.

4.1 규격재 바닥 장선 (floor joist)이 벽 상부 윗깔도리에 지지될 때, 최소 지지 길이는 얼마인가?

a. 25mm

b. 38mm

c. 50mm

4.2 바닥 장선의 최대 시공 간격은 얼마인가?

a. 305mm(12인치)

b. 406mm(16인치)

c. 610mm(24인치)

4.3 바닥 골조 시스템에서 하중 분배를 위한 브리징 (bridging), 블로킹 (blocking), 띠장 (strapping)의 최대 간격은 얼마인가?

a. 1.2m

b. 1.8m

c. 2.4m

4.4 바닥 시스템에 설치된 구조용 보의 최소 지지 길이는 얼마인가?

a. 40mm

b. 90mm

c. 140mm

4.5 조립보(built-up beam)의 못박기 기준으로 맞는 것은 무엇인가?

a. 단부 및 접합부 이격 150~200mm, 이후 최대 300mm 간격

b. 단부 및 접합부 이격 100~150mm, 이후 최대 300mm 간격

c. 단부 및 접합부 이격 100~150mm, 이후 최대 450mm 간격

Chapter

5

벽 골조

5.1 벽 골조의 기능

벽의 기능

목조주택의 내력벽은 지붕에서부터 내려오는 건물의 총 무게(건물의 자체 무게 및 눈의 무게 포함)를 기초에 전달한다. 벽은 건물의 자체 무게(자중)뿐만 아니라 지진과 바람 등의 수평하중에도 잘 견디도록 설계 · 시공되어야 한다.

외벽의 기능 건물의 벽은 일반적으로 수직으로 내려오는 무게를 지지하는 중요한 역할을 한다. 이런 벽을 건축 용어로 내력벽(load-bearing wall)이라고 한다. 내력벽은 건물의 전체 무게를 견뎌야 하기 때문에, 시공할 때 특별한 구조계산이 없다면 반드시 수직으로 세워야 한다.

1. **외벽의 하중 전달**: 외벽은 건물의 상부 바닥과 지붕에서 발생하는 수직 활하중과 고정하중을 기초로 전달하는 역할을 한다. 즉, 상부에서 가해지는 무게를 안정적으로 아래로 내려보내는 기능을 한다. 이 과정에서 외벽이 제대로 설계되지 않으면 구조적 안전성이 위협받을 수 있다.

2. **수평력 저항**: 외벽은 또한 바람이나 지진과 같은 외부 힘에 의해 발생하는 수평력에 저항해야 한다. 이러한 힘은 건물의 안정성을 해칠 수 있기 때문에, 외벽의 강도와 기초 설계는 매우 중요하다. 따라서 외벽은 이러한 수평력을 잘 견딜 수 있도록 설계되어야 한다.

3. **열, 습기, 공기 이동 제어**: 외벽은 건물 내부와 외부 사이의 열, 습기, 공기 이동을 제어하고 제한하는 역할도 한다. 이를 통해 실내 환경을 쾌적하게 유지할 수 있으며 에

너지 효율성을 높이는 데 기여한다. 예를 들어, 잘 설계된 외벽은 여름에는 시원하고 겨울에는 따뜻한 실내를 유지할 수 있게 돕는다.

4. **마감재 시공의 바탕면 제공**: 마지막으로 외벽은 내외부 마감재를 시공하는 데 필요한 바탕면을 제공한다. 벽이 제대로 시공되지 않으면 마감재가 제대로 설치되지 않아 건물의 미관과 내구성에 영향을 줄 수 있다. 따라서 외벽은 마감재가 안정적으로 부착될 수 있도록 평탄하고 견고하게 시공되어야 한다.

이처럼 내력벽은 건물의 안전성과 쾌적함을 유지하는 데 필수적인 요소로, 각 기능이 서로 연결되어 건물의 전반적인 품질을 결정짓는다.

내벽의 기능 내벽은 건물의 실내 공간을 분할한다. 내벽도 경우에 따라 내력벽이 되기도 하지만 주로 벽체의 무게(자중)만 가지고 있기 때문에 비내력벽(non load-bearing wall)이라고 한다. 실내 공간의 변화를 주기 위해 벽체를 이동하거나 없애야 하는 경우에는 비내력벽만 가능하다. 건물의 무게를 지지하는 내력벽을 이동하거나 없애면 건물의 구조적인 성능에 크게 영향을 주기 때문이다. 목조주택의 내벽은 다음과 같은 역할을 수행하도록 계획되어야 한다.

1. 내벽은 집 안의 공간을 방으로 구분한다.
2. 내벽은 내부 마감재에 대한 지지 기능을 제공한다.
3. 내벽은 배관, 전기 배선 및 기타 설비를 수용할 수 있는 공간을 제공한다.

일부 내벽은 다음과 같은 추가적인 기능을 수행해야 한다.

1. 하중 지지벽의 경우, 일부 내벽은 지붕과 바닥의 하중을 지지해야 한다.
2. 일부 내벽은 지진과 바람에 저항하기 위해 구조적인 보강이 되어야 한다.
3. 일부 내벽은 열과 불길의 확산을 막기 위해 최소 1시간 이상의 내화 등급을 가져야 한다.
4. 세대를 구분하는 내벽은 소음 전달을 줄이도록 설계되어야 한다. 경우에 따라서는 특정 실(예: 침실) 간 소음 전달을 줄이도록 내벽이 설계되기도 한다.

벽 골조의 구성 요소

철근 콘크리트 벽은 뼈대를 이루는 철근과 뼈대를 감싸고 면을 이루는 콘크리트로 이루어져 있다. 반면 목조주택의 벽은 나무로만 되어 있다. 뼈대를 이루는 목재와 바탕면을 제공하는 판재가 조합되어 골조를 형성한다. 뼈대를 이루는 목재는 규격재(dimension lumber)라고 불린다. 규격재는 수평과 수직으로 배치되어 골조를 형성한다. 바탕면을 제공하는 판재는 합판 또는 OSB를 사용한다. 이들은 규격재와 결합되어 지진, 바람과 같은 수평 하중에 견디는 전단벽(shear wall) 구조를 갖게 된다.

다음은 목조주택의 벽 골조에서 사용되는 주요 구성요소에 대한 설명이다.

1. **스터드(stud)**: 내 · 외벽 골조에 사용되는 일련의 수직 구조부재로 규격재를 사용한다.
2. **내력벽**: 상부층에 설치된 바닥과 벽으로부터 내려오는 하중을 지지하도록 설계 및 시공된 벽체이다. 대부분의 외벽은 내력벽에 해당하지만 일부 예외가 존재할 수도 있다.
3. **비내력벽**: 상부 구조의 하중을 지지하지 않는 벽체이다.
4. **윗깔도리(top plate)**: 스터드의 상단면에 부착되는 수평 구조부재이다. 일반적으로 두 개의 윗깔도리를 서로 겹쳐서 설치한다. 벽면을 서로 연결하고 상부층 바닥의 장선 또는 지붕 트러스를 지지한다.
5. **밑깔도리(bottom plate)**: 스터드의 하단 끝면에 연결되는 수평 구조부재이다. 1층 벽의 경우 토대에 고정하며, 2층 벽의 경우 바닥 덮개와 바닥 장선에 접합한다.
6. **벽체 덮개**: 구조용 목질 판재로 스터드의 바깥면에 부착된다. 판재와 판재 사이에는 수축팽창에 대비한 틈을 두어 설치된다. 합판이나 OSB를 사용한다.

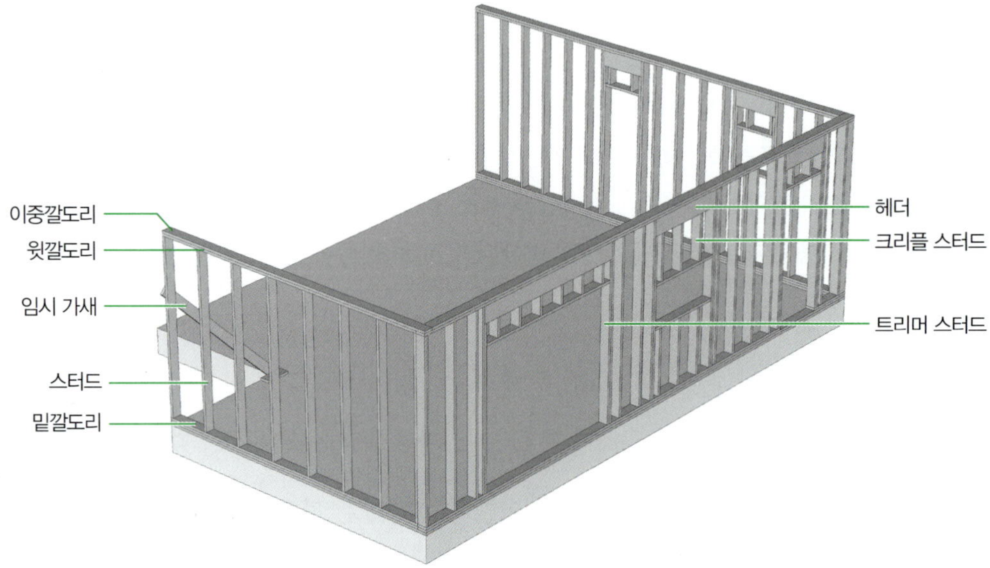

[그림 5-1] 벽 골조의 구성 요소

내력벽과 비내력벽 비교 내벽은 내력벽과 비내력벽 이렇게 두 가지 기본 유형으로 구분된다. 실내 내력벽은 상부에서 내려오는 하중을 지지한다. 상부 하중은 바닥 골조와 지붕 골조 또는 둘 다를 포함할 수 있다. 실내 비내력벽은 상부에서 내려오는 하중을 지지하지 않는다. 단순히 자체 무게(자중) 만을 지지하고 내부 공간을 구분하며, 설비를 수용하고 내부 마감재에 바탕면을 제공한다.

실내 내력벽은 천장 장선을 지지한다. 천장 장선과 평행한 벽은 천장 장선의 하중을 지지하지 않기 때문에 비내력벽으로 간주한다. 경량목구조에서 내력벽과 비내력벽의 가장 큰 차이점은 개구부에서 볼 수 있다.

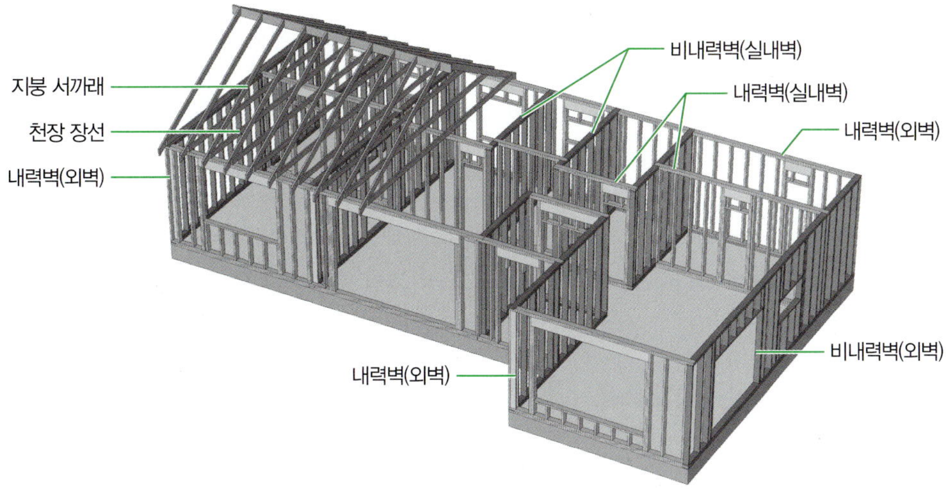

[그림 5-2] 내력벽과 비내력벽의 구분

내력벽의 개구부 내력벽의 개구부 상부에는 헤더가 설치된다. 헤더는 창문이나 문 위쪽에 설치되어 하중을 지지하는 구조부재이다. 개구부 상부의 하중이 헤더를 통해서 측면으로 분산되어 내려가도록 도와준다. 헤더는 일종의 작은 보와 같은 역할을 하며, 주변의 구조적 약점을 보강하여 전체 벽구조의 강성을 높인다.

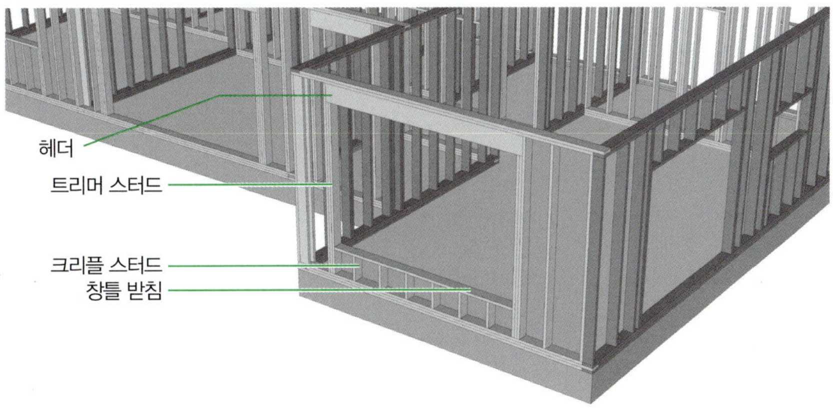

[그림 5-3] 내력벽의 개구부 골조

헤더의 종류 헤더는 내력벽의 문이나 창의 상부에 위치하여 하중을 지지하는 역할을 한다. 하중의 크기, 경간, 용도에 따라 다양한 종류의 헤더를 선택할 수 있다.

1. **조립 헤더(built-up header)**: 일반적으로 현장에서 제작이 간단한 구조로, 두 개 또는 세 개의 규격재와 목질 판재의 조합으로 이루어져 있다. 하중이 크지 않고 경간이 좁은 개구부에 주로 사용한다.

2. **공학목재 헤더(engineered wood header)**: 조립 헤더보다 강한 구조를 제공한다. 글루램, PSL, LVL 등의 공학목재 제품으로 대형 창이나 문이 있는 곳에 사용한다.

3. **에너지 효율을 높인 헤더(energy-efficient header)**: 조립 헤더의 규격재 하나를 고형단열재로 대체해 단열 성능을 보강한 헤더로 에너지 효율성을 요구하는 주택의 헤더로 사용된다.

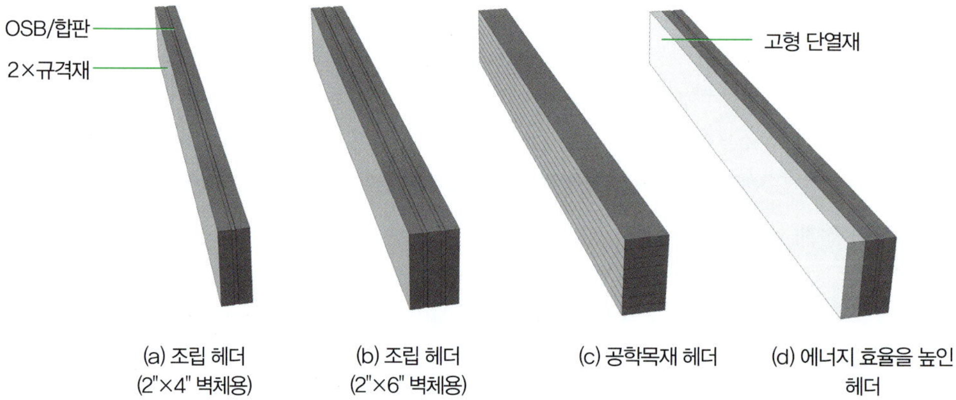

[그림 5-4] 헤더의 종류 ※ 헤더의 크기는 구조계산에 의해 결정

비내력벽의 개구부 외벽이라 할지라도 상부 구조물의 하중을 지지하지 않는 경우는 비내력벽이다. 다음 그림에서 외벽은 지붕 골조나 천장 장선의 방향과 평행이므로 하중을 지지하지 않는다. 따라서 이 벽은 외벽이지만 비내력벽이므로 개구부에 헤더를 설치할 필요가 없다.

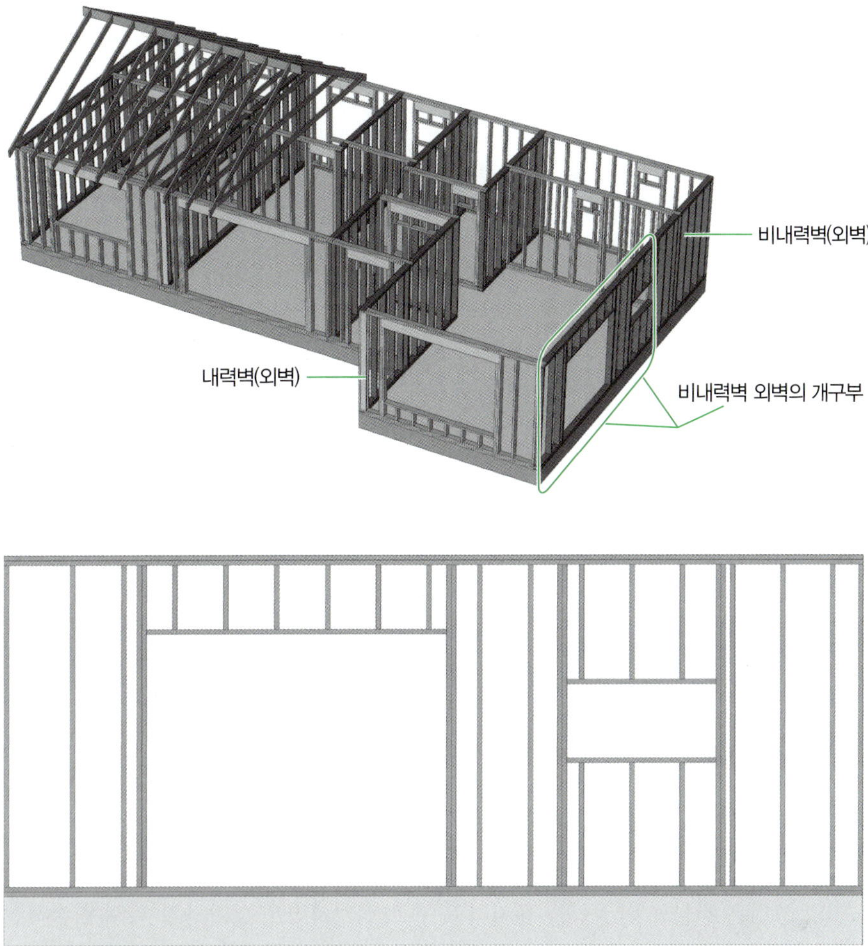

[그림 5-5] 비내력벽의 개구부 골조

5.2 깔도리

건축구조기준 목구조편에서는 벽 골조 스터드의 위 · 아래에는 깔도리가 필요하다고 규정하고 있다. 일반적으로 벽 골조의 스터드 하부와 상부에 설치되는 수평부재(깔도리)의 개수에는 차이가 있다. 밑깔도리 개수는 하나인데 비해 윗깔도리는 두 개가 설치된다.

밑깔도리

밑깔도리는 벽 골조의 가장 아래쪽에 위치하는 수평부재로, 벽체의 하단을 지탱하여 구조의 안정성을 높인다. 또한 바닥과 벽체를 연결하여 하중을 분산시킨다.

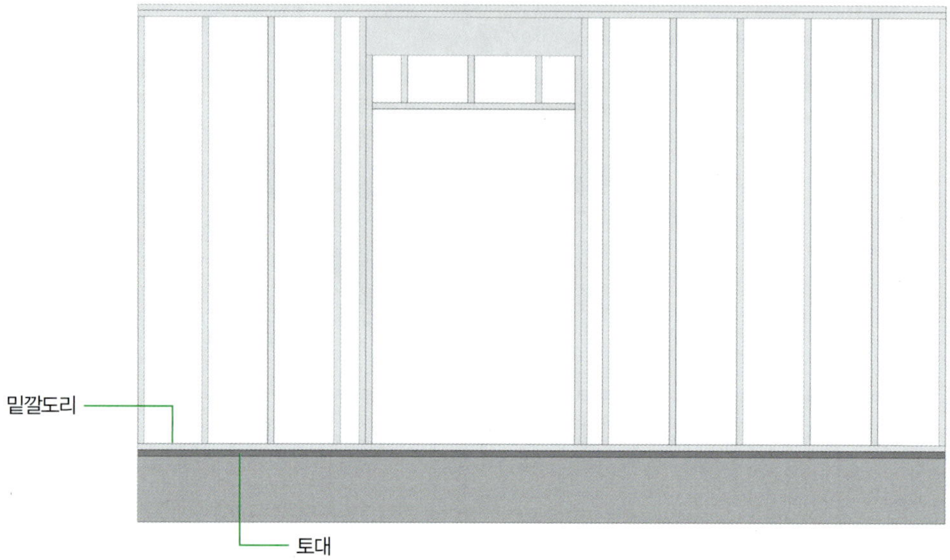

[그림 5-6] 벽 골조의 밑깔도리

밑깔도리의 고정 방법

밑깔도리의 고정은 건물의 안정성을 유지하고 구조적 지지력을 강화하기 위해 필수적인 단계이다. 밑깔도리를 고정하는 주요 방법에는 다음과 같은 세 가지가 있다.

1. **구조용 바닥 덮개(floor sheathing)에 고정하는 방법**: 구조용 바닥 덮개는 건물의 바닥을 견고하게 지지하기 위해 설치되는 패널이다. 밑깔도리를 이 덮개에 못으로 고정함으로써 전체 구조의 일체성을 높일 수 있다.

2. **옆막이 장선(rim joist)에 고정하는 방법**: 옆막이 장선은 바닥 구조의 주변부를 둘러싸며, 벽과 바닥을 연결하는 역할을 한다. 이 장선에 밑깔도리를 고정하면 바닥 구조의 강도와 안정성을 더욱 높일 수 있다.

3. **단부 블로킹(end blocking)에 고정하는 방법**: 단부 블로킹은 장선 사이에 설치되는 지지대 역할을 하는 부재이다. 이 부분에 밑깔도리를 고정함으로써 장선의 흔들림을 방지하고 구조적 안정성을 높인다.

윗깔도리와 이중깔도리

윗깔도리와 이중깔도리는 벽 골조의 위쪽에 위치하는 수평 부재로 벽체를 지탱하고 지붕, 천장과 같은 다른 구조 요소와 연결하는 역할을 한다. 윗깔도리는 벽체의 상단을 보강하여 전체 구조의 안정성을 높여준다.

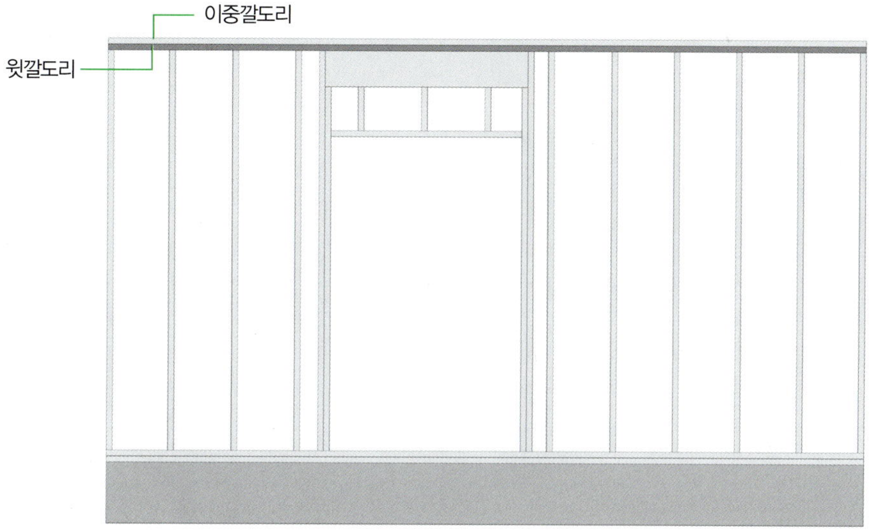

[그림 5-7] 벽 골조의 윗깔도리와 이중깔도리

윗깔도리의 고정 방법

윗깔도리는 다음과 같은 방법으로 고정된다.

1. 윗깔도리는 수평으로 배치되어 스터드 상단에 설치된다. 수직 구조부재인 스터드 위에 수평으로 설치되어 벽체의 상단을 안정화시킨다.

2. 내력벽에는 최소 두 개의 깔도리(윗깔도리와 이중깔도리)가 필요하다. 이를 통해 상부 하중(바닥이나 지붕 골조)을 스터드로 효과적으로 전달한다.

3. 비내력벽에는 상부의 하중이 전달되지 않으므로 윗깔도리 하나만 사용할 수 있다. 구조적으로 하중을 지지할 필요가 없기 때문에 추가적인 이중깔도리는 필요하지 않다.

4. 이중깔도리 구조에서 스터드는 윗깔도리에 단부 못박기(end-nailing) 방식으로 연결된다. 스터드를 수직으로 단단히 고정하여 안정성을 높인다.

5. 이중깔도리는 윗깔도리에 고정되어 전체 구조의 견고성을 높이고 상부 하중을 효과적으로 분산시킨다.

벽과 벽의 결합

목골조에서 벽과 벽의 결합은 구조적 안정성을 확보하는 중요한 요소 중 하나이다. 벽의 결합 방식은 두 가지로 나눌 수 있다. 하나는 외벽과 외벽이 만나는 코너 벽이고, 다른 하나는 외벽과 내벽이 만나는 교차 벽이다. 코너 벽과 교차 벽에서 이중깔도리는 서로 교차하여 설치함으로써 두 벽체가 일체화 된다.

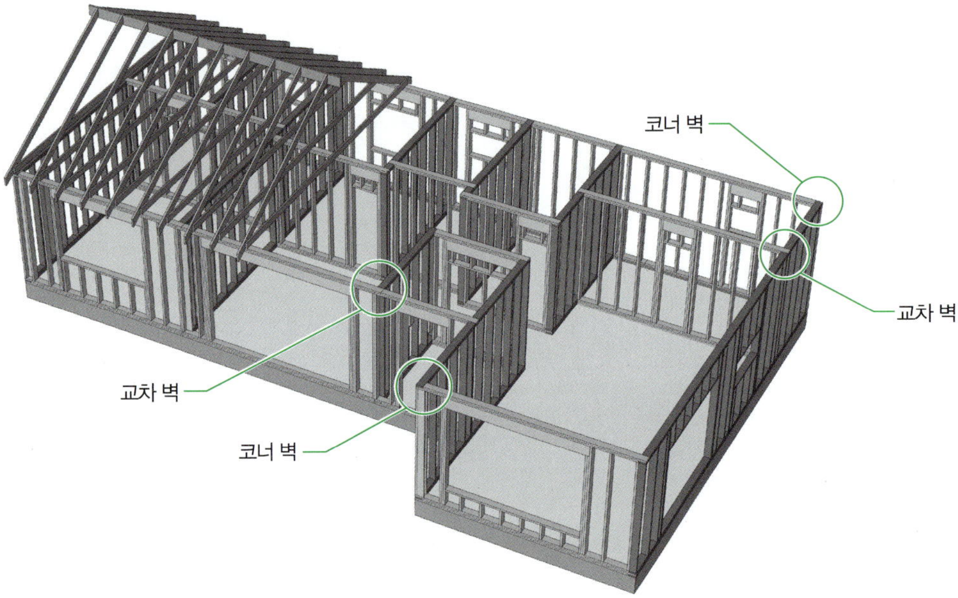

[그림 5-8] 벽 골조의 코너 벽과 교차 벽

코너 벽 이중깔도리의 설치 두 개의 외벽이 모서리에서 만나는 코너 벽 이중깔도리는 서로 엇갈리게 설치되어야 한다. 따라서 한쪽 벽의 이중깔도리는 다른 쪽 코너 벽의 벽 골조 두께만큼 길게 빼고, 다른 쪽 벽의 이중깔도리는 벽 골조 두께만큼 짧게 재단한다. 길게 빼진 첫 번째 벽 골조의 이중깔도리는 두 번째 벽 골조의 윗깔도리 위에서 겹쳐 못으로 고정한다. 이를 통해 두 개의 벽 골조는 이중깔도리에 의해 구조적으로 일체화가 된다.

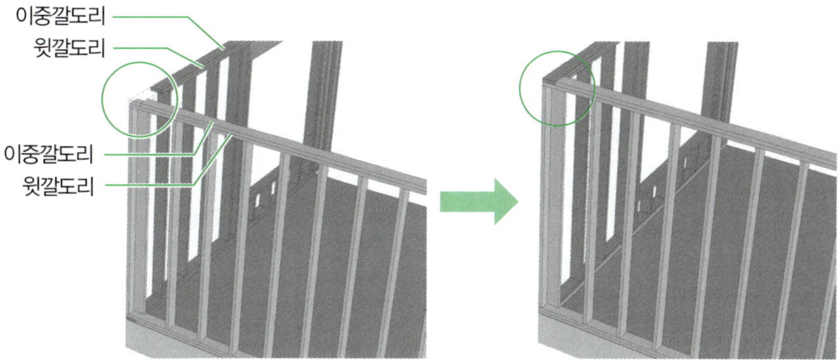

[그림 5-9] 코너 벽의 결합

교차 벽 이중깔도리의 설치 내벽과 외벽이 만나는 교차 벽에서는 아래 그림과 같이 내벽의 이중깔도리 길이는 외벽 골조의 두께만큼 길게 빼낸다. 내벽 골조와 교차되는 외벽의 이중깔도리는 내벽 골조의 폭만큼 비워둔다. 내벽 골조의 이중깔도리는 외벽 골조의 윗깔도리 위에서 겹쳐 못으로 고정한다. 이렇게 이중깔도리 사이에 겹침을 허용하는 간격을 두면, 외벽과 내부 교차 벽이 구조적으로 잘 연결될 수 있다. 이는 골조 전체의 구조적 안정성을 높이는 데 도움이 된다.

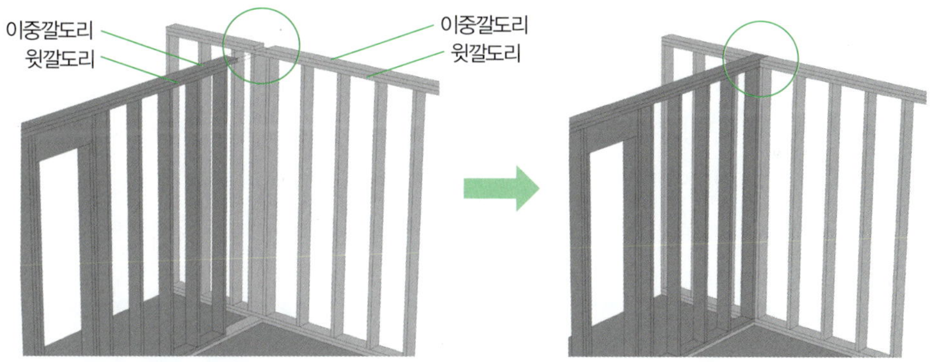

[그림 5-10] 교차 벽의 결합

윗깔도리와 이중깔도리 비교

1. 윗깔도리는 이중깔도리 구조에 비해 강도가 약하다.

2. 다음과 같은 조건을 만족할 때는 윗깔도리 하나만 사용할 수도 있다:

   (a) 이음부, 코너, 교차 벽에 아연도금 강판(3"×6")을 사용하는 경우

   (b) 코너 및 교차 벽은 8d 못 6~9개, 직선 이음부는 8d 못 12~18개로 고정하는 경우

   (c) 상부의 바닥 장선이 벽 스터드와 일치해 배치될 경우

3. 윗깔도리 사용 시 서까래 또는 장선은 스터드로부터 40mm 이상 이격되어서는 안 된다. 이와 같은 조치를 통해 윗깔도리의 구조적 약점을 보완할 수 있다.

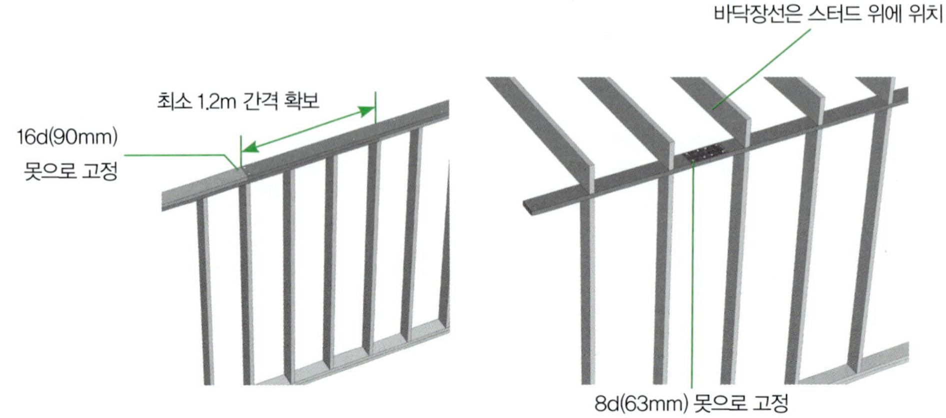

[그림 5-11] 이중깔도리와 윗깔도리의 연결

깔도리의 따내기 및 천공

경량목구조에서는 전기 배선과 설비 배관을 설치하기 위해 구조재를 따내거나 구멍을 뚫는 천공 작업은 피할 수 없다. 이때 벽 골조의 깔도리를 따내거나 천공 시 관련 규정을 반드시 따라야 한다. 깔도리 폭의 최소 50mm는 손상되지 않도록 해야 한다. 만약 그 이상을 따내거나 구멍 뚫어야 할 경우 구멍 주변에 판재를 추가하거나 금속 철물로 구조 보강을 해야 한다. 윗깔도리 너비의 50% 이상이 따냄이나 천공으로 제거된 경우, 깔도리 가장자리는 최소 40mm 폭의 금속 띠철물로 보강해야 하며, 따냄 양쪽에서 최소 150mm 이상 연장되어야 한다.

[그림 5-12] 깔도리 천공 시 구조 보강

배관 설치의 세 가지 방법 내벽 골조에서 배관, 환기, 난방 및 냉방 덕트[8]를 수용하기 위해 스터드와 깔도리를 과도하게 따내거나 천공을 줄일 수 있는 세 가지 옵션이 있다.

첫 번째 방법은 특정 벽에서 스터드와 깔도리의 크기를 키우는 것이다. 일반적으로 2"×4"(38×89mm) 스터드 벽을 2"×6"(38×140mm)로 변경하는 방식이다. 이 방법은 주로 욕실이나 주방과 같은 서비스가 집중되는 내부 벽에서 많이 사용된다.

두 번째 방법은 이중벽 구조를 만드는 것이다. 두 개의 2"×4" 벽을 서로 인접하게 배치하여 이중벽을 형성하면 서비스 공간을 더 확보할 수 있다. 이렇게 하면 필요한 배관이나 덕트를 설치하는 데 유리하다.

세 번째 방법은 벽 골조의 깔도리를 2"×8"(185mm)으로 시공하고 2"×4" 스터드를 깔도리와 평행하게 양쪽 모두 설치하는 것이다. 이 방식은 스터드 사이의 추가적인 공간을 제공하여 서비스 설치를 더 쉽게 할 수 있도록 도와준다.

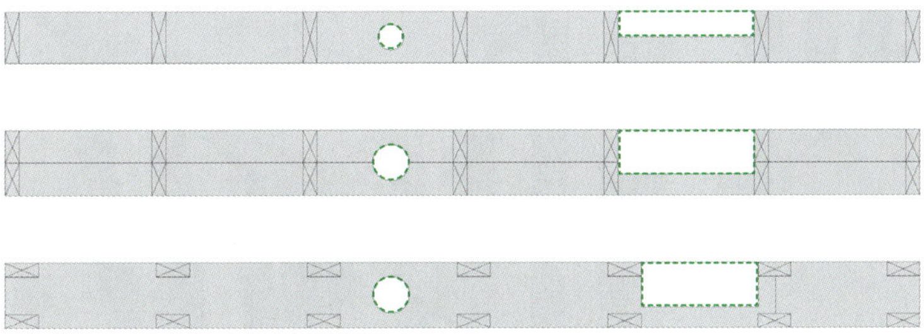

[그림 5-13] 벽 골조 내에서 배관을 설치하는 세 가지 방법

깔도리의 이음

깔도리는 벽 골조 상부에서 하중을 균등하게 분산시키고 구조적 안정성을 확보하는 중요한 요소이다. 그러나 벽의 길이가 6m를 초과할 경우 여러 개의 깔도리를 연결해야 하며, 이음부의 배치와 접합 방식에 따라 구조적 성능이 달라질 수 있다. 이중깔도리의 접합 방법과 올바른 이음부 배치 기준에 대해 알아보자.

깔도리 이음부의 접합 깔도리에 사용되는 규격재의 최대 생산 길이는 약 6m이다. 따라서 벽 골조의 길이가 6m를 넘으면 두 개의 깔도리를 이어서 시공해야 한다. 모든 내력벽체 상부에는 이중깔도리를 설치한다. 윗깔도리와 이중깔도리를 연결하는 방법은 다음 그림과 같다.

8 공기 또는 기타 유체가 이동할 수 있도록 설계된 통로 또는 배관 등의 구조물을 말한다.

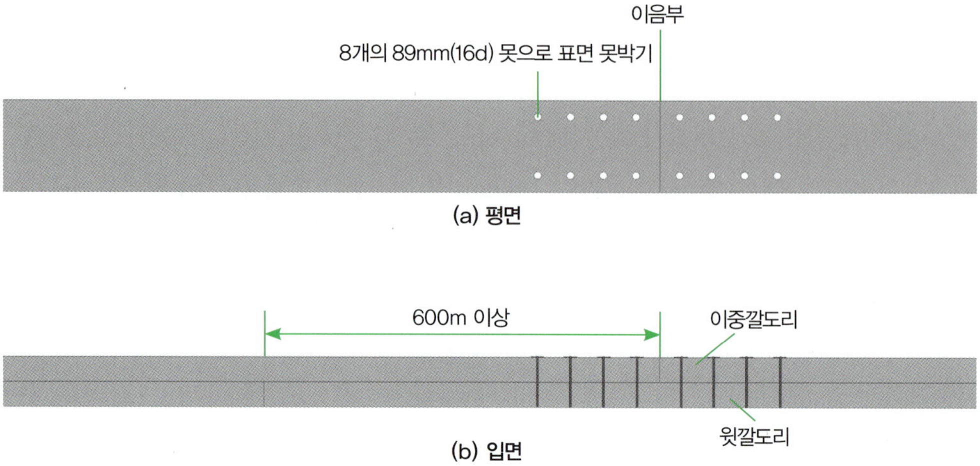

[그림 5-14] 이중깔도리 이음부의 접합

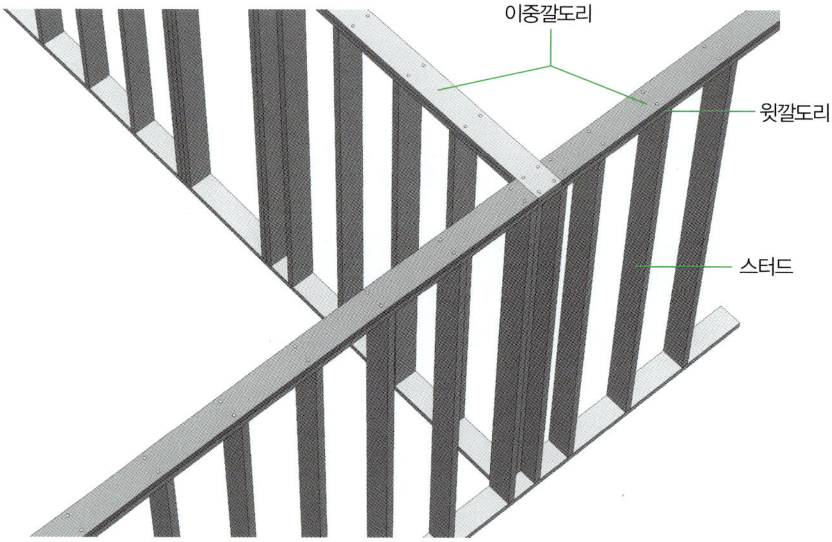

[그림 5-15] 교차 벽 이중깔도리의 못박기

교차 벽 이중깔도리의 못박기 이중깔도리는 89mm(16d) 못을 사용하여 상호 연결되는 벽체의 윗깔도리와 엇갈리도록 설치한다.

깔도리 이음부의 배치 내력벽에서 깔도리의 이음부는 최소한 스터드 간격만큼 엇갈려 배치해야 한다. 또한 구조적 안정성을 확보하기 위해 이음부는 반드시 스터드 위에 위치하도록 시공해야 한다.

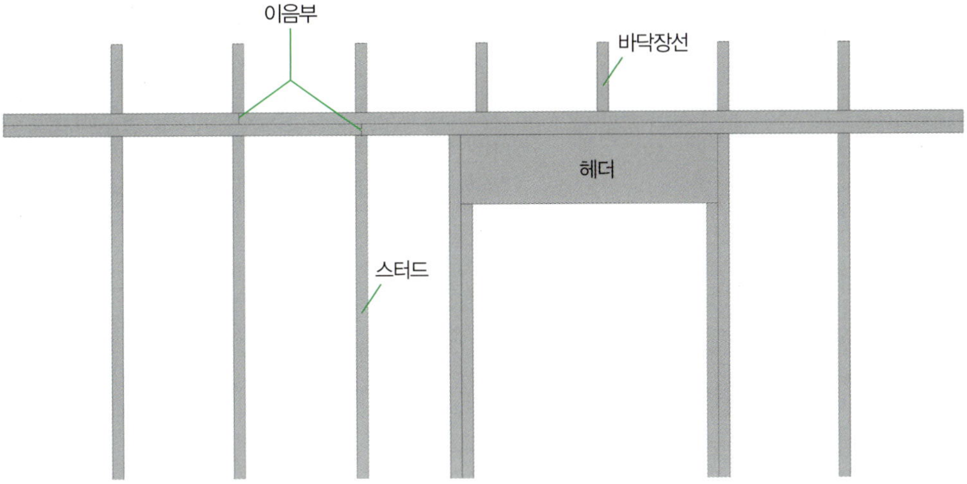

[그림 5-16] 깔도리 이음부의 배치

5.3 스터드

스터드 시공 간격

스터드(stud)는 경량목구조에서 벽체의 뼈대를 구성하는 수직부재이다. 구조적 지지를 제공하여 건물의 하중을 지탱하는 데 도움을 준다. 또한, 내부 공간을 구획하는 데 사용되며 방이나 공간을 나누는 역할도 한다. 스터드 사이에는 전선이나 배관을 설치할 수 있는 공간이 있어 전기 및 배관 시스템을 효율적으로 배치할 수 있다. 스터드는 또한 마감재를 부착하는 바탕면으로도 활용된다. 일반적으로 경량목조주택의 스터드는 2"×4"(38×89mm) 또는 2"×6"(38×140mm) 크기로 제작된다. 스터드를 설치할 때는 정확한 간격과 정렬을 유지하는 것이 중요하며, 이를 통해 구조물의 안정성을 확보할 수 있다.

경량목조주택의 벽 스터드는 일정한 간격, 즉 시공 간격을 유지하고 있다. 스터드의 시공 간격은 구조용 목질판재의 기본 모듈에 따라 결정된다. 일반적으로 사용하는 스터드의 시공 간격은 406mm(16인치) 또는 610mm(24인치)이다. 이 스터드 간격은 합판이나 OSB 같은 구조용 목질판재의 크기와 밀접한 연관이 있다. 일반적으로 구조용 목질판재의 표준크기는 폭이 1,220mm(48인치)이며 길이는 2,440mm(96인치)이다.

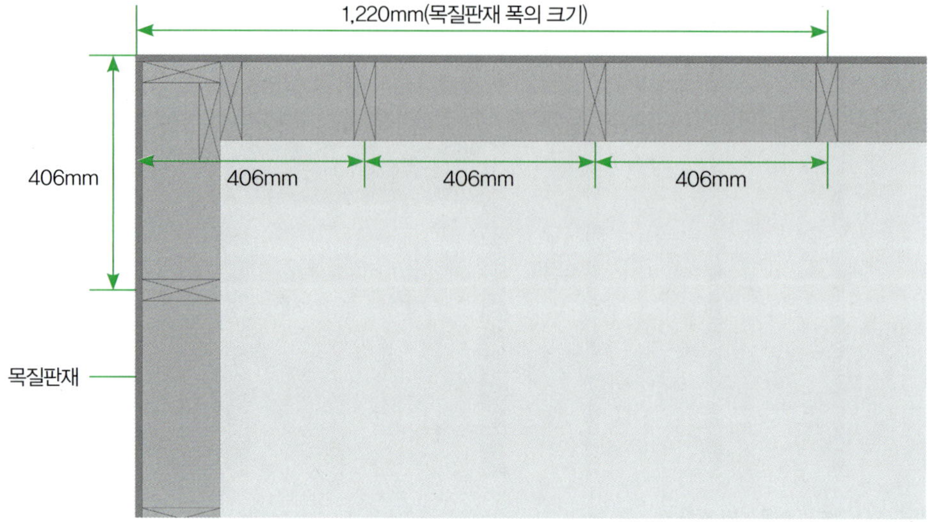

[그림 5-17] 벽 스터드의 시공 간격

목질판재는 구조적으로 스터드에 고정되어야 하기 때문에, 판재의 단부는 시공 간격과 관계없이 스터드 두께의 1/2 이상 지지되어야 한다. 이렇게 해야 구조적 안정성이 확보되기 때문이다. 구조용 목질판재의 폭 방향 1,220mm(48인치)를 406mm(16인치) 간격의 스터드에 평행하게 배치하면 세 개의 스터드 사이 공간이 생긴다. 그리고 네 번째 스터드의 중심에 1,220mm 길이의 판재 단부가 정확하게 일치하게 된다.

만약 스터드 시공 간격이 406mm(16인치)이고, 구조용 목질판재를 벽 골조에 수평으로 설치한다면 어떤 결과가 나올까? 길이 방향으로 2,440mm(96인치)인 판재를 406mm(16인치) 간격의 스터드에 평행하게 배치하면 여섯 개의 스터드 사이 공간이 생긴다. 그리고 일곱 번째 스터드의 중심에 2,440mm 길이의 판재 단부가 정확하게 맞아떨어진다. 따라서 스터드의 시공 간격은 구조용 목질판재의 폭을 스터드 간격의 수로 나누어 결정된다는 것을 알 수 있다.

스터드의 기본 시공 모듈에 따르면 사용 가능한 스터드의 시공 간격은 305mm(12인치), 406mm(16인치), 610mm(24인치) 세 가지이다. 스터드의 시공 간격은 벽의 높이와 지붕, 바닥의 하중에 따라 선택할 수 있는 옵션이 달라진다.

스터드의 최대 길이 내력벽에 사용하는 스터드는 2"×4"이든 2"×6"이든 구조계산 없이 길이가 3m(10피트)를 초과해서는 안 된다. 구조적인 문제를 해결하기 위한 방법은 스터드 시공 간격을 줄이거나, 더 큰 스터드를 사용하거나, 더블 스터드(스터드 두 개의 조립)를 사용하는 것, 그리고 공학목재로 만든 스터드를 사용하는 방법이 있다.

스터드 따내기 및 천공

설비 배관 및 전기 배선 공사 시 스터드의 일부를 따내거나 구멍을 뚫어야 하는 천공 작업은 반드시 규정에 맞게 시공되어야 한다. 따냄과 천공 규정은 내력벽, 비내력벽, 이중 내력벽에 따라 다르다.

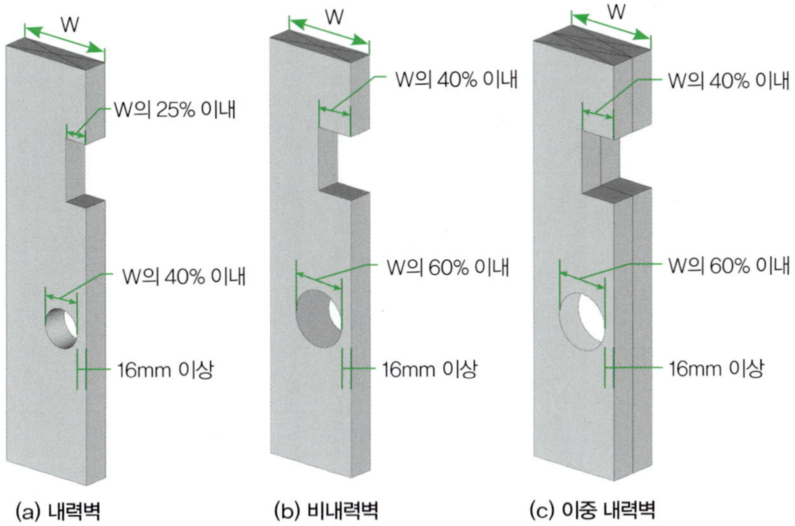

[그림 5-18] 스터드의 따냄과 천공

스터드의 따냄 및 천공 스터드의 길이가 3m(10피트) 미만인 경우, 스터드의 따냄 및 천공은 [그림 5-18]에 제시된 기준에 따라야 한다. 3m(10피트) 미만의 내력벽 스터드에서 따냄을 할 때는 스터드 너비(W)의 25%를 넘지 않아야 한다. 천공된 구멍은 스터드 너비의 40%를 초과해서는 안 되고, 스터드의 가장자리에서 최소 16mm 떨어져 있어야 한다. 내력벽에서는 스터드에 따냄이나 구멍을 뚫을 때 스터드의 2/3 이상이 손상되지 않도록 주의해야 하고, 비내력벽의 경우에는 스터드 너비의 최소 40mm는 손상되지 않도록 남겨두어야 한다. 스터드의 동일 구역에서 따냄이나 구멍을 내는 것은 피해야 한다.

따냄 및 천공 부위 금속 보호재 내부 마감이 설치될 때 배관 및 전선에 손상이 가지 않도록 하기 위해, 따냄이나 천공 구멍이 있는 깔도리와 스터드에 네일 스토퍼(nail stopper)을 설치하는 것도 좋은 방법이다. 이렇게 하면 배관과 전선이 못이나 나사로부터 안전하게 보호될 수 있다.

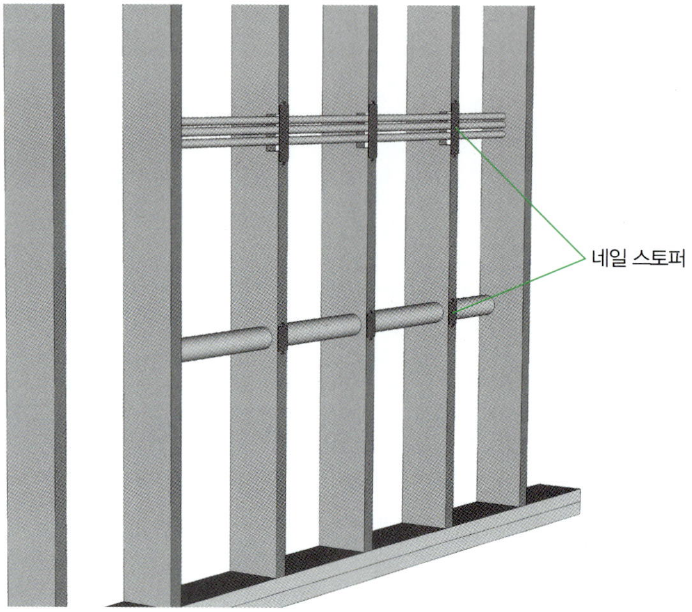

[그림 5-19] 네일 스토퍼

내력벽 개구부 스터드

하중을 지지하는 실내 내력벽의 경우, 이중깔도리의 아래쪽과 평행하게 설치된 헤더가 필요하다. 헤더의 크기는 헤더의 길이와 지탱해야 하는 하중 두 가지 요소에 따라 달라진다. 헤더를 지지하기 위해 개구부 양쪽에 트리머 스터드를 사용하며, 헤더길이가 1.5m를 초과할 경우 트리머 스터드를 두 개로 설치해야 한다. 헤더 아래에는 헤더의 깊이와 필요한 개구부의 크기에 따라 크리플 스터드(cripple stud)가 필요할 수 있다. 깔도리는 반드시 이중으로 구성해야 한다.

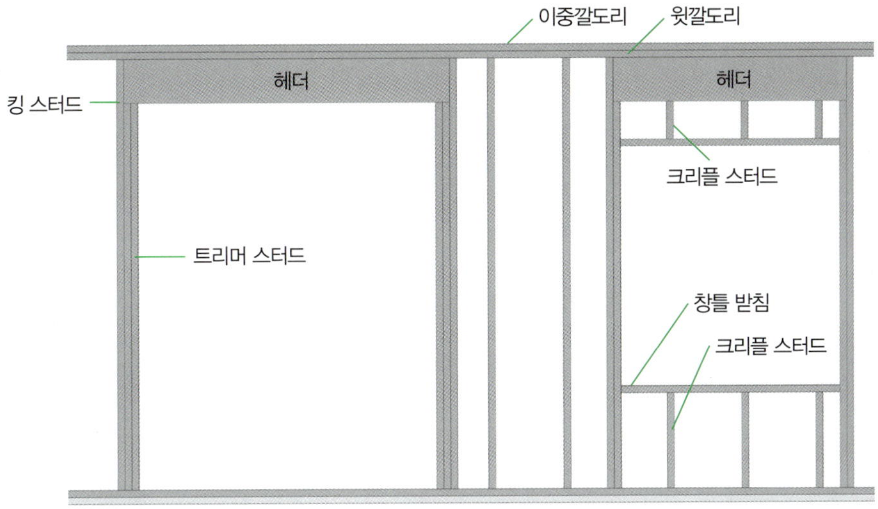

[그림 5-20] 실내 내력벽 골조의 구성요소

킹 스터드 킹 스터드(king stud)는 벽에 개구부가 설치될 때 개구부의 양쪽에 세워지는 긴 스터드(full length stud)를 의미하며, 개구부의 하중을 지탱하는 역할을 한다. 그 외 모든 긴 스터드는 일반적으로 스터드라고 부른다. 다른 스터드와 유사하게 킹 스터드는 끝을 못질하여 상 · 하 깔도리에 고정된다. 또한, 킹 스터드는 트리머 스터드(trimmer stud)와 헤더에도 고정된다.

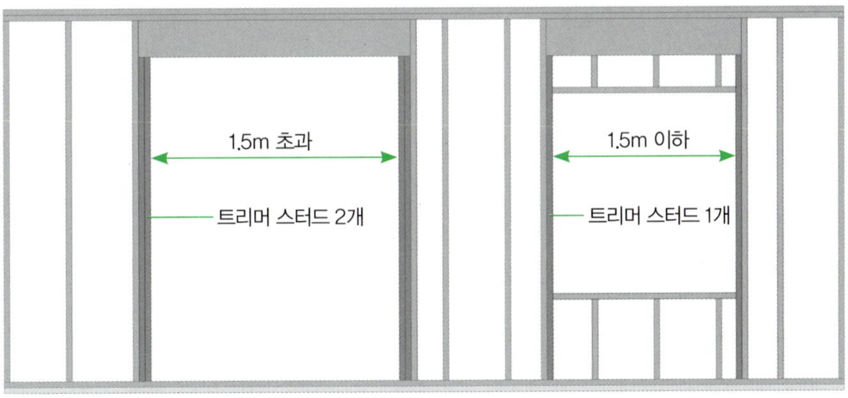

[그림 5-21] 개구부 크기에 따른 트리머 스터드의 개수

트리머 스터드 트리머 스터드(trimmer stud)는 헤더를 지지하는 짧은 길이의 스터드이다. 일반적으로 킹 스터드 양쪽에 각각 하나씩 설치되어 헤더를 지지한다. 길이가 긴 헤더에 하중이 집중적으로 가해지면 헤더는 중앙 부분이 활처럼 휘는 성질을 보인다. 이때 개구부 양쪽에 설

치된 트리머 스터드가 지지하는 지점이 충분하지 않으면 헤더에 구조적인 문제가 생기게 되는데, 이를 할렬(split)이라고 한다. 할렬은 헤더가 갈라지거나 쪼개지는 현상을 의미한다. 이러한 할렬을 방지하기 위해서는 헤더의 끝을 지지하는 면적을 늘려주는 것이 중요하다. 트리머 스터드를 두 개 이상 사용하면 그만큼 헤더를 지지하는 표면적을 더 확보할 수 있다. 트리머 스터드는 인접한 킹 스터드와 크리플 스터드에 고정된다.

헤더를 지지하는 트리머 스터드의 개수는 개구부의 폭에 따라 달라진다. 개구부의 폭이 1.5m 이하인 경우, 헤더의 양쪽 끝은 각각 하나의 트리머 스터드로 지지할 수 있다. 그러나 1.5m를 초과하는 경우, 헤더의 양쪽 끝은 각각 두 개 이상의 트리머 스터드로 지지해야 한다.

헤더 헤더(header)는 개구부를 가로지르며 이중깔도리를 지지하는 목재 또는 공학목재 제품으로 구성된 일종의 '보'이다. 헤더는 개구부 양쪽의 킹 스터드에 끝을 못질하여 연결되며, 트리머 스터드에 의해 지지된다.

크리플 스터드 크리플 스터드(cripple stud)는 짧은 길이의 스터드이다. 이 스터드는 창틀 받침이나 헤더 위의 윗깔도리를 지지하는 역할을 한다. 크리플 스터드는 창틀 받침과 밑깔도리의 끝을 못질하여 고정된다.

창틀 받침 창틀 받침(rough sill)은 창문 개구부의 아래쪽을 구성하는 수평 목재이다. 창틀 받침은 이를 지지하는 크리플 스터드에 끝을 못으로 고정한다. 창틀 받침의 양끝은 크리플 스터드에 단부 못박기나 경사 못박기하여 고정할 수 있다.

※크리플 스터드의 시공 간격은 스터드의 시공 간격에 맞춰 배열한다.

[그림 5-22] 비내력 벽의 개구부

비내력벽의 개구부 하중을 지지하지 않는 내부 벽의 경우, 벽의 스터드와 동일한 규격재를 사용하여 개구부를 가로막을 수 있다. 이 경우 구조용 헤더를 사용할 필요는 없다. 트리머 스터드는 개구부의 양쪽에 설치되며, 비내력벽 개구부 위에는 헤더 대신 크리플 스터드로 대체할 수 있다. 크리플 스터드는 벽의 나머지 부분에 사용된 스터드 간격(E.Q)과 동일한 배치 간격으로 시공된다. 비내력벽의 깔도리는 윗깔도리 하나 또는 이중깔도리로 설치할 수 있다.

구조 보강

외벽에는 '집중하중(point load)'이 작용하기도 한다. 집중하중은 보나 지붕의 큰보와 같은 구조물에서 발생하는 하중으로, 고르게 분포되지 않고 특정 지점에 집중된다. 이러한 집중하중을 지지하기 위해, 일반적으로 집중하중이 구조용 보 바로 아래에 그것을 지지할 수 있도록 기둥을 추가로 설치한다. 이렇게 하면 기둥을 통해 집중하중은 바닥 시스템 또는 기초로 전달된다. 집중하중을 지지하는 기둥은 보통 두 개 이상의 스터드를 현장에서 못접합 한 조립 스터드로 만든다. 경우에 따라 공학목재 제품을 사용하기도 한다. 기둥의 너비는 지지하는 집중하중을 가진 목재의 폭과 같거나 커야 한다. 예를 들어, 세 겹으로 된 38×235mm 조립보는 최소 114mm(38×3=114mm) 이상 너비의 조립 기둥으로 해당 보를 지지해야 한다. 외벽에 설치된 기둥 아래에 목조 바닥 골조 시스템이 있다면 블로킹을 추가해야 한다.

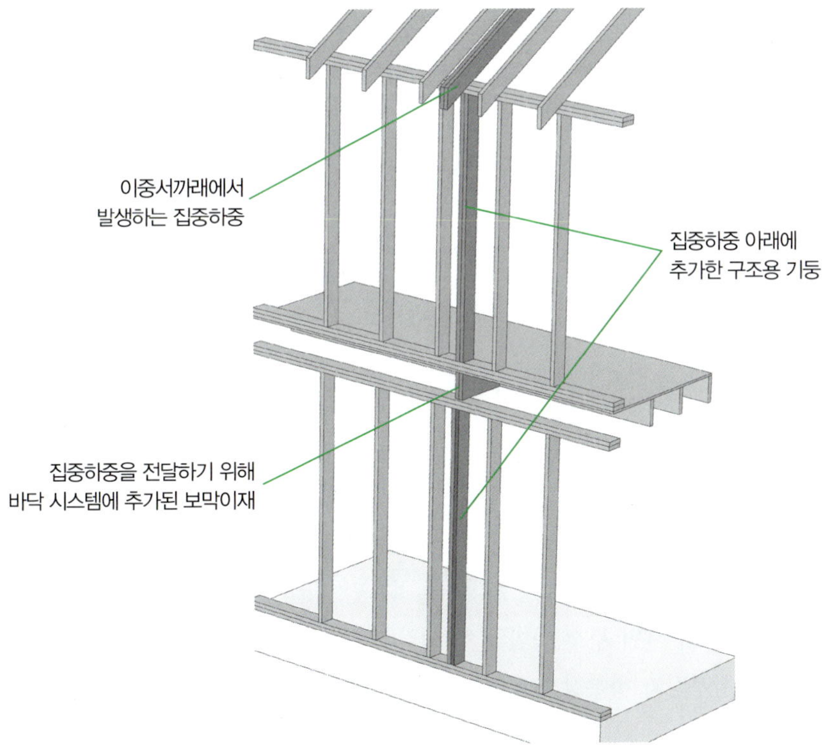

[그림 5-23] 집중하중에 대한 구조 보강

[그림 5-23]은 이중서까래에서 발생하는 집중하중을 외벽의 추가 스터드가 직접 지지하고 있다.

블로킹

블로킹(blocking)은 벽, 바닥 또는 천장 골조에 설치되는 짧은 목재로 여러 가지 용도로 사용된다. 주방과 욕실 가구 및 위생 기구에 대한 지지와 백킹(backing)을 제공하며 외벽에서는 구조적 가새와 화재 확산 방지(fire block)를 위한 중요한 역할을 수행할 수 있다.

외벽 골조 블로킹 블로킹은 외벽 스터드 사이에 설치되어 추가적인 가새를 제공하고 하중으로 인해 스터드가 휘어지는 것을 방지하는 데 도움을 준다. 대부분의 경우 외벽에는 구조용 합판이나 OSB가 설치되어 있어서 블로킹이 필요하지 않지만, 구조용 덮개의 조인트를 지지하기 위해 블로킹이 필요할 수 있다. 또한, 블로킹은 화재 확산을 방지하는 역할도 한다. 스터드 길이가 3m를 초과하는 벽에는 반드시 화재 확산 방지 블로킹을 설치해야 한다.

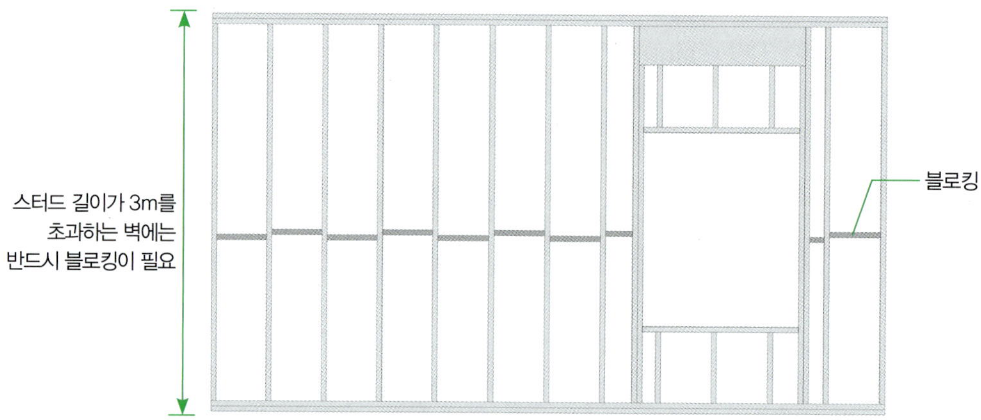

[그림 5-24] 외벽 골조 블로킹

욕실 벽 블로킹 블로킹은 욕실 곳곳에서 골조를 지지하고 백킹(backing)을 제공하는 데 꼭 필요하다. 세면대나 욕조를 설치할 때 블로킹은 기구의 설치 안정성을 높이고 하중을 효과적으로 분산시켜 준다. 변기를 설치할 때도 블로킹은 기구가 안전하게 고정될 수 있도록 도와준다. 벽에 거울이나 선반을 설치할 때도 구조물이 떨어지지 않도록 블로킹을 이용해 지지해야 한다. 또한 샤워기나 욕조 주변 벽면에 블로킹을 설치하면 타일이나 다른 마감재가 안전하게 부착될 수 있으며, 욕조와 샤워 부스 주변의 벽 마감을 지지하는 데에도 블로킹이 필수적이다. 블로킹은 주방의 상부장과 하부장 그리고 거실 벽에 벽걸이 TV 설치를 위해서도 필요하다.

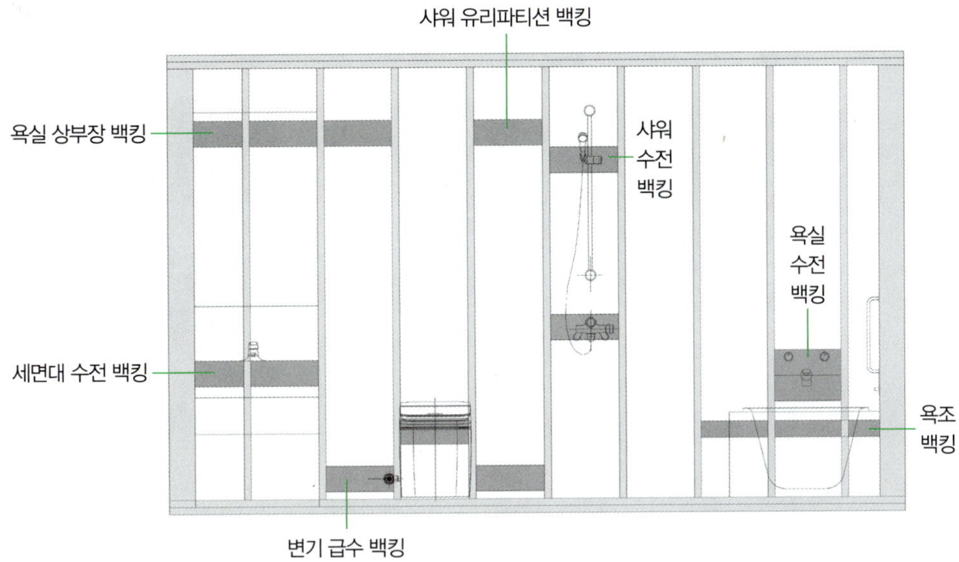

[그림 5-25] 욕실 벽 블로킹

스터드 보강

벽과 벽이 만나는 모서리와 교차 벽의 단부에는 추가적인 스터드 보강이 필요하다. 일반적으로 코너 벽 골조의 경우, 두 벽 중 하나에는 'L'자 형태로 두 개의 스터드가 배치된다. 교차 벽 골조의 경우에는 'ㄷ' 형태로 세 개의 스터드가 배치된다. 교차 벽은 두 벽이 서로 잘 결합되도록 설계되어야 한다.

스터드를 추가로 설치하는 이유 코너 벽과 교차 벽에 스터드를 추가로 설치하는 것은 외벽 덮개와는 관계가 없다. 오히려 석고보드 시공 시 못이나 나사로 석고보드를 고정하기 위해 지지대(nailer)가 필요하다. 외벽 코너 벽에는 최소 두 개의 스터드가 필요하며, 일반적으로 세 개의 스터드로 구성된 코너가 권장된다. 대부분의 내벽은 38×89mm 크기의 스터드로 골조가 구성된다. 외벽에는 38×140mm 크기의 스터드가 추가되어 석고보드 지지를 위한 보강이 이루어진다.

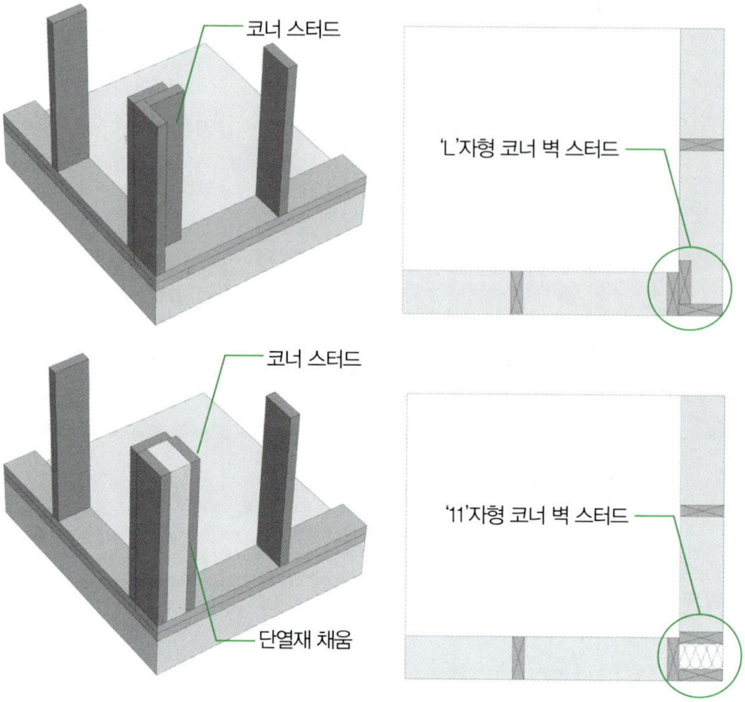

[그림 5-26] 코너 벽 스터드 보강

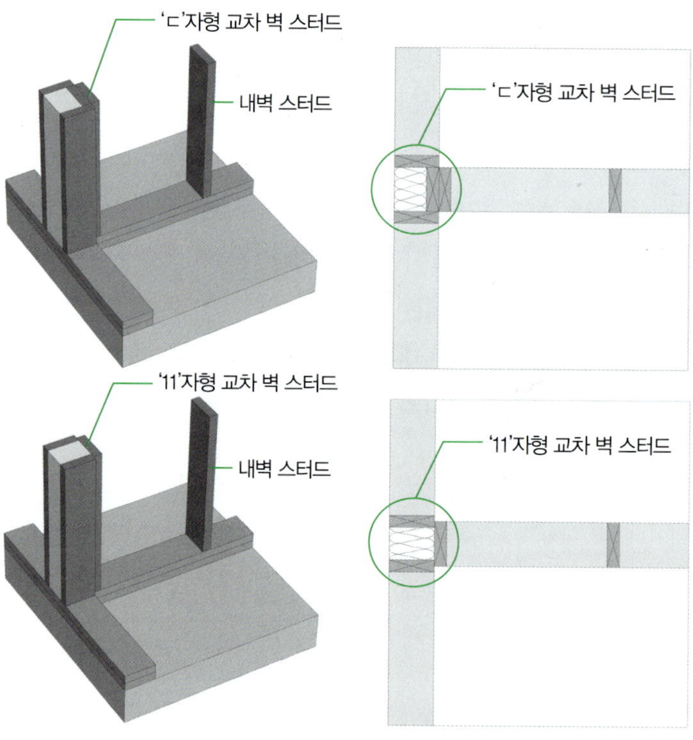

[그림 5-27] 교차 벽 스터드 보강

코너 벽과 교차 벽의 단열 교차 벽 스터드 사이의 빈 공간에는 외벽 덮개 설치 전 스터드가 오픈된 상태에서 단열재를 미리 채워야 한다. 만약 교차 벽에 외벽 덮개가 시공되면 스터드 사이의 공간이 막혀 단열재를 채우지 못하기 때문이다. 코너 벽의 경우 '11'자 형태의 스터드 배열을 채택할 때는 외벽 덮개가 시공되기 전에 단열재가 채워져야 한다.

5.4 헤더

헤더의 재료

내력벽 개구부 위를 보강해주는 헤더 내력벽의 개구부에는 헤더(header)라는 수평 부재가 설치된다. 헤더는 하중을 지지하는 벽의 창문, 문 또는 기타 개구부를 가로지르는 목재 또는 공학목재로 구성된 보로 벽에서 내려오는 하중을 지탱하여 창문이나 문이 눌리지 않도록 한다. 헤더는 일반적으로 현장에서 두 겹 또는 세 겹의 규격재를 사용하여 조립된다.

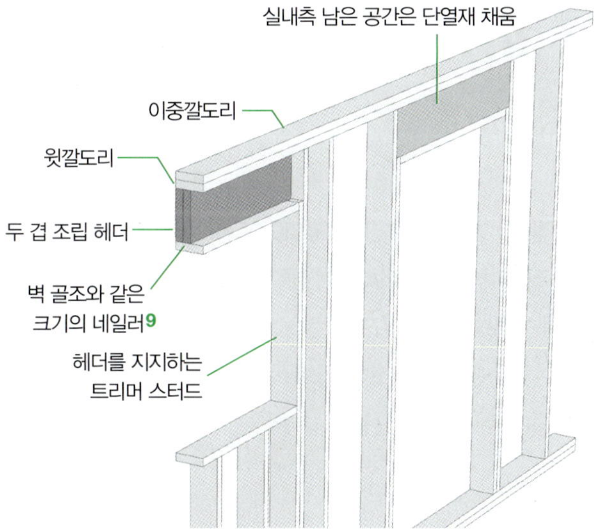

[그림 5-28] 규격재로 만든 두 겹 조립 헤더

벽과 동일한 너비로 헤더를 만드는 방법 스페이서(spacer)는 개별 규격재 층 사이에 사용되어 헤더가 벽 골조와 동일한 너비가 되도록 도와준다. 예를 들어, 89mm 두께의 2"×4" 벽 개구부에는 두 개의 38mm 규격재와 한 개의 12mm 합판(스페이서)을 조합하여 헤더를 만들 수 있다(38+38+12=88mm). 또한, 140mm 두께의 2"×6" 벽체에는 세 개의 38mm 규격재

9 석고보드 등 자재를 지지하기 위해 벽이나 보 같은 구조체에 단단히 부착되어 안정적인 표면을 제공하는 목재를 말한다.

와 두 개의 12mm 합판을 조합하여 헤더를 만들 수 있다(38+12+38+12+38=138mm).

합판이나 OSB 스페이서는 제대로 고정되면 헤더에 적절한 강도를 추가할 수 있지만, 스페이서를 사용하면 단열재를 위한 공간이 줄어드는 단점이 있다. 이로 인해 벽을 통한 열 손실이나 열 유입이 쉬워져 단열 성능이 저하될 수 있다.

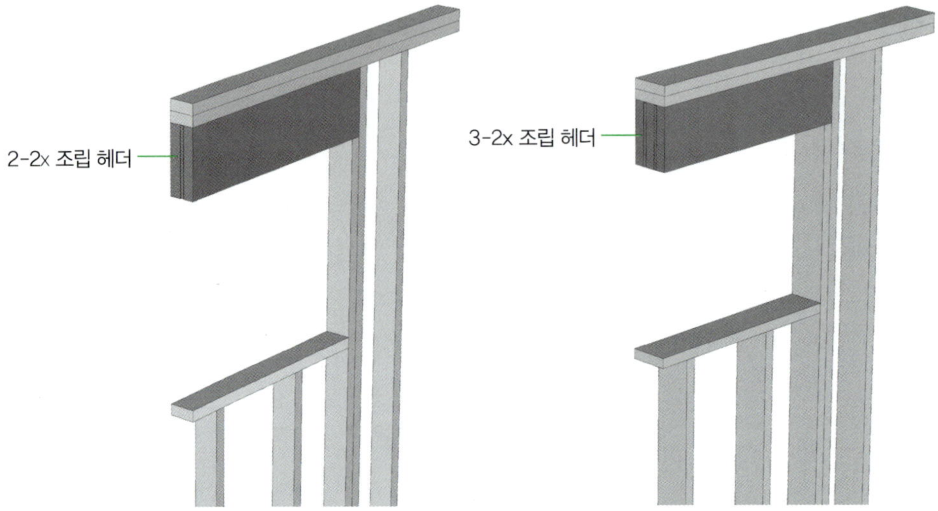

[그림 5-29] 스페이서를 사용한 조립 헤더

공학목재 제품은 헤더 재료로 점점 더 인기를 끌고 있다. 그 이유는 공학목재가 기존 목재보다 치수 안정성이 높고 강도가 뛰어나기 때문이다. 이러한 특성 덕분에 수축으로 인한 문제를 줄일 수 있으며, 더 큰 개구부를 가로지르는 것도 훨씬 수월해진다. 바닥 골조 시스템의 보와 장선과는 달리, 헤더에 사용되는 각 개별 규격재나 공학목재 제품은 반드시 하나의 연속된 부재여야 한다. 따라서 부재의 이음은 허용되지 않는다.

헤더의 못박기

헤더의 못박기 규정 헤더에 적절하게 못을 박는 것은 헤더가 하나의 목재처럼 제대로 작용하기 위해 중요하다. 조립 헤더는 최대 450mm 간격으로 90mm 못을 두 줄로 고정해야 하며, 헤더의 양쪽 끝에서 100mm에서 150mm 사이에 위치해야 한다. 또한 규격재의 크기는 권장되는 못의 줄 수를 결정하는 데 중요한 요소이다. 일반적인 규격재 크기에 따라 권장되는 못의 줄 수는 2"×8"이 4줄, 2"×10"이 5줄, 그리고 2"×12"가 6줄이다.

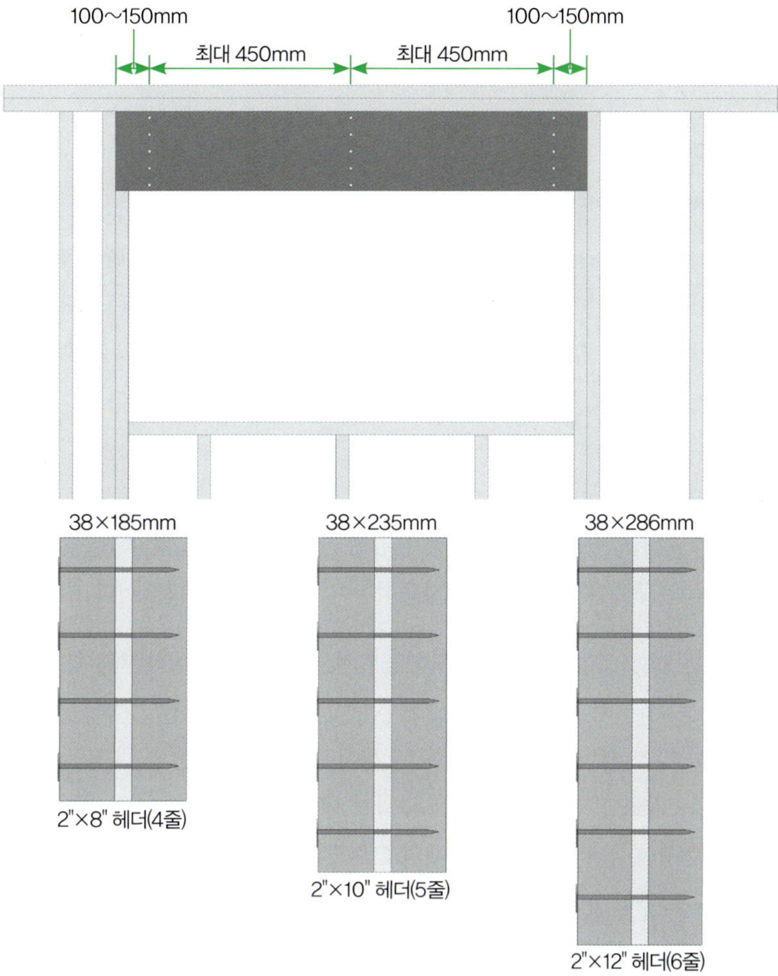

[그림 5-30] 조립 헤더의 못박기 규정

세 겹 조립 헤더의 못박기 세 겹 헤더에 못을 박을 시 헤더의 양쪽 면의 못은 서로 만나지 않도록 엇갈리게 박아야 한다. 이렇게 하면 나무가 갈라지거나 구조적으로 약해질 위험을 줄일 수 있다. 헤더의 상단과 하단에서 19mm 이내의 공간에는 못을 박아서는 안 된다. 헤더의 단부 가까이에 못을 박으면 나무가 갈라지는 위험이 커져 헤더가 구조적으로 약해지기 때문이다.

[그림 5-31] 세 겹 조립 헤더의 단부 못박기

5.5 구조용 외벽 덮개

외벽 덮개의 기능

벽 골조에서 구조용 목질 판재(외벽 덮개)의 역할은 매우 중요하다. 벽 골조는 지진이나 바람과 같은 수평 하중에 견디기 위해 구조용 목질 판재가 필요하다. 목질 판재가 설치되지 않은 목골조는 외부 하중으로 인해 뒤틀리거나 기울어지기 쉽다. 벽 골조의 구성요소는 못으로 접합되며, 이를 건축 용어로 힌지(핀) 접합이라고 한다. 힌지 접합된 목골조는 회전하는 힘에 저항하지 못하지만, 수직으로 작용하는 하중에 대해서는 잘 견디는 특징이 있다. 이는 수직 부재인 스터드가 수직 하중을 지지하기 때문이다. 그러나 수평 하중이 작용할 경우, 벽 골조에는 회전에 대한 힘이 작용하게 되고, 회전에 대한 저항력이 없는 골조는 기울어지게 된다. 목골조에서 수평 하중 저항력을 높이는 가장 간단한 방법은 가새를 설치하는 것이다. 또한, 합판이나 OSB와 같은 구조용 목질 판재를 사용하는 것도 효과적인 방법이다.

합판 또는 OSB는 벽 골조에 측면 강도를 제공하여, 건물이 바람이나 지진과 같은 횡력에 저항할 수 있도록 돕는다. 최대 강도를 확보하려면 벽 골조에 적절한 크기의 못을 사용하고 시공 간격을 정확히 지켜 외벽 덮개를 고정하는 것이 중요하다. 또한 외벽 덮개는 외부 마감재를 부착할 수 있는 기초면 역할도 수행한다. 외벽 덮개의 두께는 스터드 간격에 따라 결정되며, 일반적으로 현장에서는 11.1mm 두께의 OSB가 주로 사용된다. 구조용 외벽 덮개는 반드시 구조적 용도로 공인 등급을 받아야 하며, 외부 노출에 대한 등급도 함께 갖추어야 한다.

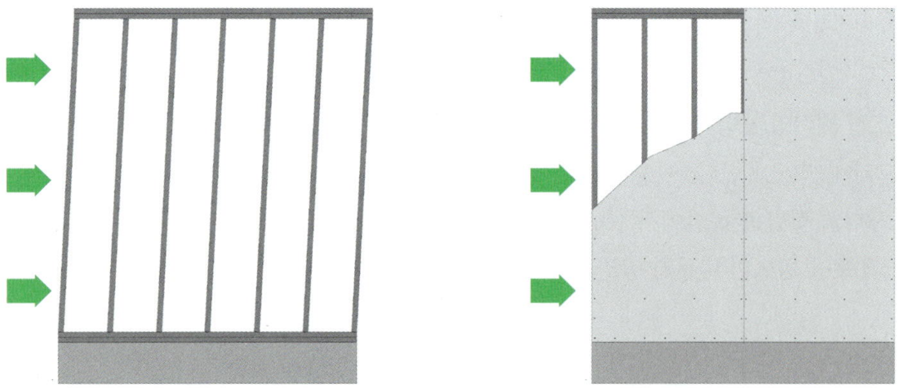

[그림 5-32] 벽 골조 외벽 덮개

외벽 덮개의 시공

외벽 골조에 설치되는 덮개는 인증기관에서 인증된 구조용 합판 또는 OSB를 사용한다. 국내에서는 합판보다는 OSB가 더 보편적으로 사용되고 있다. 합판에 비해 가격도 저렴하면서 합판과 거의 비슷한 구조적인 성능을 발휘하기 때문이다.

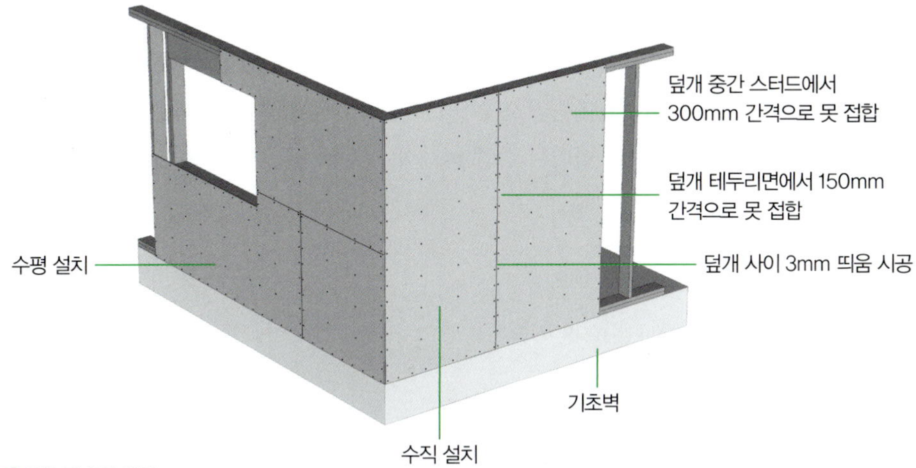

[그림 5-33] 외벽 덮개의 시공

구조용 목질판재의 시공 구조용 목질판재는 수직이나 수평으로 설치할 수 있다. 이 판재는 규격재에 못으로 고정되며, 이때 못박기 간격을 기준에 맞게 유지하는 것이 중요하다. 건축구조설계기준에 따르면 내력벽의 덮개는 수평 하중에 저항하도록 두께 12mm 이상의 구조용 합판이나 OSB 등의 구조용 판재를 사용해야 하며, 최소한의 못박기 기준을 준수하여 설치해야 한다. 못박기 간격은 OSB의 단부와 중앙부에서 다르다. 일반적으로 OSB의 단부는 150mm, 중앙부는 300mm 간격으로 못을 박는다. 단부의 못박기가 중앙부보다 더 촘촘한 이유는 외부에서 작용하는 수평 하중이 단부에서 더 큰 저항력을 필요로 하기 때문이다.

전단벽

전단벽(shear wall)은 수평 하중(바람, 지진 등)에 저항하도록 특별히 설계된 벽이다. 전단벽은 못박기 기준에 따라 구조적 성능이 달라진다. 대개 못의 간격이 좁을수록 하중에 대한 저항력도 커진다. 전단력은 목질 판재의 마구리 끝으로 전달된다. 따라서 판재의 테두리면 단부는 스터드 또는 블로킹에 못으로 고정되어야 한다.

5.6 벽 골조 시공

STEP 1: 레이아웃 및 프리컷

1단계: 레이아웃 바닥에 벽 골조 시공을 위한 레이아웃을 시작하려면, 줄자, 먹선, 목공용 연필을 사용하여 깨끗한 바닥에 모든 외벽과 내벽의 위치를 표시한다. 평면도 상의 벽 골조를 먹선과 목공용 연필로 바닥 덮개 또는 콘크리트 기초 바닥 위에 정확히 표시한다. 평면도의 치수가 벽 골조의 가장자리 기준인지, 아니면 중심 기준인지 확인하는 것도 중요하다. 벽의 위치를 표시하는 것 외에도, 빌더는 종종 바닥에 창문과 문 개구부의 위치와 크기를 표시하기도 한다.

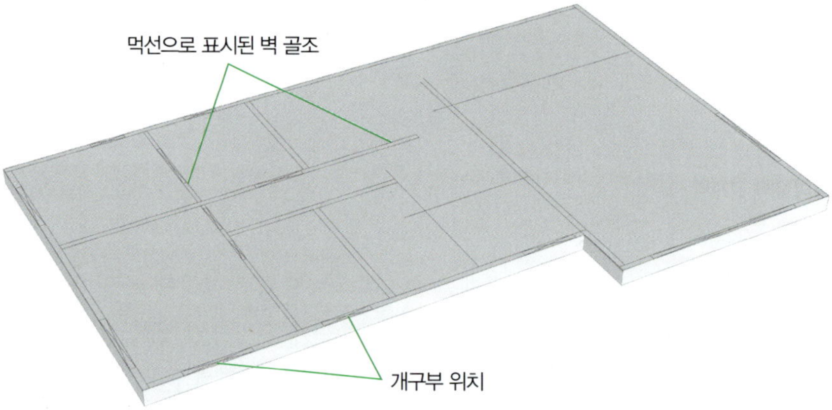

[그림 5-34] 벽 골조 레이아웃

2단계: 벽깔도리 재단 바닥 골조에 벽의 위치를 표시한 후, 다음 단계로 밑깔도리와 윗깔도리를 정확한 길이로 자른다. 깔도리는 휘어지지 않은 목재를 선택하는 것이 좋다. 이렇게 하면 벽을 세운 후에 정렬하고 벽 골조를 곧게 하기 훨씬 쉬워진다. 이 단계에서는 이중깔도리를 자를 필요는 없다. 이중깔도리는 벽 골조가 세워진 후 윗깔도리 위에 추가로 설치하는 것이 일반적이다.

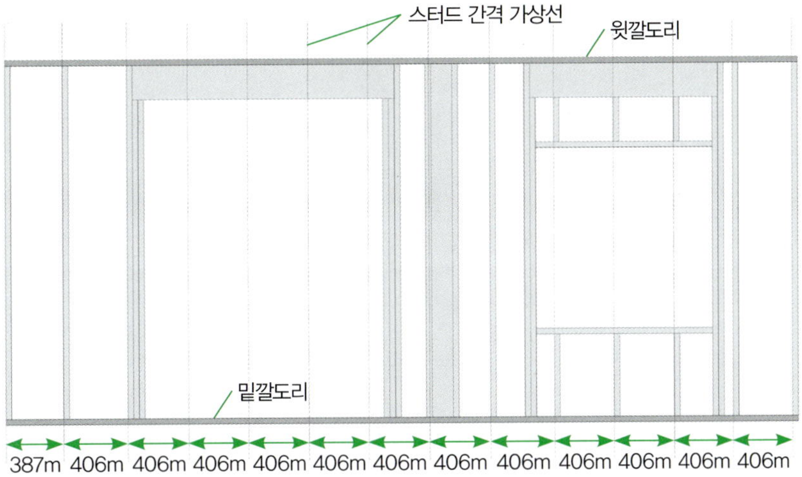

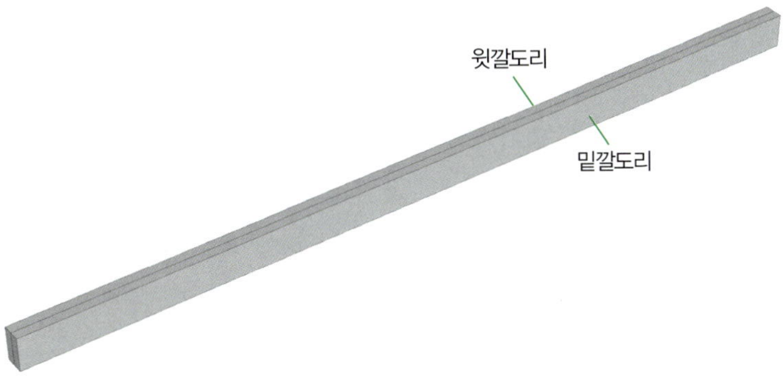

[그림 5-35] 깔도리 재단

3단계: 깔도리에 스터드 위치 표시 직각자를 이용해 스터드의 위치를 밑깔도리와 윗깔도리에 각각 표시한다. 스터드 간격은 도면에 표기된 시공 간격을 따른다. 스터드는 일반적으로 406mm 또는 610mm 간격으로 설치된다. 스터드 간격에 따라 깔도리 위에 표시한다. 깔도리에 표기된 'X' 표시는 스터드를 의미한다.

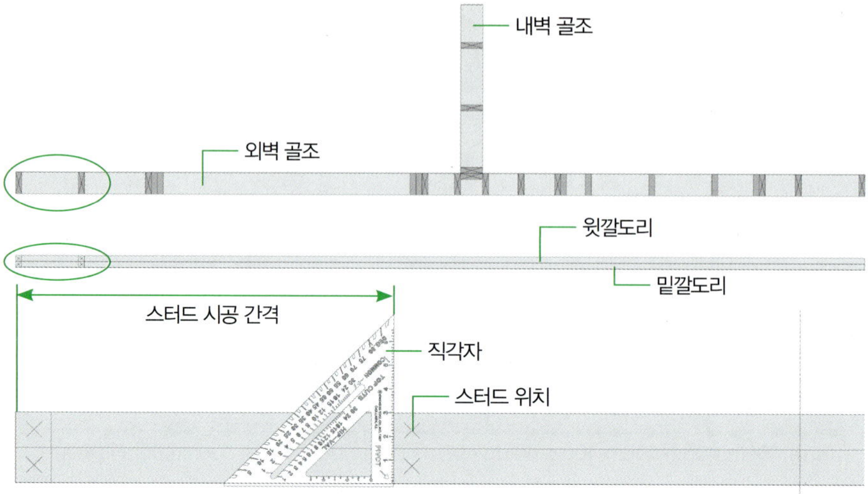

[그림 5-36] 스터드 위치 표시

4단계: 벽의 교차점 및 집중하중 위치 표시 내벽이 외벽과 교차하는 모든 위치를 표시한다. 바닥보와 같이 집중하중이 가해지는 부위에는 추가적인 벽 스터드가 필요하므로, 이때는 조립 기둥의 위치도 함께 표시해주어야 한다. 두 개의 깔도리에 표시하는 스터드의 위치는 정확히 일치해야 하므로, 표시 작업 시 깔도리가 움직이지 않도록 각별히 주의해야 한다.

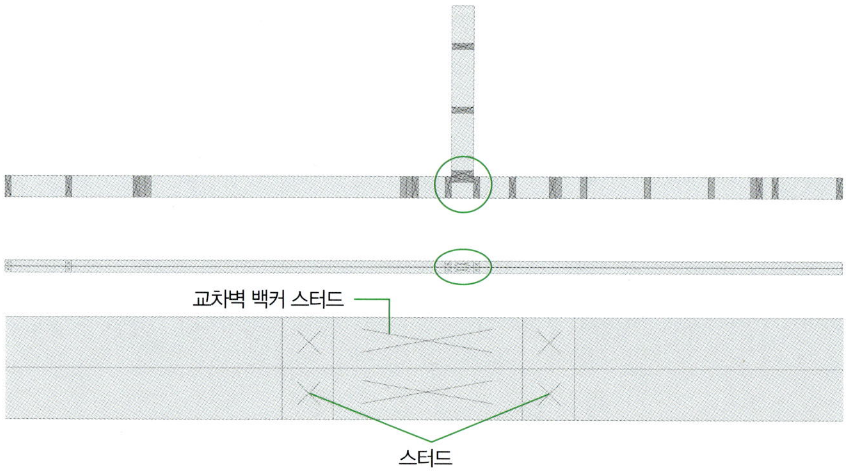

[그림 5-37] 교차벽 위치 표시

5단계: 창문과 개구부 레이아웃 표시 해당 벽에 창문과 개구부가 있는 경우 그 위치를 정확히 표시한다. 이때 개구부 양옆 트리머 스터드의 개수도 파악해 'T'로 표시한다. 트리머 스터드 양옆은 킹 스터드가 위치하기 때문에 'K'로 표시해 구분한다.

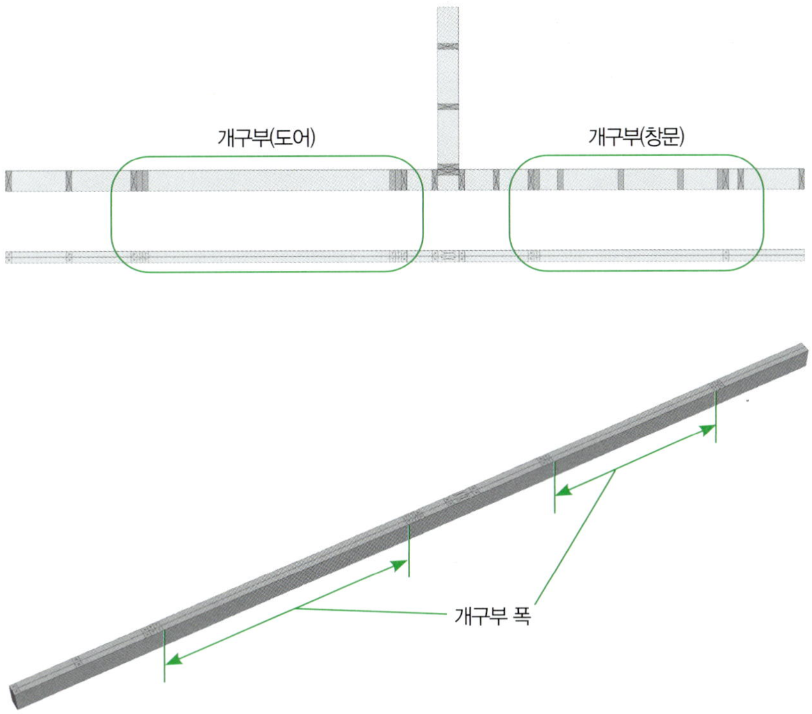

[그림 5-38] 개구부 위치 표시

6단계: 개구부 아래 또는 위쪽에 크리플 스터드 표시 개구부 위나 아래에 있는 모든 크리플 스터드의 위치를 표시한다. 킹 스터드 외 다른 스터드에는 'X'기호를 사용한다. 크리플 스터드를 표시할 때는 'C'를 사용한다.

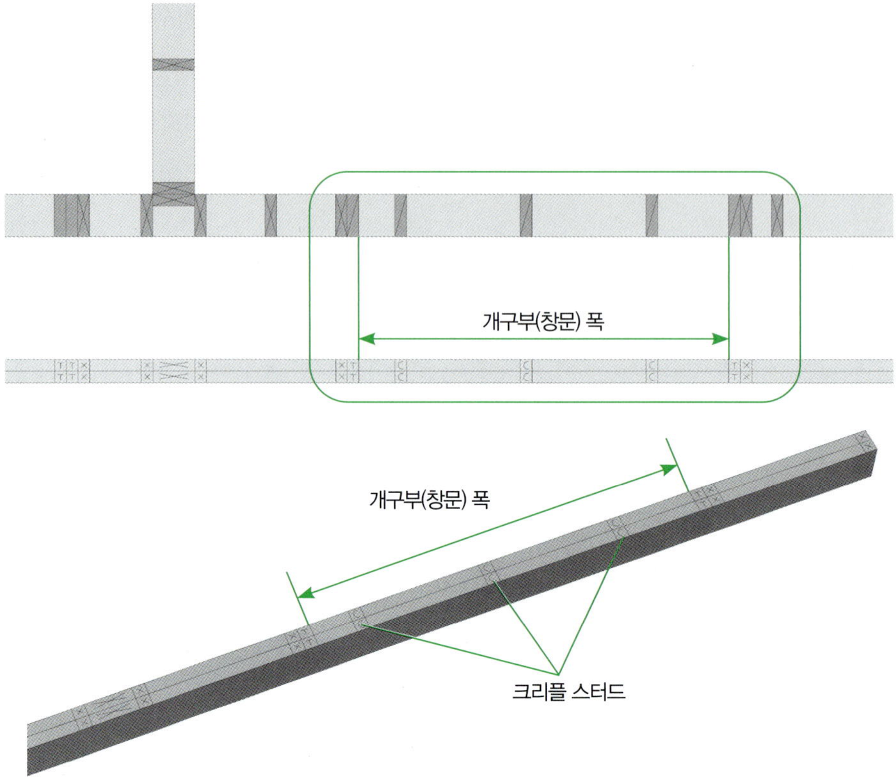

[그림 5-39] 크리플 스터드 위치 표시

7단계: 나머지 스터드 표시 첫 번째 스터드 배치는 외장재의 두께를 포함하기 위해 조정해야 한다. 예를 들어, 406mm 스터드 간격으로 골조가 구성되는 벽의 경우, 첫 번째 스터드의 가장자리까지의 거리는 387mm(406mm 스터드 간격-19mm(38mm의 절반))이어야 한다. 스터드의 중심은 가장자리에서 406mm 떨어져 있어야 한다. 다음 그림은 깔도리 위에 스터드의 완성된 배치를 보여준다.

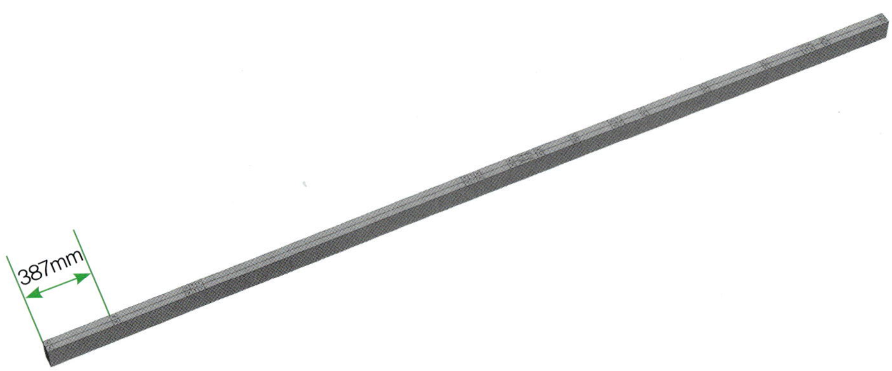

[그림 5-40] 스터드 위치 표시

STEP 2: 벽 골조 구성요소 조립

헤더는 두 개의 80mm 못으로 스터드에 연결할 수 있다. 그러나 더 강한 연결을 위해서는 최소 두 줄에 3개 또는 4개의 못을 사용하는 것이 권장된다. 벽 구성 요소의 배치와 미리 자르기가 완료되면, 다음 단계는 바닥 골조 플랫폼 위에서 외벽을 조립하는 것이다. 벽 골조 구성요소의 조립 및 연결 순서는 다음과 같다.

1. **깔도리 위치 조정**: 밑깔도리와 윗깔도리를 아래 위에 배치하고, 그 사이의 거리를 킹 스터드와 동일하게 설정한다.
2. **창문 및 문 개구부 구성 요소 조립**:
   (a) 헤더, 트리머 스터드, 창틀 받침을 적절한 위치에 배치한다.
   (b) 윗깔도리를 통해 못을 박아 헤더를 고정한다.
   (c) 트리머 스터드에 못을 박아 창틀 받침에 고정한다.
   (d) 트리머 스터드에 킹 스터드를 부착한다. 이때 헤더의 양 끝과 밑깔도리, 윗깔도리에도 고정한다.
   (e) 밑깔도리 사이에 크리플 스터드를 위치시키고, 그 후 못으로 고정한다.
3. **코너 및 교차벽 백킹, 하중 지지용 조립 스터드 고정**: 코너 및 교차 지점에는 백킹과 하중 지지를 위한 조립 스터드를 함께 배치하고 고정한다.
4. **남은 스터드 배치**: 나머지 스터드를 밑깔도리와 윗깔도리 사이에 고르게 배치한다. 그 다음 모든 스터드의 정렬 상태를 확인한 후, 못으로 단단히 고정한다.

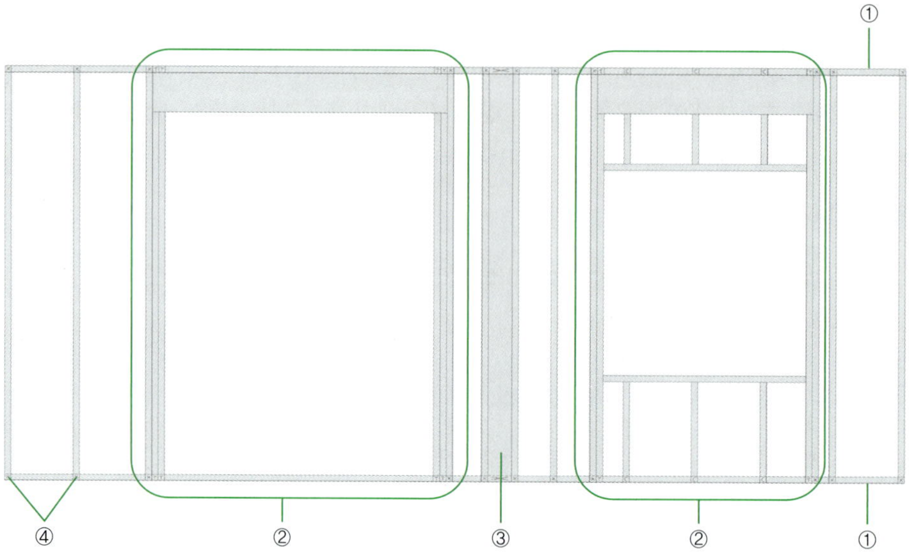

[그림 5-41] 벽 골조의 조립 순서

STEP 3: 벽 골조 수직 및 수평 맞추기

벽 골조의 안정성을 확보하기 위해서는 각 구성 요소가 정확한 위치에 있어야 한다. 이를 위해 수직과 수평을 맞추는 과정이 필요하며, 다음 단계를 따라 진행한다.

1. **수직 맞추기**:
   (a) 수직계를 사용하여 각 스터드가 올바르게 세워졌는지 확인한다.
   (b) 스터드의 상단과 하단이 일직선으로 정렬되도록 조정한다.
   (c) 필요에 따라 클램프를 이용해 스터드를 임시로 고정한다.

2. **수평 맞추기**:
   (a) 수평계를 사용하여 상단 헤더가 정확히 수평을 이루는지 확인한다.
   (b) 헤더의 양쪽 끝을 조정하여 균형을 맞춘다.
   (c) 수평이 정확하게 조정되면 못이나 나사를 사용해 단단히 고정한다.

3. **최종 점검 및 조정**:
   (a) 모든 스터드와 헤더가 수직과 수평을 유지하는지 다시 한 번 점검한다.
   (b) 불균형한 부분이 있다면 추가로 조정하여 정확하게 맞춘다.

STEP 4: 외벽 덮개 시공

벽을 수직으로 세운 후, 다음 단계는 OSB나 합판과 같은 구조용 목질판재를 사용하여 외벽을 덮는 과정이다. 외벽 덮개를 시공하는 방법에는 벽을 세운 후 덮개를 부착하는 방식과 벽을 세우기 전에 미리 덮개를 부착하는 방식이 있다. 벽을 세우기 전에 덮개를 부착하려면, 다음 절차를 따른다.

1. **외벽 덮개 선시공**: 벽 골조를 설치할 바닥 기초 또는 2층 바닥 골조 덮개 위에 표시된 먹매김선에 맞춰 벽 골조를 정렬한 후, 밑깔도리를 바닥에 임시로 고정한다.
   (a) 80mm 길이의 못을 사용하여 바닥판을 고정하며, 못을 박는 간격은 1~2m 이내로 유지한다.
   (b) 나중에 벽을 조정하거나 해체할 수 있도록 못을 끝까지 박지 않고 일부를 남겨둔다.

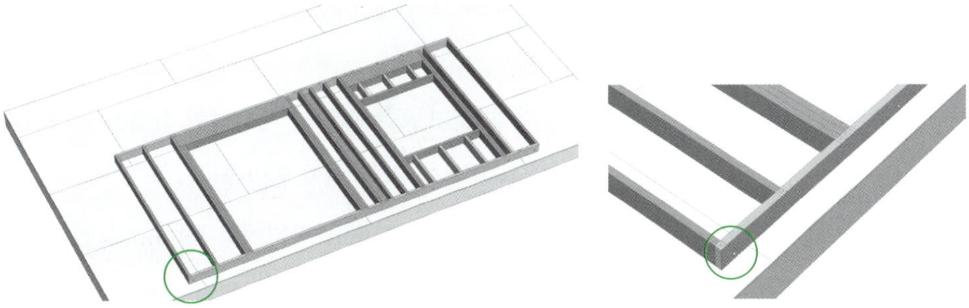

[그림 5-42] 바닥 골조 덮개 위 벽 골조 임시 고정

2. **외벽 골조 직각 맞추기**: 외벽 골조를 바닥에 임시 고정한 후, 벽의 직각이 정확히 맞도록 조정한다. [그림 5-43]과 같이, 벽의 한쪽 코너에서 반대편 코너까지 대각선 길이를 줄자로 측정하여 직각 여부를 확인한다.
   (a) 두 대각선의 길이가 동일하면 벽이 직각을 이루고 있는 것이므로 외벽 덮개를 시공할 준비가 완료된 것이다.
   (b) 측정값이 일치하지 않는 경우, 벽의 상단을 측면으로 이동시켜 대각선 길이가 같아질 때까지 조정한다.

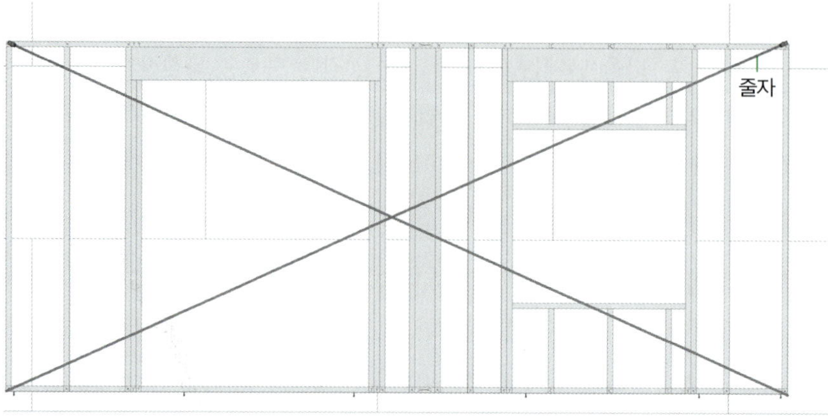

[그림 5-43] 외벽 골조 직각

3. **외벽 덮개 부착**: 외벽 덮개는 벽 골조에 수평 또는 수직으로 설치할 수 있으며, 시공 시 다음 사항에 유의해야 한다.

(a) 벽의 시작 부분에서 온전한 크기의 OSB 또는 합판을 사용하여 작업을 시작한다.

(b) 덮개가 골조에 고정된 후, 벽을 들어 올려 최종 위치에 맞춘다.

(c) 첫 번째 스터드의 중앙 지점이 387mm(406mm 간격에서 19mm 차감한 값)에 위치해야 한다.

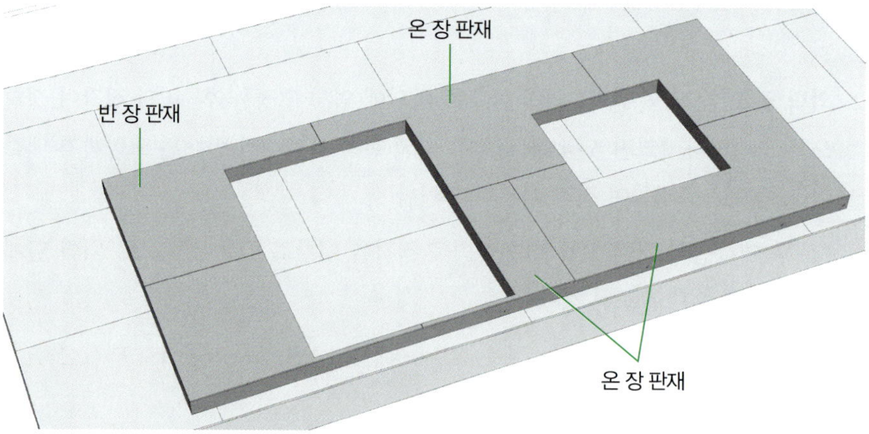

[그림 5-44] 외벽 덮개 엇갈림 시공

4. **외벽 덮개의 못박기 기준:**

(a) 외벽 덮개를 벽 골조에 고정할 때는 균등한 간격을 유지하여 못을 박아야 한다.

(b) 외벽 덮개의 가장자리는 150mm 간격으로 못을 박는다.

(c) 덮개의 중간 지지대에는 300mm 간격으로 못을 박는다.

(d) 설계 도면에서 별도로 못박기 간격을 지정하고 있는 경우, 해당 도면의 지침을 따른다.

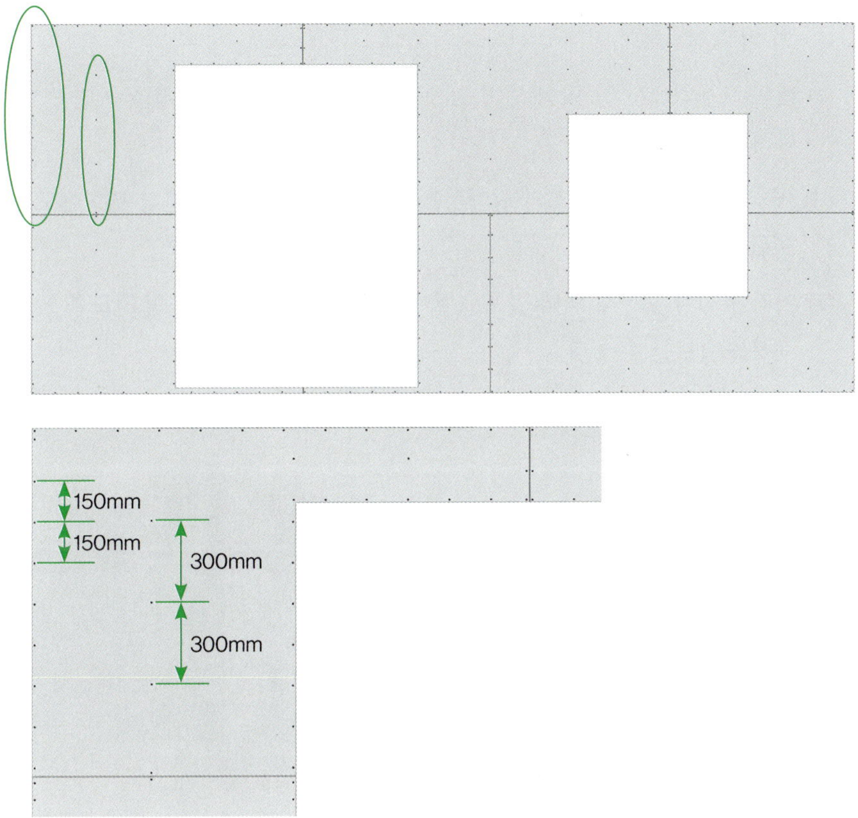

[그림 5-45] 외벽 덮개 못박기 패턴

5. **외벽 덮개의 이음새 처리:**

(a) 외벽 덮개 사이에는 목재의 팽창을 고려하여 적절한 간격을 두고 설치해야 한다.

(b) 외벽 덮개를 시공할 때는 판재의 팽창을 대비하여 2~3mm의 간격을 유지해야 한다.

(c) 개구부(창문, 문 등)의 모서리 부분에서는 외벽 덮개의 이음새가 발생하지 않도록 계획해야 한다.

(d) 외벽 덮개의 이음새가 벽 모서리에 위치하면 구조적으로 약해질 수 있기 때문에 반드시 최소 300mm 이상의 덮개를 유지해야 한다.

(e) 외벽 덮개를 수직으로 시공하는 경우, 한 판재가 아래판에서 위판까지 이음새 없이 이어지도록 해야 한다.

6. 외벽 덮개의 모서리 겹침:

(a) 외벽 덮개는 한 벽의 덮개가 다른 벽의 끝에 겹쳐지도록 시공해야 한다.

(b) 모서리에서 외벽 덮개를 단순히 맞붙이는 것이 아니라 한쪽 벽의 덮개를 인접한 벽 위로 연장하여 덮어야 한다.

(c) 벽의 모서리에서 한 벽의 외벽 덮개를 인접한 벽의 폭과 외장 두께만큼 연장하여 덮어 고정해야 한다.

(d) 이 과정을 통해 벽 구조의 일체성을 높이고, 외부 하중과 환경 변화에도 강한 구조를 유지할 수 있다.

(e) 이러한 절차를 통해 외벽 덮개를 올바르게 시공하면 벽 골조의 강도를 높이고, 내구성을 확보할 수 있다.

[그림 5-46] 코너 벽 외벽 덮개의 겹침

STEP 5: 벽 골조 정렬

직각이 맞춰진 외벽 골조의 밑깔도리를 먹줄에 맞춰 미치 설치된 기초 토대 또는 바닥 장선 위 먹매김선에 고정하면 벽체의 하부는 일직선으로 고정된다. 하지만 밑깔도리가 고정된 벽 골조의 하부와 달리 상부는 천장 장선이나 서까래에 고정되어 있지 않기 때문에 바깥쪽 또는 안쪽으로 휘어 일직선 상에 놓여 있지 않을 수 있다. 이런 경우 천장 장선이나 서까래 작업 전에 반드시 벽을 일직선으로 정렬한 후 임시가새로 고정해 놓아야 한다.

벽이 바깥쪽으로 휘었을 경우 벽의 중앙 부분을 안쪽으로 밀어주어야 한다. 이때 지지대를 사용하여 벽을 고정하고, 수평계를 이용해 수평을 맞춘다. 반대로 벽이 안쪽으로 휘었을 경우에는 벽의 중앙 부분을 바깥쪽으로 밀어주어야 한다. 이 과정에서도 지지대를 사용하여 벽을 고정하고 수직계로 수직 상태를 점검한다. 이러한 방식으로 벽을 바로잡는 작업은 벽을 고정하는 것은 물론, 바닥이나 지붕이 설치되고 외장 마감재 설치가 완료될 때까지 벽을 안정적으로 유지하는 데에도 도움이 된다.

연습문제

다음 설명을 읽고 '맞다' 또는 '아니다'를 선택하시오.

5.1 내력벽에는 윗깔도리와 이중깔도리가 필요하다.

a. 맞다

b. 아니다

다음 질문에 가장 적합한 답을 선택하시오.

5.2 벽체의 이중깔도리 이음부와 윗깔도리를 연결할 때 최소 필요한 못의 개수는 몇 개인가?

a. 4개

b. 6개

c. 8개

5.3 벽체 스터드(stud)의 표준 시공 간격이 아닌 것은 무엇인가?

a. 406mm

b. 610mm

c. 850mm

5.4 내력벽에서 스터드의 최대 허용 따냄 및 천공 비율은 각각 얼마인가?

a. 25%, 40%

b. 40%, 50%

c. 60%, 60%

5.5 내력벽에서 헤더를 지지하는 트리머스터드가 2개 이상 설치되어야 하는 개구부의 최소 폭은 얼마인가?

a. 1.0m

b. 1.2m

c. 1.5m

5.6 구조용 외벽 덮개의 일반적인 못박기 간격으로 맞는 것은 무엇인가?

a. 덮개의 단부 100mm, 덮개의 중앙부 150mm

b. 덮개의 단부 150mm, 덮개의 중앙부 200mm

c. 덮개의 단부 150mm, 덮개의 중앙부 300mm

Chapter

6

지붕

6.1 지붕 골조

지붕 골조의 기능

지붕의 골조는 구조적인 역할뿐만 아니라 방수, 단열, 실내 환경과도 깊은 관계가 있다. 마감재가 시공된 목조주택 지붕의 역할은 외부 기후(외기)로부터 주택을 보호하는 것이다. 또한 눈이나 비로 인해 수분이 실내로 들어오지 않도록 방수 기능도 충실히 수행해야 한다. 단열이 시공된 지붕 골조 내부는 습기와 열이 빠져나갈 수 있는 환경(환기를 위한 조치)을 제공해야 한다. 지붕에 설치하는 적절한 환기 장치는 주택 내 · 외부의 열전달을 제어하는 데 도움을 준다. 이로 인해 에너지 소비가 줄어들고 안락한 실내 환경을 유지할 수 있다. 구조적으로 목조주택의 지붕 골조는 눈과 바람의 하중뿐만 아니라 지붕 구조물 자체의 하중에도 견딜 수 있도록 시공되어야 한다.

지붕 골조의 구성 요소

경량목조주택의 지붕 골조는 일반적으로 서까래(rafter)와 트러스(truss) 방식이 사용된다. 지붕 구조에 사용되는 구조용 목재는 규격재이며, 규격재의 형태 및 크기는 지붕에 작용하는 하중에 의해 결정된다. 지붕 골조는 건물의 안정성과 하중 분산에 중요한 역할을 하는 구성 요소들로 이루어져 있다. 각 부재는 서로 긴밀히 연결되어 지붕의 기능과 내구성을 유지하며, 안전한 주거 환경을 제공한다. 다음은 지붕 구조를 구성하는 주요 부재들과 그 역할에 대한 설명이다.

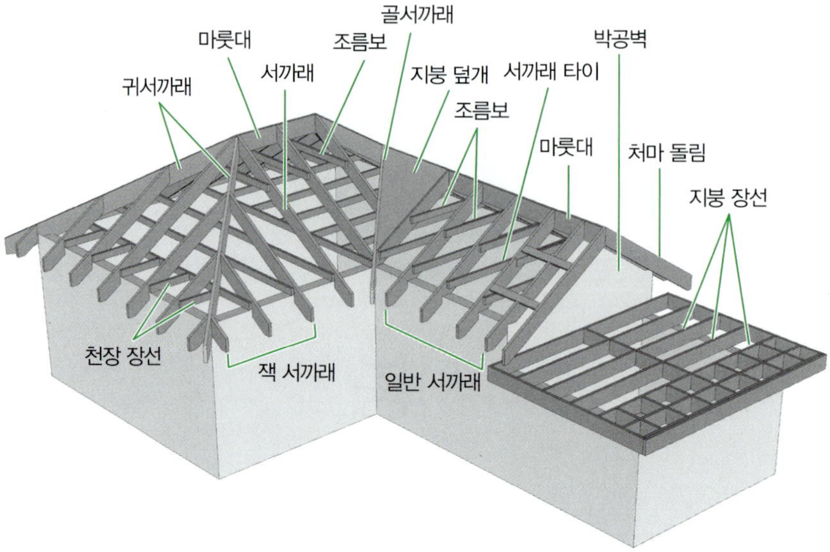

[그림 6-1] 지붕 골조의 형태

서까래 지붕의 경사를 형성하고 지붕을 지탱하는 경사진 구조 요소이다. 일반적으로 규격재로 제작되며, 크기와 간격은 지붕의 설계와 하중에 따라 달라진다. 서까래는 지붕 구조에서 중요한 역할을 한다. 먼저, 지붕은 눈, 비, 바람 등의 외부 하중을 견딜 수 있도록 지지하고, 이를 벽체로 안정적으로 전달하여 건물 전체의 구조적 안전성을 확보한다. 또한, 경사진 지붕의 형태를 유지하는 역할을 하며, 물이 원활하게 흘러내릴 수 있도록 도와 누수를 방지하고 건물의 내구성을 높인다. 이와 함께, 경사진 지붕 아래의 공간을 활용하여 다락방이나 추가적인 창고 공간을 조성할 수도 있어 실내 공간 활용도를 높이는 데 기여한다.

천장 장선 천장을 지지하는 수평 구조 요소이다. 주로 서까래와 연결되어 천장의 하중을 지탱하는 역할을 한다. 이중깔도리 위에 고정되어 서까래에 작용하는 하중으로 인해 외벽이 바깥쪽으로 벌어지는 것을 방지한다. 또한 천장 마감을 위한 바탕면을 제공한다. 천장 장선은 건축 구조에서 중요한 역할을 한다. 먼저, 천장과 그 위에 위치한 지붕 등의 구조물을 지탱하여 하중을 효과적으로 분산한다. 천장 장선은 시간이 지나면서 천장이 휘거나 처지는 것을 방지하여 구조적 형태를 안정적으로 유지하는 데 기여한다. 이뿐만 아니라, 천장과 지붕 사이의 공간을 분리하여 단열재, 전선, 배관 등을 설치할 수 있는 공간을 확보하는 역할도 한다. 이를 통해 건물의 단열 성능을 높이고 설비 배치를 용이하게 할 수 있다.

마룻대 서까래의 위쪽 끝에 부착되는 수평부재로 지붕의 두 경사면(서까래)이 만나는 지점에 위치한다. 마룻대는 지붕 구조에서 중요한 역할을 한다. 먼저, 서까래를 연결하여 지붕의 구조적 안정성을 확보하여 지붕의 형태를 유지하는 핵심 요소로 작용하며, 경사면이 올바르게 형성될 수 있도록 지지해 전체적인 균형과 내구성을 높이는 역할을 한다.

조름보 두 개의 서까래 측면을 수평으로 연결하는 부재이다. 지붕의 상단 부분에 설치된다. 일반적으로 서까래 두 개에 조름보 한 개를 설치한다. 조름보는 지붕 구조의 중요한 요소로, 지붕 경사면이 서로 밀려나가는 것을 방지하여 지붕이 벌어지지 않도록 하는 역할을 한다. 또한, 지붕에 가해지는 수평 하중을 효과적으로 분산시켜 서까래 상부가 벌어지는 것을 막아 구조물 전체의 안정성을 높이며, 내구성을 강화하는 데 기여한다.

지붕 덮개 지붕 서까래 또는 트러스 위에 설치되는 구조용 목질 판재이다. 일반적으로 지붕 덮개는 침엽수 합판 또는 OSB를 사용한다. 지붕 덮개는 지붕 구조의 필수 요소로 지붕에 가해지는 하중을 분산시켜 전체적인 구조적 안정성을 제공한다. 또한 바람이나 눈과 같은 수평 하중에 저항하여 지붕이 손상되지 않도록 보호한다. 지붕의 방수층과 함께 작용하여 물이 건물 내부로 침투하는 것을 방지하여 실내 공간을 쾌적하고 안전하게 유지하는 역할을 한다.

지붕 장선 지붕 장선은 평지붕 구조에서 하중을 지탱하는 수평 구조물로 지붕 전체의 안정성을 유지하는 역할을 한다. 지붕에 가해지는 하중을 벽체로 고르게 분산시켜 구조적으로 안전한 상태를 유지하도록 돕는다. 또한 외부 압력으로 인해 지붕이 변형되거나 벌어지는 것을 방지하여 지붕의 형태를 유지하고 장기적인 내구성을 확보하는 데 중요한 역할을 한다.

지붕 골조의 시공

지붕 구조는 허용 응력과 관련 기준에 맞게 설계 · 시공해야 한다. 지붕은 강도와 강성을 확보하기 위해 벽체에 잘 고정되어야 하며, 부재 사이에는 가새를 설치해야 한다. 건축구조기준에 따르면, 지붕 골조에 사용되는 규격재의 최소 두께는 38mm이고 부재의 최대 간격은 650mm 이하로 규정하고 있다. 하지만 실제 현장에서 지붕 골조의 최대 시공 간격은 610mm(24인치)를 넘지 않는다. 이보다 더 넓은 간격으로 시공하려면 별도의 구조 설계를 통해 구조적 안정성을 확보해야 한다.

서까래 방식 지붕 구조를 구성하는 주요 방법 중 하나로 외벽에서 마룻대까지 경사진 서까래를 설치한다. 하중을 지지하기 위해 중간에 추가 부재를 사용하기도 한다. 천장 장선은 두 벽체 사이에 배치되며 벽체 사이 스판이 길어 두 개의 천장 장선 연결이 필요할 경우 덧판이나 겹친 이음을 활용한다. 마룻대는 지붕 용마루를 따라 수평으로 설치되어 서까래의 끝부분과 수직으로 접합함으로써 골조를 견고하게 지지한다. 또한 서까래끼리 연결을 강화하기 위해 조름보를 설치하고 조름보 위에는 가새를 추가하여 안정성을 높일 수 있다. 서까래는 천장 장선과 조합하여 지붕 골조를 구성한다. 서까래 방식을 대체하는 트러스 방식은 지붕 골조의 또다른 옵션이다.

서까래 방식은 지붕과 골조의 형태에 따라 시공 과정이 복잡하고 까다롭다. 따라서 이 방식을 적용할 때는 숙련된 빌더가 시공하는 것이 좋다. 표준 지붕 구조에서는 서까래와 장선을 활용하며, 구조용 규격재가 주로 사용된다.

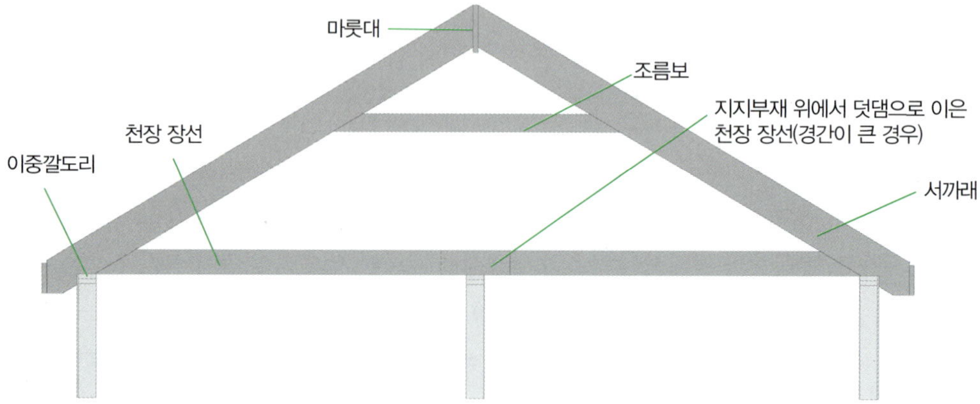

[그림 6-2] 서까래 방식의 지붕 구성요소

마룻대 시공 일반적으로 마룻대는 서까래보다 너비가 큰 것을 사용한다. 예를 들어, 서까래의 크기가 2"×10"(38×235mm)면 마룻대는 서까래보다 한 치수 큰 2"×12"(38×286mm) 부재를 사용한다. 지붕 경사가 1:3 이상인 경우, 서까래의 끝면이 벌어지지 않는 구조로 설계하면 마룻대는 별도의 수직 지지가 필요하지 않다. 일반적으로 서까래의 벌어짐을 방지하기 위해 천장 장선이 사용된다. 마룻대를 지지하지 않을 때는 천장 장선과 서까래를 규정에 따라 못박아 결합한다. 내력벽은 마룻대의 내력 지점까지 설치되어야 한다.

마루보의 역할 지붕 경사도를 이용한 오픈 천장 구조에서 온전히 천장 전체를 오픈하려면 조름보나 천장 장선을 사용할 수 없다. 따라서 별도의 구조 보강 조치가 없으면 서까래나 벽체가 벌어지는 것을 막기 어렵다. 이런 경우 마룻대 대신 마루보를 사용해 구조적인 문제를 해결할 수 있다. 마루보는 89mm 이상의 지압 거리가 필요하다.

마루보는 마룻대 대신 사용할 수 있지만, 건축 구조 기준과 설계 도면에 나타난 지붕 하중을 지지하도록 설계되어야 한다. 서까래는 마루보 위에 걸쳐 시공하거나, 보의 측면에 설치된 연결 철물(hanger) 또는 못에 의해 지지된다.

마룻대와 마루보 비교 마룻대와 달리 마루보는 수직 지붕 하중을 지지하는 구조용 부재이다. 두 부재 모두 지붕 골조의 일부이지만 마루보는 서까래로부터 수직 하중을 받아 내력벽으로 전달하는 역할을 한다. 반면, 마룻대는 구조 부재가 아니며, 주된 목적은 서까래 설치를 쉽게 하는 것이다.

지붕의 경사가 3/12 미만인 경우, 용마루 부분에 구조적 지지를 제공하기 위해 내력벽이나 마루보를 사용해야 한다. 마룻대를 사용할 경우, 내력벽은 지붕 마룻대가 하중을 받는 지점까지 연장(박공벽)되어야 하며, 마루보는 최소 89mm 이상의 지압 거리를 확보해야 한다. 또한, 이 구조물은 건축 구조 기준과 설계 도면에 따라 지붕 하중을 충분히 지탱할 수 있도록 설계되어야 한다.

마루보는 주로 개방형 천장이 있는 공간에서 사용되며, 박공 천장 구조에서 많이 볼 수 있다. 반면, 마룻대는 평평한 천장이나 우물 천장과 같이 천장과 지붕 사이에 공간이 있는 구조에서도 적용될 수 있다. 마루보는 서까래의 상부 끝을 지지하며, 기둥과 같은 구조용 지지대 사이에 설치된다. 일반적으로 서까래가 용마루와 벽체 사이에서 단순 지지 구조로 놓일 경우, 마루보는 지붕 면적의 절반에 해당하는 하중을 지지하는 역할을 한다. 따라서 마루보는 충분한 강도를 확보하기 위해 서까래보다 더 큰 단면을 가지도록 설계해야 한다.

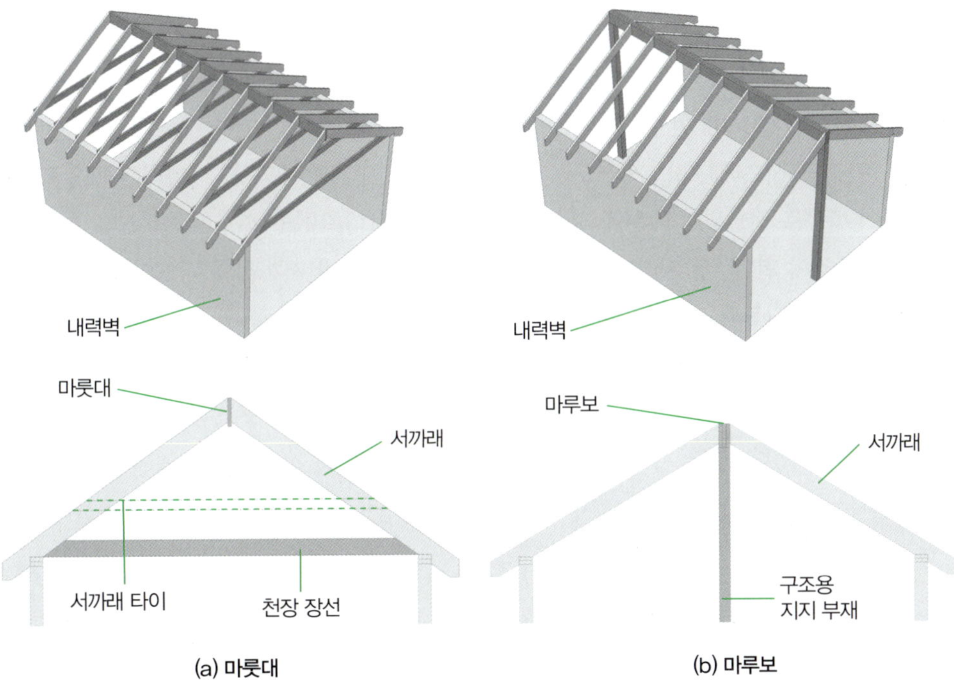

[그림 6-3] 마룻대와 마루보의 구조적 차이점

서까래 타이 서까래 하단은 서까래 타이에 연결되어 벽체가 벌어지는 것을 방지한다. 서까래 타이는 서까래와 평행하게 각 서까래 쌍의 하단을 연결해 삼각형을 형성한다. 지붕 높이 중 하부 1/3 지점 내에 설치되는 서까래 타이는 인장력을 받아 벽체가 밀리는 힘에 저항하고 마룻대는 압축력을 받는다. 천장 장선도 서까래 타이 역할을 할 수 있다.

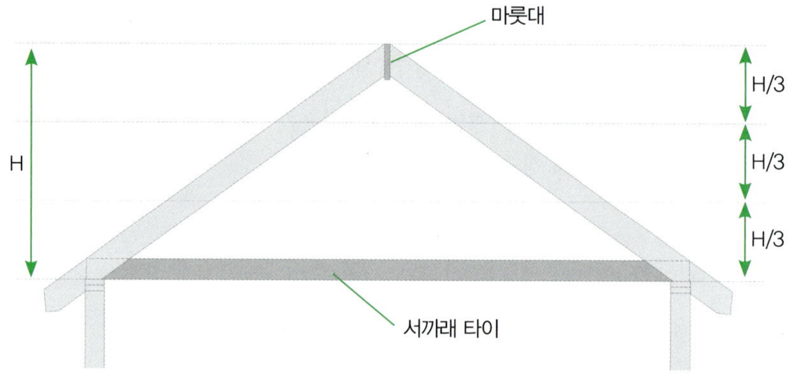

[그림 6-4] 서까래 타이

일반 서까래 벽의 상단과 지붕의 정점 사이를 연결하는 구조 요소이다. 서까래의 크기와 간격은 사용하는 목재의 종류, 지붕에 가해지는 하중, 그리고 서까래의 길이에 따라 달라진다. 서까래의 일반적인 시공 간격은 305mm(12인치), 406mm(16인치) 또는 610mm(24인치)이다.

귀 서까래 벽의 외부 모서리에서 지붕의 정점까지 대각선으로 뻗어 있는 서까래이다. 귀 서까래는 일반 서까래보다 한 사이즈 더 큰 것이 좋다. 예를 들어, 일반 서까래 크기가 38×140mm이면 귀 서까래는 38×185mm가 되어야 한다. 귀 서까래와 골 서까래는 짧은 서까래에 하중이 추가로 전달되기 때문에 일반 서까래의 단면보다 최소한 50mm 이상 더 큰 치수의 부재를 사용해야 한다. 귀 서까래의 상단과 하단 각도는 일반 서까래의 각도와 다르다. 건축구조기준에서는 지붕의 서까래, 장선, 천장 장선이 연속적이어야 하며 수직으로 지지하는 부재는 덧판을 사용해 접합하도록 규정하고 있다. 서까래와 천장 장선이 벽체 또는 보에 올라타는 면의 지압 거리는 최소한 38mm 이상이어야 한다. 이렇게 해야 구조적으로 안전하고 안정성을 유지할 수 있다. 일반 서까래나 지붕 장선은 외벽과 지붕 꼭대기에 연결된다. 지붕 하중을 지지하는 서까래와 장선은 중간 지지 부재가 없으면 큰 치수의 부재를 사용해야 한다.

골 서까래 귀 서까래와 유사하지만 지붕의 바깥쪽 모서리가 아닌 두 지붕이 만나는 내부 모서리에 위치한다. 골 서까래도 귀 서까래와 마찬가지로 일반 서까래보다 한 사이즈 더 큰 것이 좋다. 예를 들어, 일반 서까래의 크기가 38×140mm(2"×6")면, 골 서까래는 38×185mm(2"×8")가 되어야 한다.

잭 서까래 지붕 경사면의 전체 길이보다 짧으며, 상단이 귀 서까래나 골 서까래에 고정된다. 잭 서까래의 상단 부분은 지붕 경사의 각도에 45°각도를 추가하여 재단된다.

개구부 보강 지붕에 천창이나 지붕창을 설치하려면 충분한 폭을 가진 개구부가 필요하다. 지붕 골조의 시공 간격은 최대 610mm를 넘지 않는다. 만약 개구부가 서까래의 시공 간격인

610mm 이내면 추가적인 보강이 필요하지 않을 수 있다. 하지만 개구부가 장선이나 서까래의 시공 간격보다 크면 개구부 주변 부재에 추가적인 구조 보강 작업이 필요하다. 일반적으로 적용할 수 있는 보강 방법은 개구부 양쪽에 서까래와 장선을 이중으로 시공하는 것이다. 지붕창의 경우에는 서까래의 끝을 지지하기 위해 이중 헤더를 지붕창 개구부의 양쪽 끝면에 설치한다.

6.2 트러스

트러스는 건축 현장에서 공사 기간을 단축하고 자재를 절감할 수 있는 효율적인 구조 시스템이다. 서까래 방식에 비해 단면이 더 가늘고 작은 부재와 짧은 부재를 사용해 긴 경간(span)을 효과적으로 커버할 수 있어 경제성과 실용성을 동시에 제공한다.

트러스는 눈하중과 지붕 자재의 무게를 포함한 다양한 하중 조건을 견디도록 설계된 공학 목재 제품이다. 트러스의 가장 큰 구조적 특징은 중간에 기둥이나 보 같은 추가적인 구조적 지지 없이 내력 벽 사이 경간을 연결할 수 있다는 것이다. 이를 통해 실내 공간 활용이 자유로워지고 다양한 형태와 치수, 하중 조건을 적용할 수 있어 설계 유연성도 뛰어나다.

오늘날의 트러스는 설계, 재단, 조립 과정에 컴퓨터 기술을 활용하여 복잡한 지붕 형태도 정밀하게 제작할 수 있다. 목조 트러스는 목조 벽뿐 아니라 벽돌, 스틸, 콘크리트 구조벽에도 설치할 수 있어 주거 및 상업용 건물 모두에 적합한 지붕 시스템으로 사용된다. 트러스는 지붕과 그 위에서 작용하는 하중을 지지하며, 벽 골조의 이중깔도리와 접합되어 외벽 간 경간만으로 안정적인 구조를 제공한다.

트러스의 종류

트러스는 구조적 안정성과 효율성을 제공하는 핵심 요소로 다양한 설계 요구에 맞게 여러 종류로 구분된다. 각 트러스는 설계 목적과 하중 조건, 경간에 따라 고유한 특성과 장점을 지니며 주거용 건물뿐만 아니라 상업용 및 산업용 건물에도 폭넓게 활용된다. 적합한 트러스 종류를 선택하는 것은 하중 분배와 설치 효율성을 극대화하기 위해 중요하다. 다양한 트러스 종류와 그 특징에 대해 자세히 알아보자.

일반 트러스 다음 그림은 여러 가지 일반적인 트러스 유형을 보여준다. 핑크 트러스와 하우 트러스가 가장 자주 사용되는 유형이다.

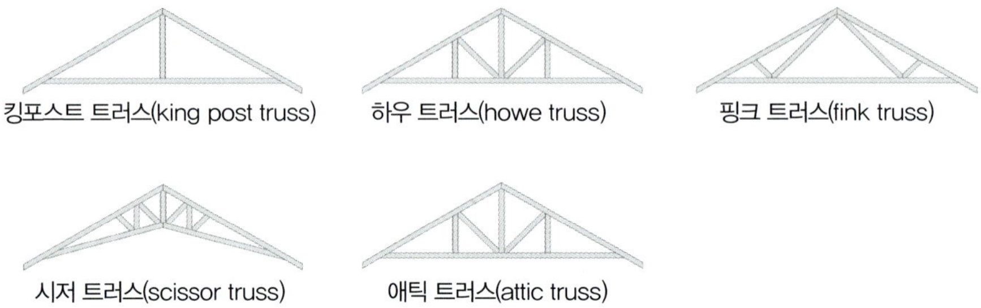

[그림 6-5] 일반 트러스의 종류

스페셜 트러스 일반적인 트러스 외에도 다양한 스페셜 트러스가 있다. 이는 목재 트러스를 사용하여 거의 모든 지붕 형태를 만들 수 있게 해준다.

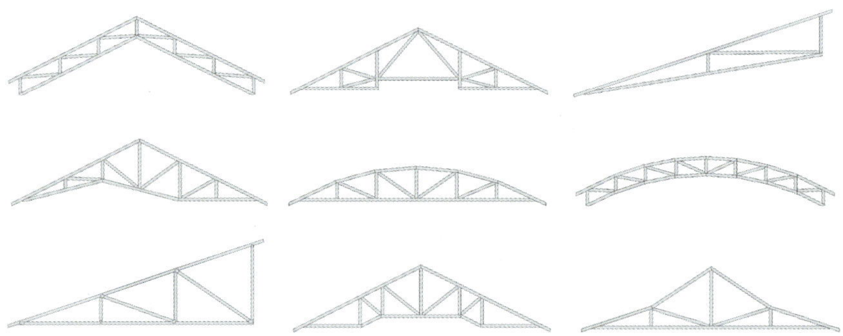

[그림 6-6] 스페셜 트러스의 종류

트러스의 구성 요소

트러스는 상현재(top chord), 하현재(bottom chord) 그리고 사재(webs)로 구성되어 있다. 이 구성 요소들은 규격재와 트러스 플레이트로 연결되고 인장력과 압축력에 대응하여 구조적 안정성을 제공한다.

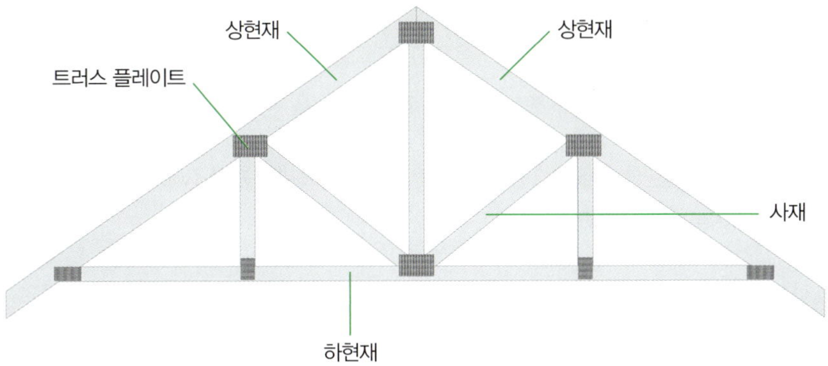

[그림 6-7] 트러스의 구성요소

규격재 트러스는 육안에 의한 검수(육안 등급) 또는 비파괴 검사(기계 등급)에 의해 구조적 등급이 판정된 구조용 규격재로 구성된다. 트러스에 사용되는 규격재의 최소 규격은 현(chord)의 경우 38×89mm이며, 사재(web)의 경우 38×64mm이다. 부재의 규격은 하중, 경간 및 트러스 시공 간격 등에 준하여 커질 수 있다.

트러스 플레이트 아연도금강판으로 제작된다. 생산업체는 각 플레이트의 설계 특성을 결정하기 위해 일련의 테스트를 거친 뒤, 다양한 규격과 두께로 제품을 생산한다. 트러스 플레이트(truss plate)는 얇은 금속판으로 제작되지만 매우 강한 강도를 자랑한다. 실험 결과에 따르면, 트러스 플레이트는 볼트 연결보다 약 두 배 정도 강력하다는 것을 알 수 있다.

[그림 6-8] 트러스 플레이트

6.3 서까래 재단 방법

건축구조기준에 따르면 서까래 구조는 다음과 같은 규정을 준수해야 한다.

1. 서까래 및 천장 장선에는 2등급 이상의 규격구조재(1종구조재)를 사용하고 상호간의 간격은 650mm 이하로 한다.

2. 서까래 또는 트러스는 파스너[10]를 사용하여 윗깔도리에 견고하게 고정한다.

3. 지붕덮개에는 KS F 2089에 적합하고 두께 11mm 이상의 구조용 합판이나 구조용 OSB 또는 이와 동등 이상의 것을 사용한다.

4. 실험 또는 산정에 따라 구조내력상 안전하다고 확인된 경우를 제외하고 지붕에 설치하는 개구부의 너비는 2m 이하로 하며 그 너비의 합계는 해당 지붕의 하단 너비의 1/2 이하로 한다.

수직 컷

서까래는 지붕의 구조적 안정성을 확보하기 위해 정밀하게 재단되고 설치되어야 한다. 특히 서까래가 마룻대나 하단 지지 부재에 정확히 맞도록 설계하는 것이 중요하다. 이 과정에서 사용되는 수직 컷(plum cut)은 서까래를 지붕의 경사와 구조에 정확히 맞게 조정하는 핵심 기술이다. 서까래 수직 컷은 서까래가 지붕에 설치될 때 수직 방향으로 이루어지는 모든 절단을 의미한다. 서까래의 상단 수직 컷은 지붕의 정점에 위치한 마룻대에 평평하게 밀착되도록 한다. 또한 서까래의 하단 수직 컷에서도 처마 돌림(fascia)과 정확히 맞물리도록 한다.

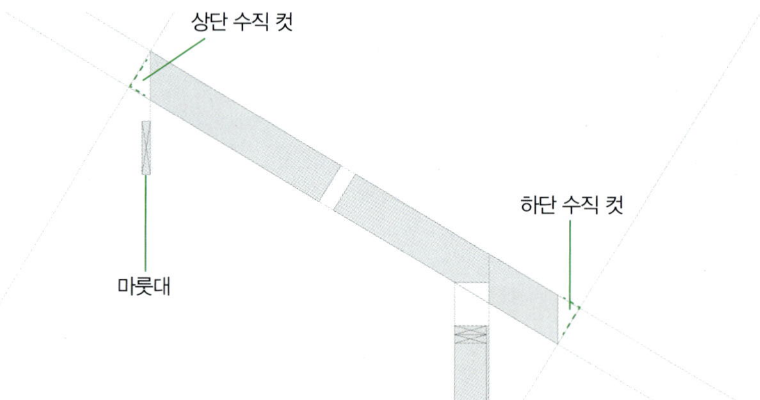

[그림 6-9] 서까래 수직 컷

10 분리되어 있는 것을 잠그는 데 쓰는 기구를 말한다.

처마 길이와 테일 서까래가 외벽 선을 넘어 수평으로 돌출된 부분이다. 처마 길이(overhang)는 다음 그림에서 표시된 부분처럼 건물의 외벽을 비와 눈으로부터 보호한다. 처마 길이만큼의 서까래 경사 부분을 '테일(tail)'이라고 한다. 테일은 건물의 디자인뿐만 아니라 비와 눈으로부터 외벽을 보호하는 역할을 한다. 경량목조주택의 경우 일반적으로 300~450mm 정도로 시공된다. 한옥의 경우에는 서까래 테일의 길이는 1미터가 넘는 경우도 있다.

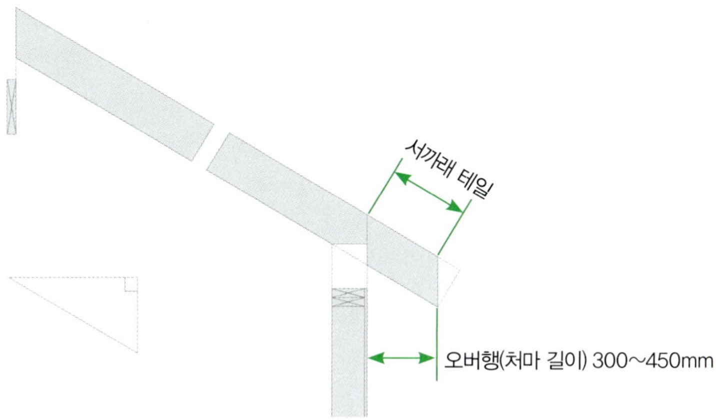

[그림 6-10] 처마 길이와 서까래 테일

처마 돌림 처마 돌림(facia)은 서까래의 끝부분에 수평으로 부착되는 보드로 건물의 외관을 깔끔하게 마무리해주는 기능을 한다. 또한 서까래의 단면 끝이 외기에 노출되지 않도록 보호하여 목재의 부식이나 손상을 방지한다. 처마 돌림은 지붕의 디자인과 조화를 이루어 미관적인 요소로도 중요한 역할을 하며 서까래의 수직 컷에 결부시킨다.

테일 앤 레벨 컷

서까래 수직 컷이 처마돌림보다 아래로 돌출될 경우에 테일 앤 레벨 컷(tail and level cut)을 적용한다. 서까래의 돌출된 부분을 수직 컷에 직각으로 잘라 소핏을 설치할 공간을 확보하는 것이 주요 목적이다.

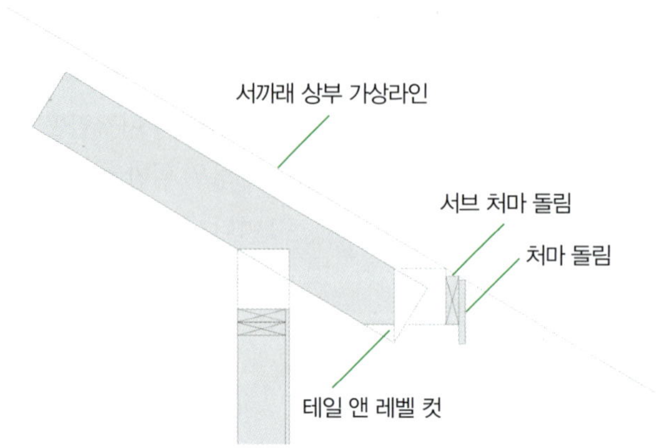

[그림 6-11] 테일 앤 레벨 컷

소핏 처마 아래 공간을 막아 외부 공기와 먼지가 지붕 내부로 들어가는 것을 방지하기 위해 소핏(soffit)을 설치한다. 소핏에 일부 뚫린 미세한 구멍을 통해 통풍이 되어 지붕 내부의 열 효율성을 높인다.

지붕의 내구성을 높이고 미관을 개선하기 위해 두 가지 중요한 작업이 필요하다. 첫째, 소핏은 서까래의 끝을 감싸주는 구조물로, 건물 외관을 더욱 정돈되고 완성도 있게 보이도록 한다. 이는 단순한 미적 요소를 넘어서, 지붕의 구조적 보호 역할도 수행한다. 둘째, 소핏이 서까래의 끝을 덮어주는 역할을 한다면, 처마돌림은 외관을 더욱 깔끔하게 정리하는 역할을 한다. 이러한 요소들은 건물의 미적 완성도를 높이는 동시에, 지붕 구조를 보호하고 오랜 기간 안정적으로 유지될 수 있도록 돕는다.

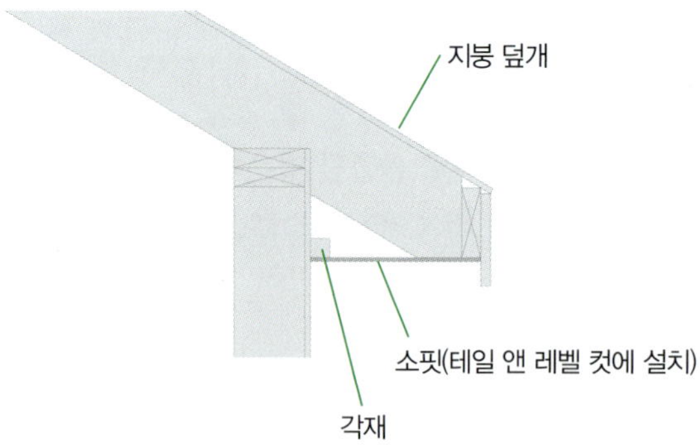

[그림 6-12] 소핏의 설치

버드 마우스 경사진 서까래는 외벽의 이중깔도리에 평평하게 놓일 수 있도록 홈이 파여 있다. 이 홈을 버드 마우스(bird's mouth)라고 한다. 버드 마우스는 서까래가 벽에 잘 안착되어 안정성을 높이는 데 중요한 역할을 한다.

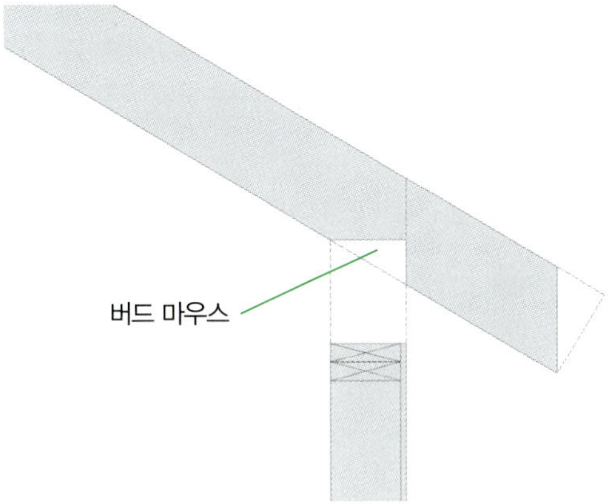

[그림 6-13] 버드 마우스

서까래와 벽체가 만나는 지점에서 중요한 역할을 하는 버드 마우스는 시트 컷(seat cut)과 시트 플럼 컷(seat plumb cut)으로 이루어진다. 이 재단 방식은 서까래가 벽체에 정확히 고정되고 구조적 안정성을 유지하도록 설계된다.

시트 컷은 버드 마우스의 수평 부분을 일컫는 시트 컷은 일반적으로 외벽의 너비와 동일한 크기를 가진다. 예를 들어, 38×140mm(2"×6") 크기의 벽 골조가 사용된 경우 시트 컷의 너비는 151mm가 된다. 이는 140mm의 이중깔도리 너비에 11mm의 벽 덮개의 두께를 더한 값이다. 경사가 심한 지붕의 경우, 버드 마우스의 시트 컷은 벽의 너비보다 작아야 한다. 이는 서까래를 구조적으로 약화시키지 않기 위해 충분한 폭을 확보하기 위함이다. 버드 마우스를 만들 때 서까래 너비의 최대 1/3만큼 컷팅할 수 있다. 이중깔도리 위에 시트 컷의 안착 길이는 최소 40mm 이상 확보되어야 한다.

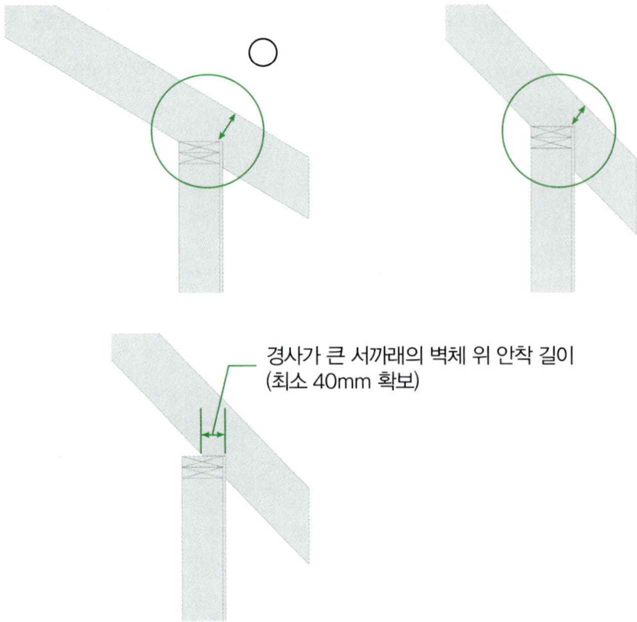

[그림 6-14] **버드 마우스 시트 컷의 최소 안착 길이**

버드 마우스의 수직 부분을 일컫는 **시트 플럼 컷**은 서까래가 벽체에 수직으로 맞닿게 하는 역할을 한다. 시트 플럼 컷의 길이는 서까래의 경사도에 따라 달라진다. 일반적으로 서까래의 구조적 강도를 유지하기 위해, 시트 플럼 컷의 최대 길이는 서까래 너비의 1/3을 초과해서는 안된다. 그래야 서까래가 구조적으로 약화되지 않는다.

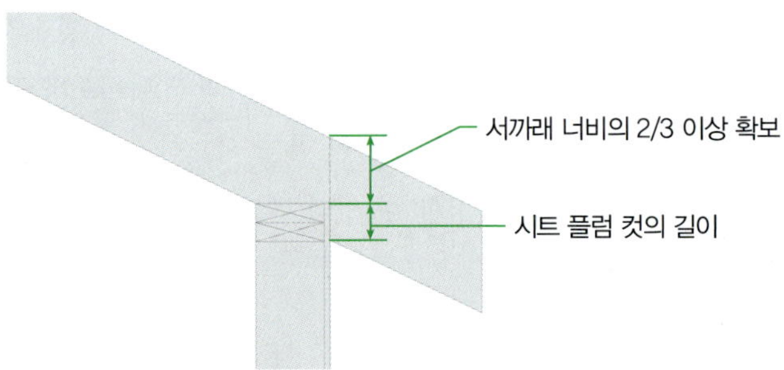

[그림 6-15] **버드 마우스 시트 플럼 컷의 최대 길이**

서까래 경간 서까래 경간은 지지 부재 사이의 수평거리로 두 지지 부재 간의 내측 수평 거리이다. 이 경간은 지붕 구조의 안정성과 지지력에 중요한 요소이다.

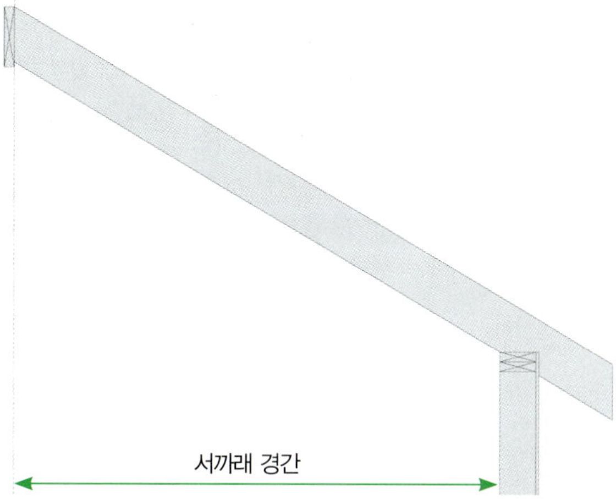

[그림 6-16] 서까래 경간

조름보 서까래의 유효 경간을 줄이는 역할을 한다. 조름보는 서까래를 서로 연결하여 구조적 안정성을 높이고 지붕의 처짐과 벌어짐을 방지하는 데 기여한다. 조름보를 사용하면 지붕의 하중이 더 균일하게 분산되고 전체 구조물의 강도가 향상된다. 조름보는 일반적으로 서까래의 상단 1/3 지점 내에서 배치된다.

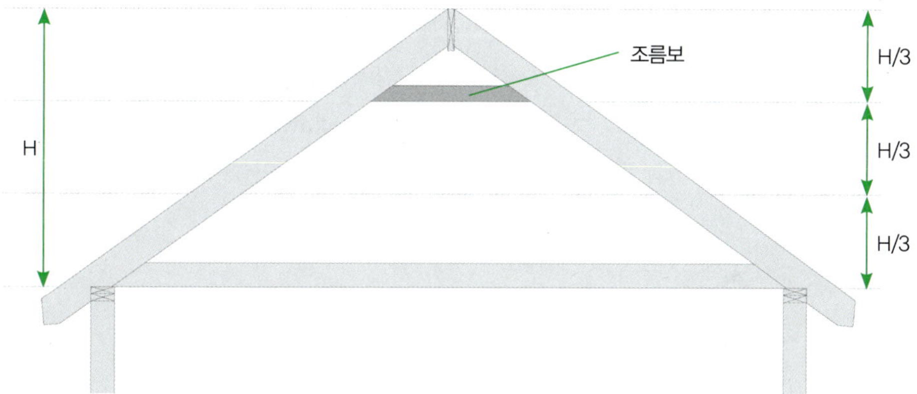

[그림 6-17] 조름보의 설치 위치

낮은 지지벽 지붕 속 공간에서 서까래의 유효 경간을 줄이는 데 사용된다. 낮은 지지벽은 지지력을 추가하고 하중을 분산시켜 서까래의 구부러짐이나 변형을 방지하는 데 도움을 준다. 이를 통해 전체 구조의 안정성을 향상할 수 있다.

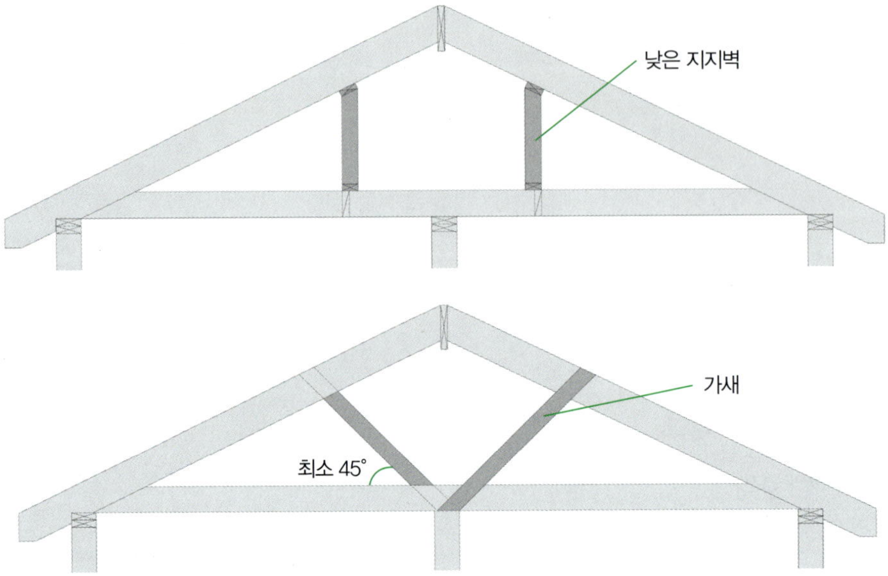

[그림 6-18] 낮은 지지벽의 설치 위치

6.4 서까래 계산 방법

서까래와 천장 장선은 연속적으로 연결되어야 한다. 따라서 서까래를 배치하고 자르기 전에 필요한 목재의 길이를 결정하는 것이 중요하다. 이 길이를 계산하기 위해서는 서까래 길이, 테일 길이(tail length), 하단 수직 컷 허용길이(plumb cut allowance) 등 세 가지 치수를 합산해야 한다. 이 세 가지 치수를 더하면 필요한 서까래 부재의 총길이를 구할 수 있다.

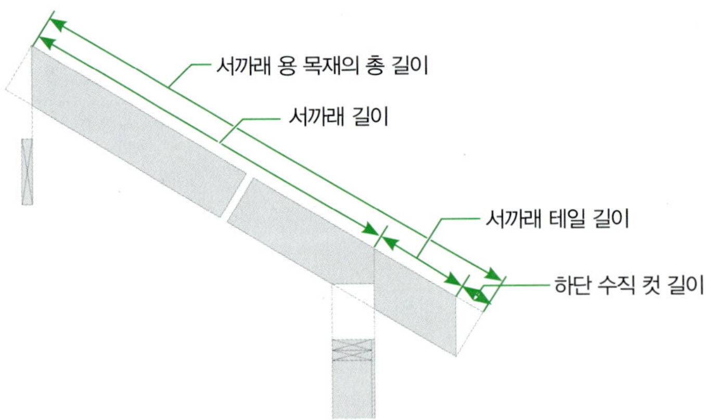

[그림 6-19] 서까래 길이 계산에 필요한 세 가지 요소

서까래 길이를 계산하는 방법은 공학용 계산기를 사용하여 수작업으로 구하거나 온라인 계산기를 사용해 자동으로 계산하는 두 가지 방법이 있다.

공학용 계산기를 이용한 계산 방법

서까래 길이를 결정하려면 다음 네 가지 치수를 알아야 한다.

1. **지붕 경간(roof span)**: 건물의 너비 또는 지붕 경간이라고도 하며, 이는 외벽과 외벽 사이의 외측 거리를 의미한다.

2. **마룻대/보의 두께(ridge board/beam thickness)**: 서까래의 상단 끝이 만나는 마룻대 또는 보의 두께를 말하며 일반적으로 1.5인치(38mm)가 표준이다. 보의 경우 구조 계산에 따라 두께가 달라지며 보통 조립보 또는 공학목재를 사용한다.

3. **지붕 경사(roof slope)**: 지붕의 높이와 길이를 비율로 나타내어 지붕의 경사를 표현한다.

4. **처마 길이(overhang)**: 서까래가 외벽을 넘어서는 수평 거리이다.

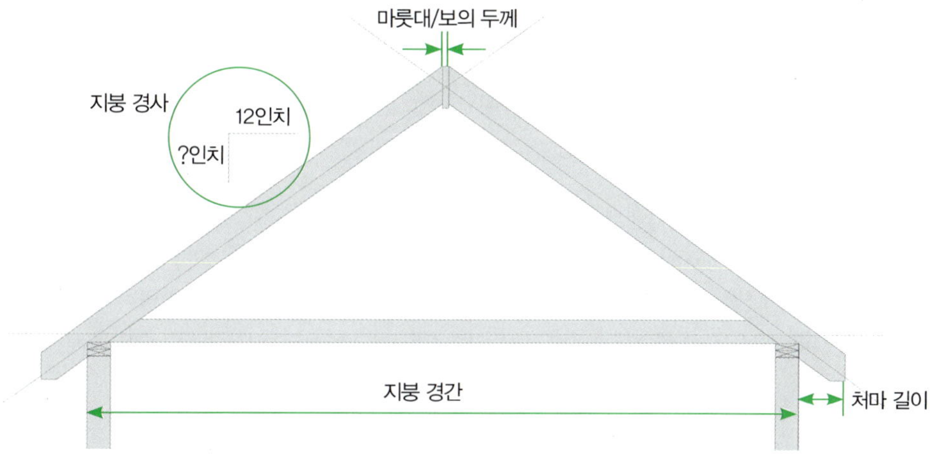

[그림 6-20] 서까래 길이 계산에 필요한 구성 요소

측정한 값을 다음의 서까래 길이 계산 공식에 대입하여 서까래가 이중깔도리와 만나는 지점을 정확히 계산한다.

$$(\text{서까래 전체 길이}) = \frac{(2 \times (\text{처마 길이}) + \text{지붕 경간} - \text{마룻대 폭})}{2 \times \cos(\text{지붕 경사각})}$$

서까래가 이중깔도리와 만나는 지점을 계산하기 위해, 즉 버드 마우스 컷을 표시하는 위치를 찾기 위해 라인 길이(line length) 공식을 사용한다.

$$(\text{라인 길이}) = \frac{(\text{지붕 경간}) - (\text{마룻대 폭})}{2 \times \cos(\text{지붕 경사각})}$$

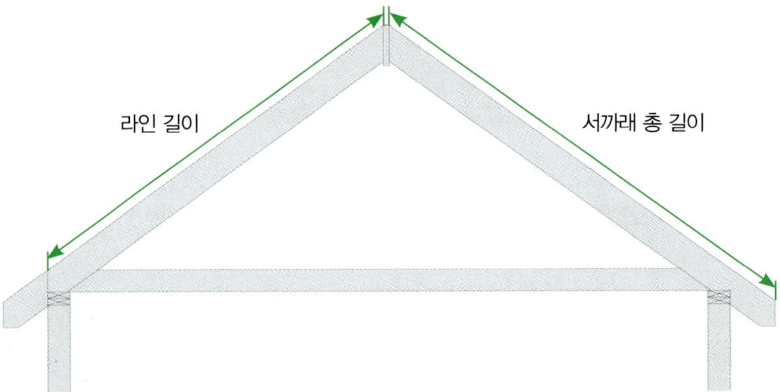

[그림 6-21] 서까래의 라인 길이

지붕 각도 계산 방법 지붕의 각도는 도(degree) 단위로 표현해야 하며, 지붕의 경사와는 다르다. 지붕 각도를 계산하려면, 지붕 경사를 아크탄젠트(arctangent) 함수에 입력하여 계산할 수 있다. 예를 들어, 6/12 지붕 경사는 아크탄젠트(6/12)를 계산하면 약 26.57°의 지붕 각도로 변환된다. 이러한 계산을 생략하려면, 일반적인 지붕 경사에 대한 각도를 소수점 두 자리까지 반올림한 [그림 6-22]의 환산표를 참조하면 된다.

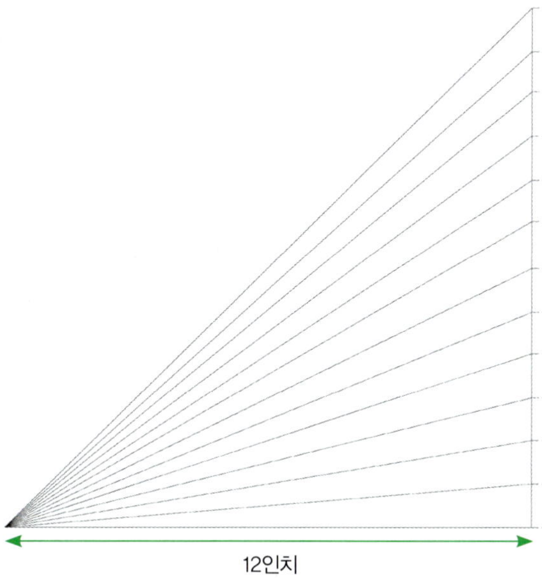

Pitch	각도
12	45.00
11	42.50
10	40.00
9	37.00
8	33.75
7	30.25
6	26.50
5	22.50
4	18.50
3	14.00
2	9.50
1	4.75

[그림 6-22] 지붕 경사도의 각도 환산표

피타고라스 정리를 이용한 서까래 길이 계산 방법 공학용 계산기를 사용하여 서까래와 그 처마 길이의 길이를 빠르게 결정할 수 있는 몇 가지 간단한 방법이 있다. 이 방법은 직각삼각형에서 경사진 변의 제곱이 나머지 두 변의 제곱의 합과 같다는 수학 원리(피타고라스 정리[11])에 기반하고 있다. 예를 들어, 서까래의 수평 길이(A)가 3m이고 수직 높이(B)가 1m인 경우, 서까래의 길이는 다음과 같이 계산할 수 있다.

$$(\text{서까래 길이}) = \sqrt{3^2+1^2} = \sqrt{9+1} = 3.16\text{m}$$

11 $A^2+B^2=C^2$ 또는 $C=\sqrt{A^2+B^2}$

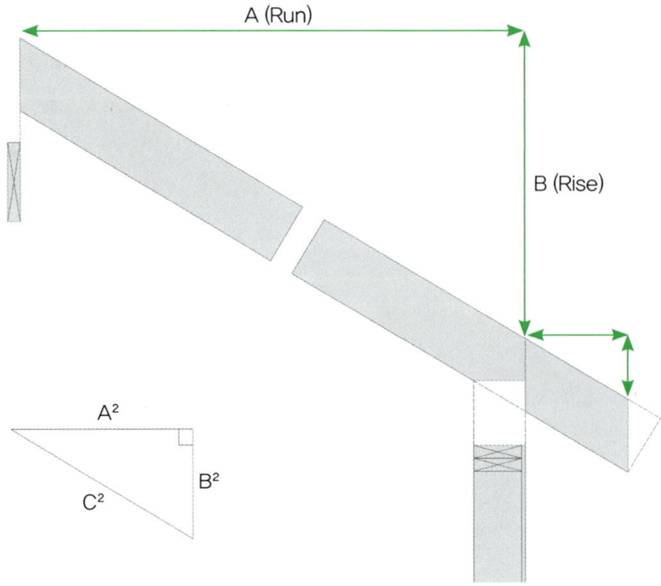

[그림 6-23] 피타고라스 정리를 이용한 서까래 길이 계산 방법

온라인 계산기를 이용한 계산 방법

대표적인 온라인 계산기는 'www.inchcalculator.com'와 'www.spikevm.com' 홈페이지에서 무료로 사용할 수 있다.

'인치 캘큘레이터' 홈페이지 사용 방법 다음 내용은 인치 캘큘레이터(inchcalculator.com) 온라인 계산기를 사용해 서까래의 길이를 구하는 방법을 단계별로 보여준다.

1. 인치 캘큘레이터 온라인 계산기에서 요구하는 네 가지 치수를 입력한다.

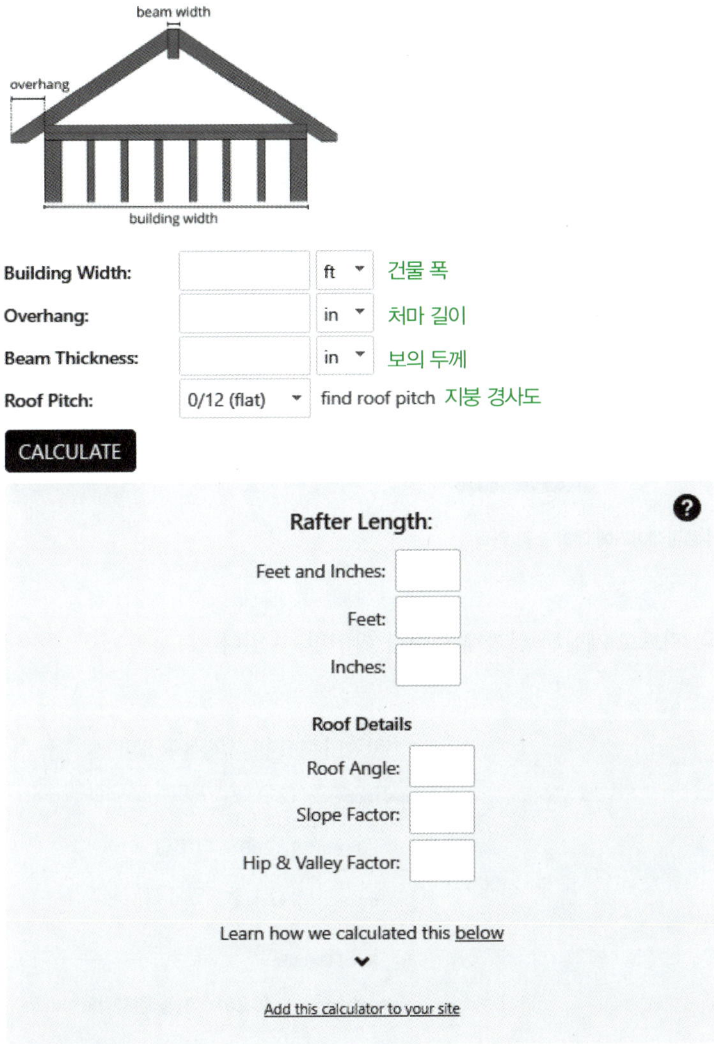

[그림 6-24] 인치 캘큘레이터를 사용해 서까래 길이 구하기

2. 해당 항목에 치수를 입력 후 아래 CALCULATE 박스를 클릭한다

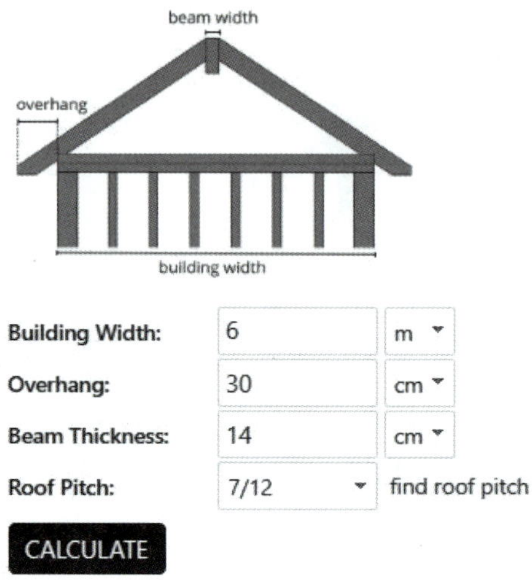

[그림 6-25] 인치 캘큘레이터에 데이터 값 입력

3. 인치와 피트로 계산된 서까래 길이를 확인할 수 있다.

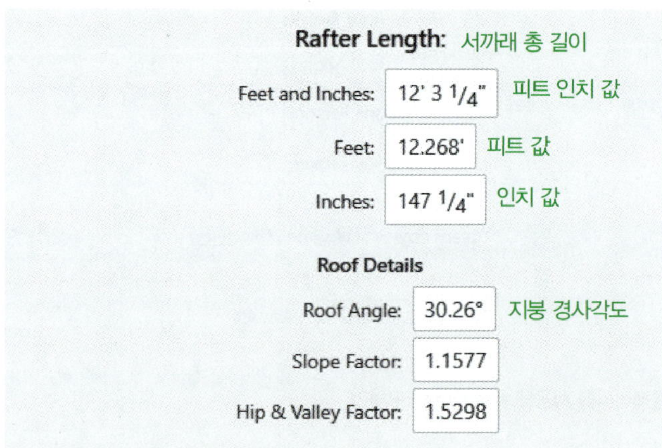

[그림 6-26] 인치 캘큘레이터에 의해 자동으로 계산된 서까래 길이

'스파이크 브이엠' 홈페이지 사용 방법 다음 내용은 스파이크 브이엠(spikevm.com) 온라인 계산기를 사용해 서까래의 길이를 구하는 방법을 단계별로 보여준다. 사용방법은 인치 캘큘레이터와 거의 비슷하다.

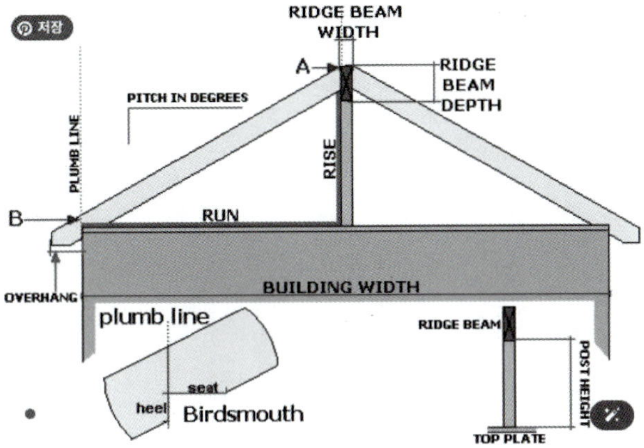

Rafter Metric

Building Width		m
Ridgeboard Thickness		mm
Roof Pitch		°
Overhang		mm
Ridge Beam Depth		mm
Rafter Depth		mm
Seat Cut		mm
Calculate Reset		

[그림 6-27] 스파이크 브이엠 온라인 계산기 초기 화면

6.5 모임 지붕 골조 계산 방법

귀 서까래 길이 모임 지붕의 귀 서까래 길이를 계산하기 위해서는 서까래의 런(run)을 결정해야 한다. 귀 서까래가 용마루와 외벽(처마돌림)에 대해 45° 각도로 자리 잡고 있다고 가정하면, 피타고라스의 정리를 사용하여 런을 계산할 수 있다.

피타고라스 정리 식은, $C = \sqrt{A^2 + B^2}$이다. 여기서 (C)는 서까래의 길이, (A)와 (B)는 각각 수평 런과 수직 라이즈(rise)이다. 45° 각도를 고려하면 (A)와 (B)가 동일하므로 런을 쉽게 계산할 수 있다.

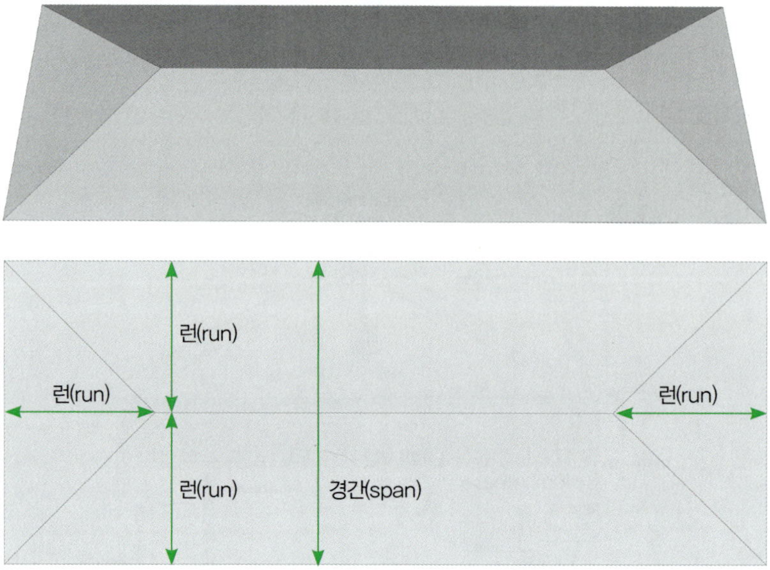

[그림 6-28] 모임 지붕의 부위별 용어

마룻대의 길이 건물 지붕 양쪽 끝 길이(10m)에서 각각의 일반 서까래 런을 빼는 방식으로 계산할 수 있다. 아래 그림과 같이, 양쪽 끝에서 2개의 일반 서까래의 양쪽 끝 지점의 길이(각 2m)를 제외하고 남는 부분이 마룻대 길이(6m)가 된다.

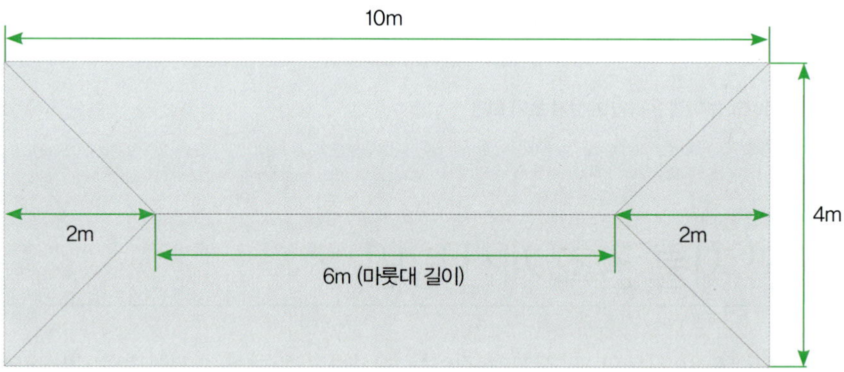

[그림 6-29] 마룻대의 길이

귀 서까래 런의 길이 귀 서까래의 런(run)을 구하기 위해서는 마룻대 및 일반 서까래 간의 관계를 잘 파악해야 한다. 다음 그림은 귀 서까래의 런과 버드 마우스 간의 관계를 잘 보여준다. 계산된 작업 지점(working points)과 실제 재단 지점(cut points) 간의 관계도 보여준다.

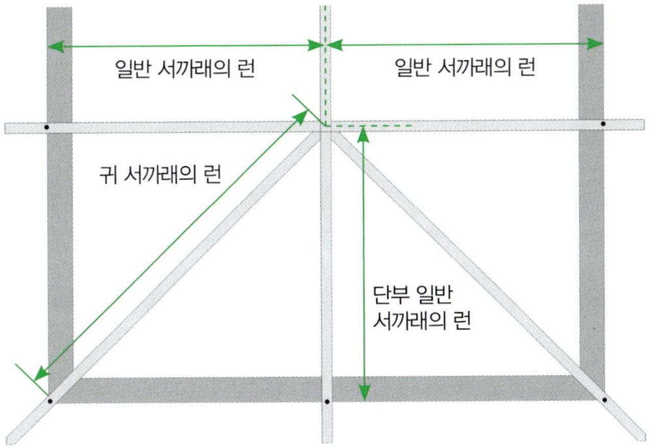

[그림 6-30] 귀 서까래의 런을 구하기 위한 공식

아래 그림은 이론적인 치수 또는 실을 사용하여 지붕 골조의 모든 구성 요소가 어떻게 연결되는지를 보여준다. 일반 서까래에 의해 라이즈(rise)가 이미 설정되어 있으므로, 이 치수를 사용하여 ($C^2=A^2+B^2$) 공식을 적용할 수 있다. 귀 서까래의 런을 구한 후에는 필요한 목재의 길이를 계산할 수 있다.

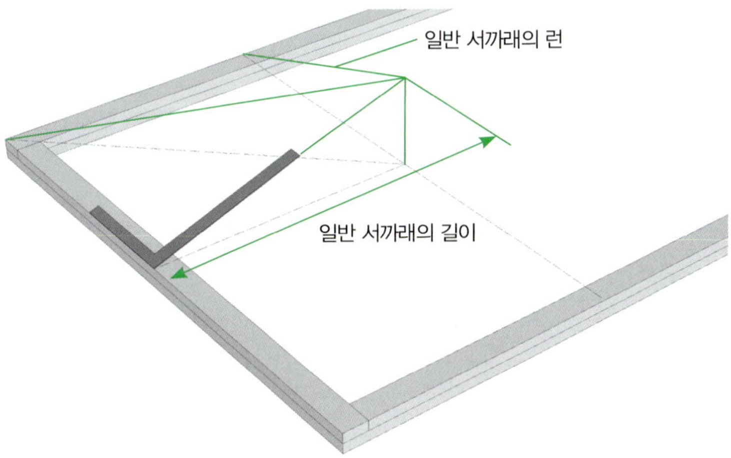

[그림 6-31] 모임 지붕 구성요소의 가상 연결선

서까래는 규격화된 치수를 사용하지만, 실제 시공에서는 일반 서까래와 동일한 방식으로 계산하고 조정해야 한다. 이를 위해 몇 가지 중요한 사항을 고려해야 한다.

첫째, 마룻대를 설치할 때 비스듬히 재단하거나 높이를 낮추는 경우가 있을 수 있으므로 이에 대한 여유를 두고 작업해야 한다. 마룻대가 서까래와 정확히 맞물리도록 조정하는 것이 중요하다.

둘째, 귀 서까래와 일반 서까래가 마룻대에 적절하게 연결될 수 있도록 해야 한다. 마룻대가 두 서까래 사이에서 충분히 지지될 수 있도록 설계와 시공 과정에서 정확한 위치와 크기를 조정해야 한다.

셋째, 귀 서까래와 마룻대는 일반 서까래보다 더 큰 치수를 사용해야 하며, 일반적으로 약 50mm 정도 더 크게 설계된다. 이는 지붕의 구조적 안정성을 확보하고 하중을 효과적으로 지지하기 위한 조치로, 설계와 시공 단계에서 반드시 고려해야 한다.

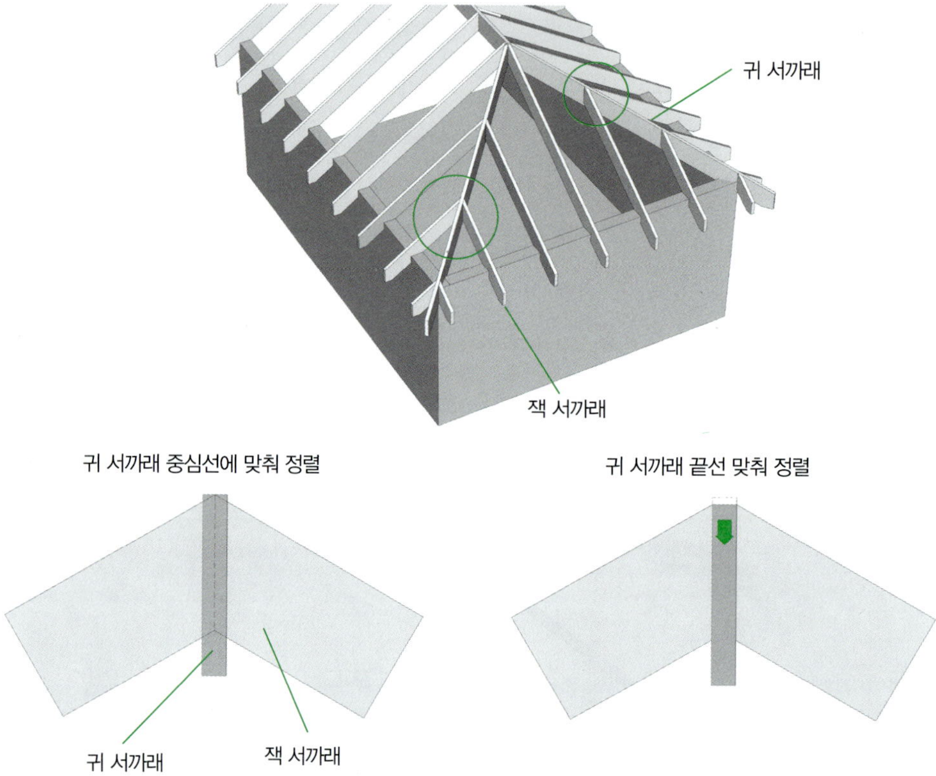

[그림 6-32] 귀 서까래와 잭 서까래의 정렬 방법

6.6 지붕 골조의 시공

지붕의 형태

지붕의 형태는 크게 경사 지붕, 평지붕, 비대칭 지붕으로 나눌 수 있다. 목조주택에 가장 일반적으로 적용되는 지붕 유형은 박공과 모임 지붕이다.

1. **경사 지붕(sloped roof)**: 경사 지붕은 지붕면이 기울어진 형태를 가지며, 주택을 포함한 다양한 건축물에서 널리 사용된다. 대표적인 경사 지붕의 유형은 다음과 같다.
   - 박공 지붕(gable roof): 두 면이 경사진 형태로 삼각형 모양을 이루는 지붕이다. 물이 쉽게 흘러내려 배수에 유리하며, 구조가 단순하여 시공이 비교적 쉽다.
   - 모임 지붕(hip roof): 네 면이 모두 경사진 형태로 이루어진 지붕이다. 안정성이 높고 바람에 강한 특징을 가지고 있어 강풍이 잦은 지역에서 유리하다.
   - 맨사드 지붕(mansard roof): 위쪽의 경사는 완만하고 아래쪽은 가파르게 설계된 지붕이다. 이러한 구조 덕분에 건물 내부에 추가적인 공간을 확보할 수 있으며, 다락방을 활용하기에 유리하다.
2. **평지붕(flat roof)**: 평지붕은 거의 수평에 가까운 형태의 지붕으로, 현대적인 건축물에서 자주 사용된다. 심미적으로 깔끔하고 모던한 느낌을 주지만 배수 관리가 중요하다. 강우량이 많은 지역에서는 배수 시스템을 철저히 설계해야 한다.
3. **비대칭 지붕(asymmetrical roof)**: 비대칭 지붕은 지붕의 양쪽 경사가 서로 다른 형태로 설계된 지붕이다. 이러한 디자인은 독특한 외관을 제공할 뿐만 아니라, 공간 활용 측면에서도 장점이 있다. 창문이나 채광창을 효과적으로 배치할 수 있으며, 태양광 패널 설치에도 유리한 구조가 될 수 있다.

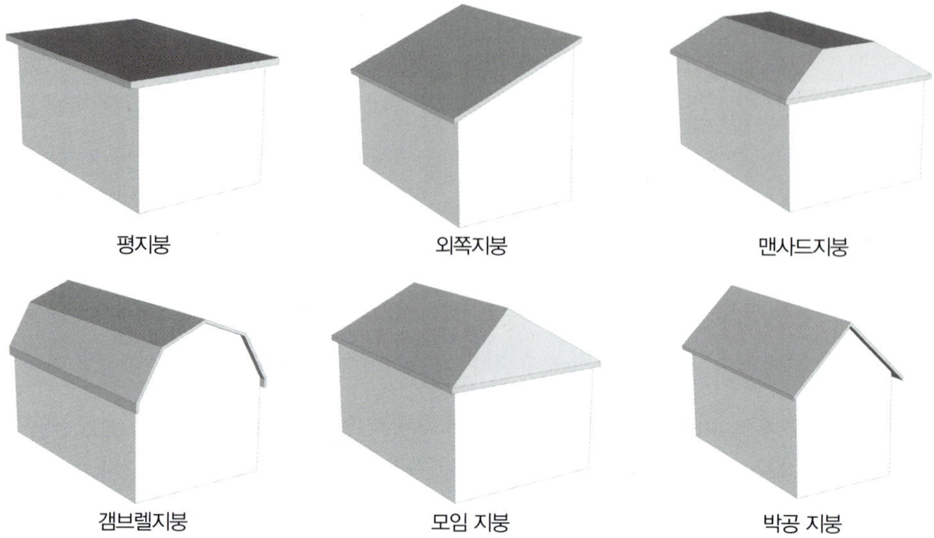

[그림 6-33] 지붕의 형태

박공 지붕

두 개의 경사진 면이 중앙에서 만나도록 설계되어 있으며, 주로 삼각형 형태를 띤다. 박공 지붕은 비와 눈이 쉽게 흘러내릴 수 있도록 도와주며, 지붕 내부 공간을 효율적으로 사용할 수 있는 장점이 있다. 이 지붕 형태는 전통적인 목조주택에서 많이 사용되며, 현대 건축에서도 그 미적 가치와 기능성 때문에 여전히 인기가 있다.

박공 지붕의 구성요소 박공 지붕은 마룻대, 마루보, 일반 서까래, 룩아웃(look out)이 조합되어 지붕을 형성한다. 경사진 지붕은 서까래가 모두 동일한 크기이기 때문에 골조 시공이 간편하다. 서까래의 시공 간격은 전체 지붕에 걸쳐 304(12인치), 406(16인치) 또는 610mm(24인치)로 배치할 수 있으며, 이는 사용되는 목재의 종류와 지붕의 하중에 따라 달라진다. 박공 지붕의 양쪽 끝면에 있는 박공벽(gable end wall)의 좌우 경사면은 지붕과 동일한 경사를 가지며, 지붕 골조 내부에서 돌출부(look out)가 외벽을 넘어 처마돌림을 지탱하도록 설계됐다.

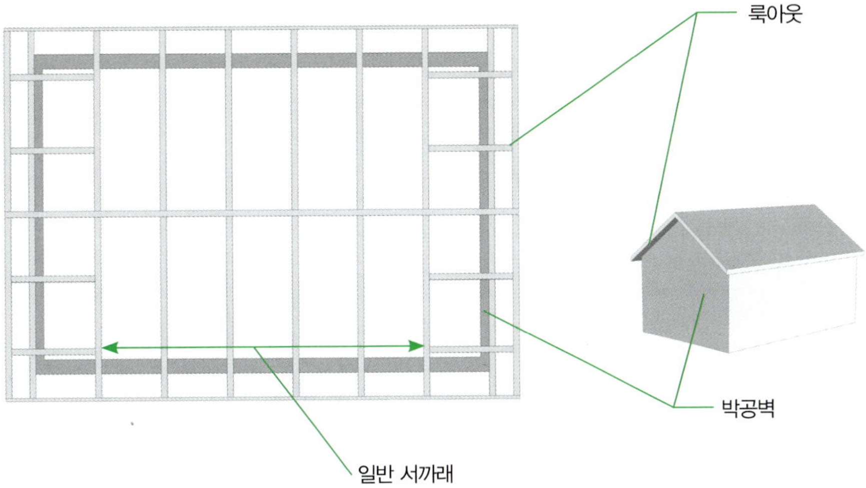

[그림 6-34] 박공지붕의 구성요소

박공 지붕의 골조 시공 박공 지붕 골조는 일반적으로 다음 단계를 거쳐 시공된다.

1. 마룻대를 배치한다. 마룻대의 단부는 박공벽에 의해 지지된다. 일반적으로 38×89mm 또는 38×140mm 크기의 스터드 하나가 박공벽의 마룻대 바로 아래에 배치된다. 마루보를 사용할 경우, 그것을 지지하는 부재의 수, 즉 스터드의 수를 마루보의 폭과 같거나 크도록 추가로 배치해야 한다.

2. 박공벽 위에서 첫 번째 서까래를 설치하고, 계획된 시공 간격(304, 406 또는 610mm)만큼 떨어진 곳에 두 번째 일반 서까래를 설치한다.

3. 룩아웃은 일반 서까래의 측면에 고정되어 박공벽을 넘어 뻗어 있다. 룩아웃은 마룻대와 같은 거리만큼 뻗어야 한다.

4. 룩아웃은 80mm 못을 사용하여 서까래에 고정한다.

5. 일반 서까래를 시공 간격에 맞게 고정한다.

6. 처마 돌림을 각 서까래에 고정한다.

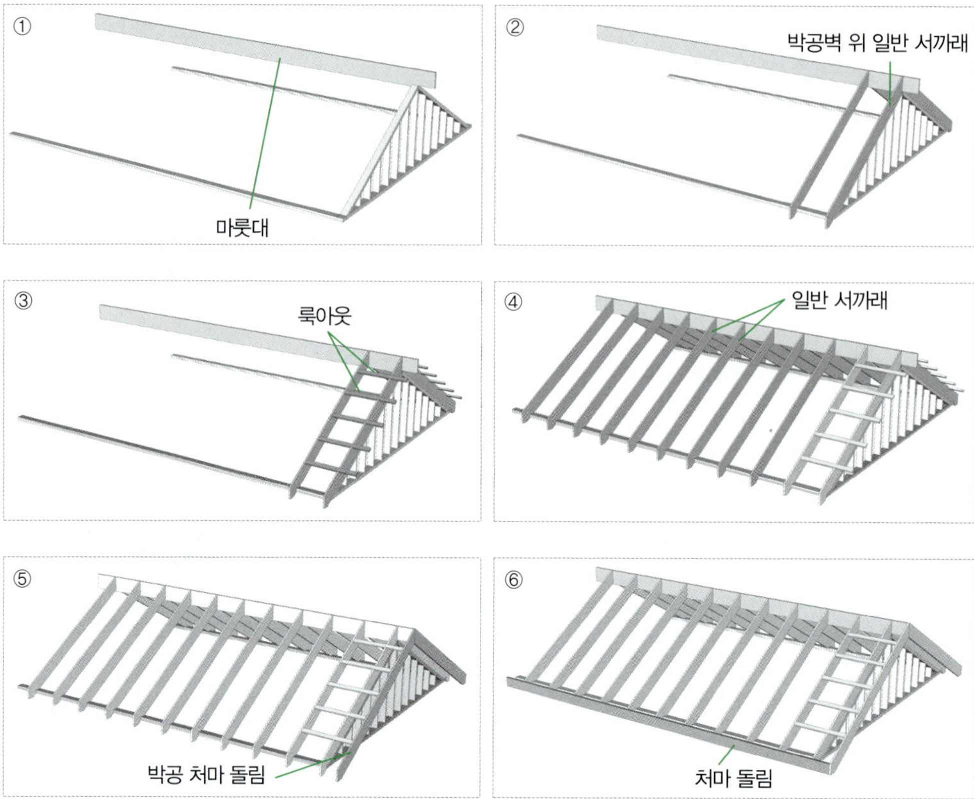

[그림 6-35] 박공 지붕의 골조 시공 과정

다음 그림은 박공벽 위의 룩아웃을 만들기 위한 시공 순서를 보여준다.

1. 박공벽 위 서까래로부터 안쪽 첫번째 서까래에서 마룻대 끝까지 길이만큼 룩아웃용 규격재를 재단한다. 룩아웃은 2"×4" 또는 2"×6" 부재를 사용한다.

2. 일반적으로 600mm 간격으로 룩아웃 위치를 서까래에 표시한다. 디자인과 하중 요구사항에 따라 간격은 달라질 수 있다.

3. 박공벽 위에 설치된 서까래는 룩아웃 블로킹 크기만큼 상부를 따낸다.

4. 룩아웃을 서까래에 고정한다.

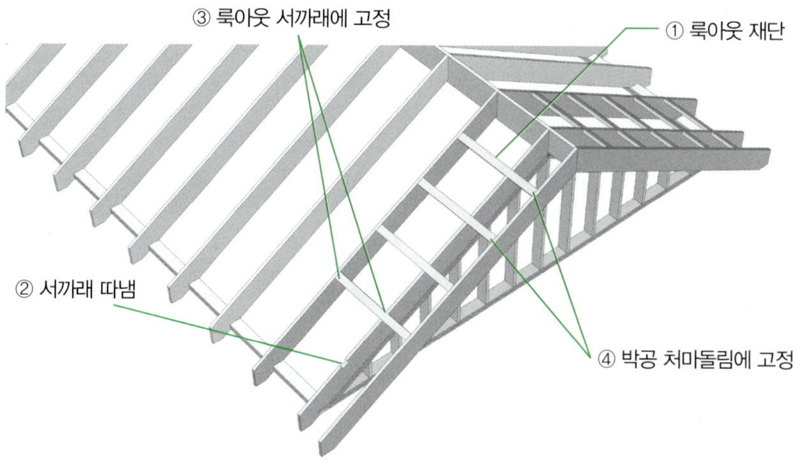

[그림 6-36] 룩아웃 시공 순서

모임 지붕

여러 개의 경사진 지붕이 중앙에서 만나서 형성되는 지붕 형태이다. 일반적으로 세 개 이상의 경사면이 서로 교차하여 만들어지며, 이로 인해 중앙에 봉우리 같은 형태가 생긴다. 모임 지붕은 주로 건물의 중앙 부분에 위치하며, 다양한 각도로 경사진 면들이 조화를 이루어 독특한 외관을 제공한다.

이러한 지붕 형태는 비와 눈이 쉽게 흘러내릴 수 있도록 도와주며, 지붕 내부 공간을 넓게 활용할 수 있는 장점이 있다. 모임 지붕은 우리나라 한옥에서도 많이 사용되며, 현대 건축에서도 미적 요소와 기능성을 고려하여 채택되는 경우가 많다. 또한, 모임 지붕은 건물의 디자인에 깊이와 입체감을 더해주는 역할을 한다. 하지만 모임 지붕 골조를 시공하는 것은 박공 지붕보다 훨씬 더 복잡하다. 따라서 설계 · 시공 시 주의가 필요하다.

모임 지붕의 구성요소 모임 지붕은 마룻대, 일반 서까래, 귀 서까래 그리고 잭 서까래가 조합되어 지붕을 형성한다.

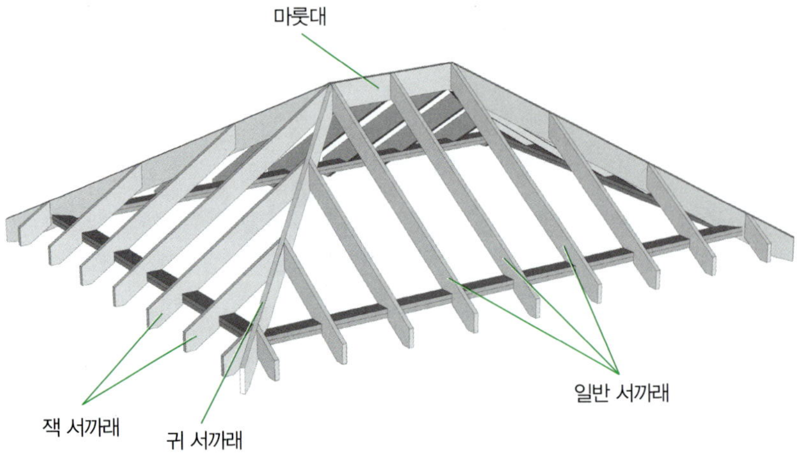

[그림 6-37] 모임 지붕 골조의 구성요소

모임 지붕의 골조 시공 모임 지붕 골조는 일반적으로 다음 단계를 거쳐 시공된다.

1. 모임 지붕의 골조 작업 시 첫 번째 단계는 마룻대를 위치시키는 것이다. 마룻대는 끝 지점에서 반드시 영구적인 수직 지지가 필요한 것은 아니다. 만약 연속적인 천장 장선이나 조름보가 지지 부재로 사용된다면 수직 기둥은 필요하지 않을 수 있다. 하지만 끝 지점에 수직 기둥을 설치하고 기초까지 연속적으로 지지하면 지붕의 추가적인 강도가 생긴다.

2. 마룻대 양쪽과 끝에 일반 서까래를 설치한다.

3. 귀 서까래를 제자리에 설치한다. 귀 서까래는 일반 서까래보다 더 큰 규격재를 사용하며, 각도가 다르게 절단된다. 귀 서까래는 일반 서까래보더 더 많은 하중을 지탱하기 때문에 일반 서까래보다 한 사이즈 큰 것(45mm에서 50mm)을 사용하는 것이 일반적이다.

4. 외벽의 깔도리에 놓이는 지점에 버드 마우스 컷이 있어야 한다.

5. 잭 서까래를 귀 서까래에 설치하고, 나머지 일반 서까래를 시공 간격에 맞춰 설치한다.

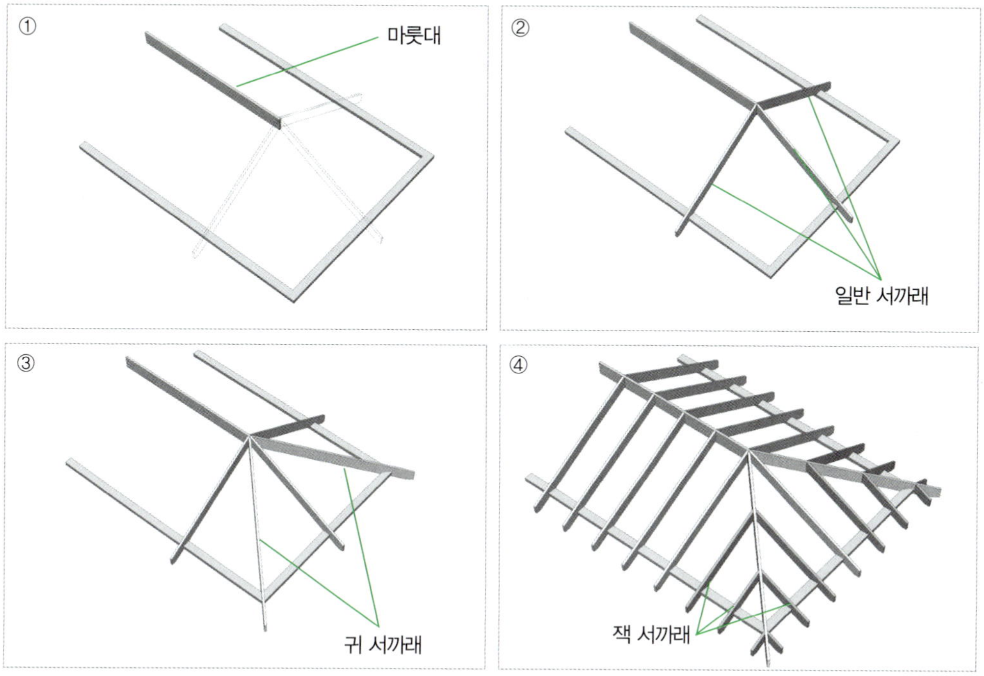

[그림 6-38] 모임 지붕의 골조 시공 과정

못박기 기준은 다음과 같다.

1. 일반 서까래가 깔도리 위에 놓일 때는 80mm 못을 세 개로 고정한다.
2. 잭 서까래가 귀 서까래와 만나는 지점에서는 80mm 못이 세 개 필요하다. 이 못은 직각으로 박거나 경사로 박을 수 있다.
3. 서까래가 마룻대에 시공될 때는 80mm 못이 두 개 이상 필요하다.

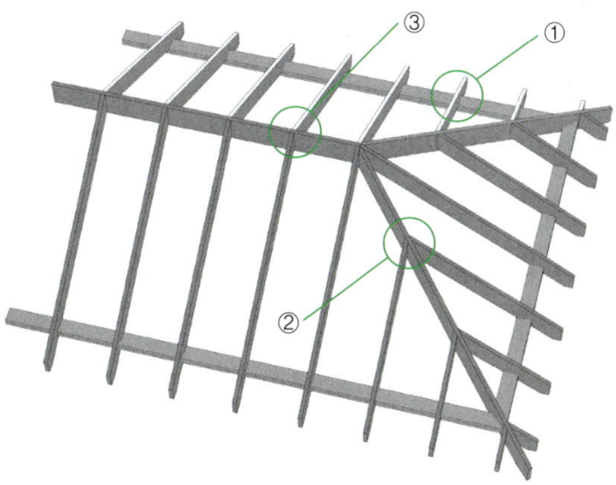

[그림 6-39] 모임 지붕 골조 못박기 부위

6.7 지붕 골조의 보강

지붕의 하중

지붕에 작용하는 하중을 이해하면 지붕을 올바르게 시공하는 데 도움이 된다. 지붕에서 고려해야 할 두 가지 하중은 활하중과 고정하중이다. 활하중은 지속적으로 변화하며, 매우 무겁지만 시간 동안만 지붕 골조에 압력을 가할 수 있다. 예를 들어, 바람이나 눈, 지붕 위에서 작업하는 사람도 활하중의 예이다. 반면, 고정하중은 일정하며, 구조 재료, 지붕 덮개, 서까래 아래에 부착된 석고보드 등의 무게를 포함한다. 활하중과 고정하중이 증가함에 따라 서까래는 아래로 눌리게 되며, 이들은 벽의 상단 모서리에 부착되어 있어 외벽이 바깥쪽으로 벌어지도록 압력을 가하게 된다.

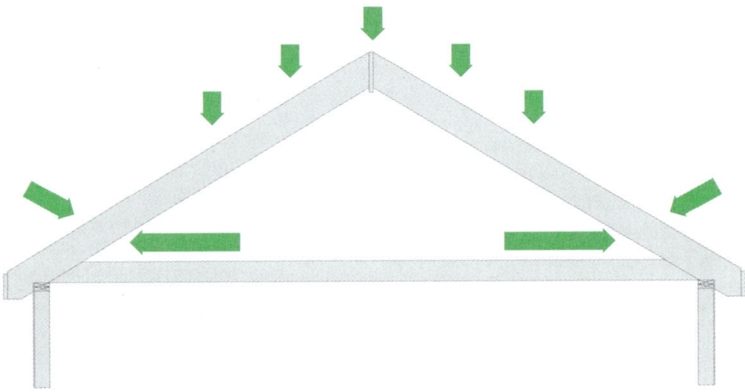

[그림 6-40] 지붕 골조에 작용하는 하중

지붕 골조의 보강방법

지붕 골조와 마룻대를 지지하는 방법은 네 가지가 있다.

상향 지지 만약, 마룻대가 38×140mm라면 38×89mm의 수직 지지대를 1.2m 간격으로 배치하여 처짐을 최소화할 수 있다. 이 방법은 경사와 관계없이 모든 지붕에 사용가능하다. 수직 지지 부재의 밑단은 하중을 지지하는 벽, 즉 내력벽에 놓아야 하며, 지지 부재는 기초까지 계속 연결되어야 한다.

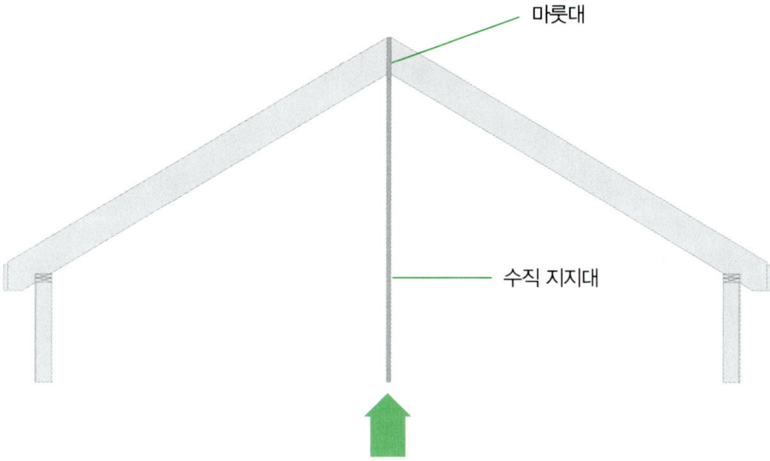

[그림 6-41] 지붕 골조의 상향 지지

천장 장선 지붕 골조를 지지하는 두 번째 옵션은 수평 설치된 천장 장선(ceiling joists)을 사용하여 서까래를 함께 고정하는 것이다. 천장 장선의 적당한 크기는 천장에 가해지는 하중과 지지 부재 간의 하중에 따라 달라진다. 38×140mm 규격재가 천장 장선의 일반적인 크기이다. 이 방법은 마룻대에 대한 수직 지지 부재는 필요하지 않지만, 지붕의 경사는 19° 이상이어야 한다. 천장 장선은 서까래 사이에서 연속적으로 연결되어야 하며, 이는 지붕에 하중이 가해질 때 서까래의 하단이 벌어지는 것을 방지하는 데 중요하다.

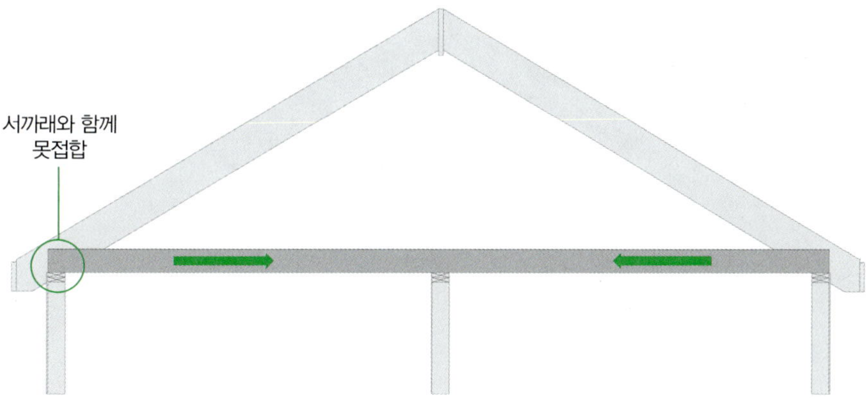

[그림 6-42] 지붕 골조의 천장 장선 지지

천장 장선의 끝은 외벽에 최소 38mm의 지지면을 두고 놓아야 한다. 일반적으로 천장 장선은 외벽의 바깥 가장자리에 배치된다. 천장 장선을 벽의 깔도리에 고정할 때는 최소한 80mm 못을 두 개 이상 사용해야 한다.

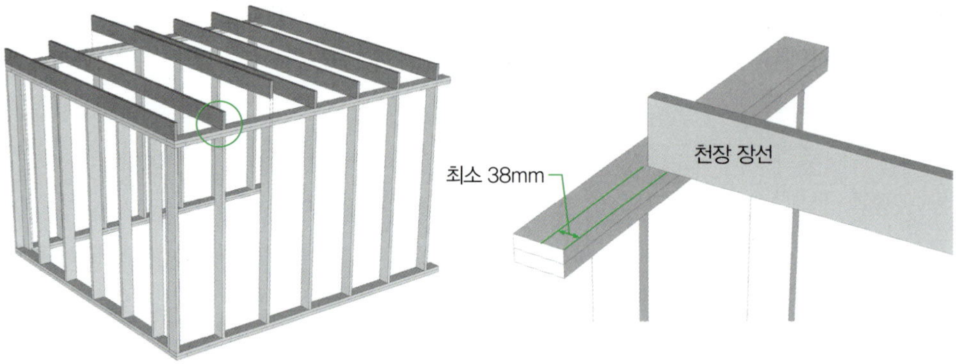

[그림 6-43] **천장 장선의 최소 지지 거리**

천장 장선의 못박기 기준은 다음과 같다.

1. 천장 장선이 깔도리 위에 놓일 때는 80mm 못을 두 개로 고정한다.
2. 일반 서까래와 천장 장선이 만나는 지점에서는 80mm 못이 세 개 필요하다. 이 못은 직각으로 박거나 경사로 박을 수 있다.
3. 서까래가 마룻대에 시공될 때는 80mm 못이 세 개 필요하다.

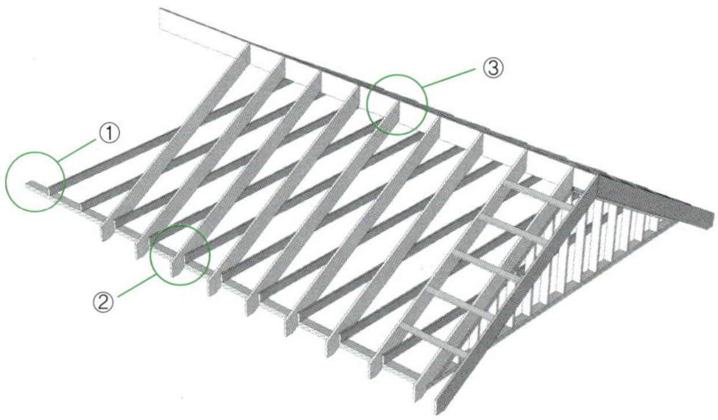

[그림 6-44] **천장 장선의 못박기 위치**

천장 장선은 조인트 부분이 반드시 연결되어야 한다. 천장 장선이 지붕을 가로질러 연속적이지 않은 경우, 이를 강화하는 두 가지 방법이 있다.

1. **천장 장선을 서로 겹치는 방법**: 겹침 길이는 최소 300mm 이상이어야 하며, 연결 부위에는 최소 80mm 못을 여덟 개 이상 사용해야 한다.

2. 천장 장선을 맞대는 방법: 장선의 측면에 작은 블로킹을 추가하는 것이 가장 좋다.

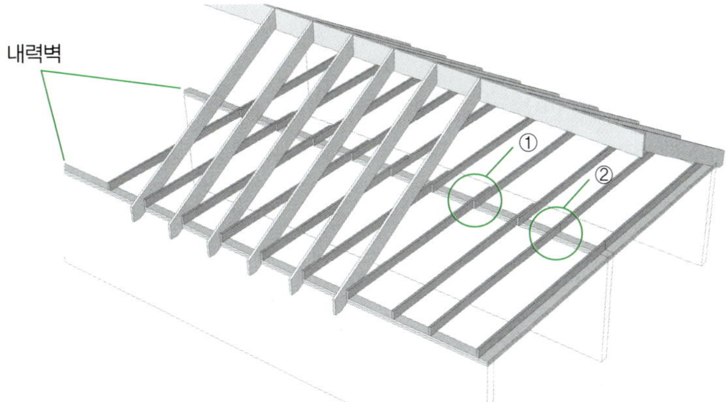

[그림 6-45] 천장 장선의 이음과 겹침

장선의 맞댐 조인트(butt joint)에서는 강한 긴결이 필요하다. 천장 장선의 맞댐 접합부를 강하게 연결하기 위해, 각 서까래 쌍의 한쪽에 짧은 블로킹을 추가한다. 이 블로킹은 최소 38×89mm 크기에 길이는 최소 600mm 이상이어야 한다. 접합부 양쪽에는 80mm 못을 네 개 이상 박는다. 또 다른 옵션은 접합부의 측면이나 상단에 띠철물을 사용하는 것이다. 이 옵션을 사용할 경우, 접합부 양쪽에 동일한 수의 40mm 못으로 긴결해야 한다.

조름보 지붕을 지지하는 세 번째 옵션은 조름보(칼라 타이)를 사용하는 것이다. 조름보는 일반적으로 38×89mm 크기의 규격재이다. 이들은 벽의 상단과 마룻대 사이의 공간 상부 ⅓ 지점에 배치해야 한다. 이 방법은 지붕의 경사가 19° 이상일 때만 사용할 수 있다. 조름보 길이가 2.4m보다 클 경우, 조름보의 중앙에 구조적인 안정화를 위해 가새를 고정해야 한다. 이 가새는 최소 19×89mm 크기여야 하지만, 일반적으로 38×89mm 목재가 사용된다.

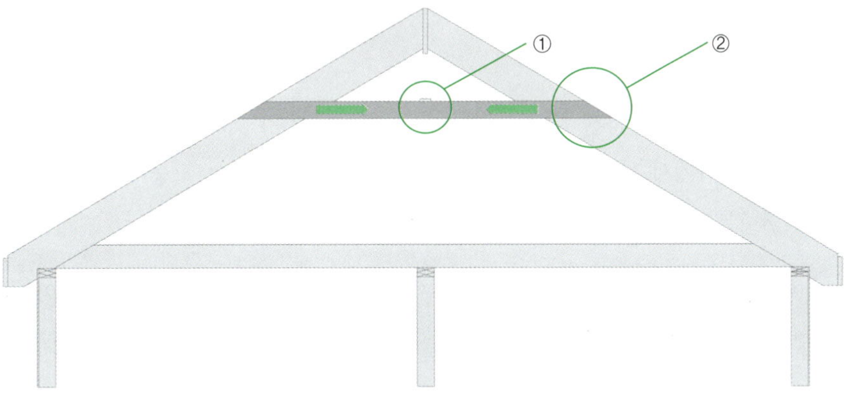

[그림 6-46] 조름보를 사용한 지붕 구조 보강

조름보는 서까래를 연결하고 지지하는 역할을 하며, 올바른 못박기 방법을 통해 구조적 안정성을 확보할 수 있다. 조름보는 양쪽 끝에서 서까래와 연결되며, 이를 고정하기 위해 각 끝부분에 80mm 길이의 못 3개를 사용한다.

1. **가새 연결(19×89mm)**: 조름보 위에 설치되는 가새의 크기가 19×89mm인 경우, 각 조름보에 60mm 길이의 못 2개를 사용하여 가새를 고정한다.

2. **가새 연결(38×89mm)**: 가새의 크기가 38×89mm인 경우, 보다 강한 결합을 위해 80mm 길이의 못 2개를 사용하여 고정한다.

이와 같이 조름보와 가새를 적절한 길이의 못으로 고정하면, 지붕 구조의 강도를 높이고 서까래가 벌어지는 것을 방지할 수 있다.

마루보 마지막 방법은 마룻대를 마루보로 교체하는 것이다. 마루보의 크기는 지지 부재 간의 경간과 지붕이 지탱하는 활하중 및 고정하중에 따라 달라진다. 이 접근 방식은 천장 장선이 필요 없어 서까래의 전체 하부면을 오픈(오픈 천장)하여 높은 천장을 가진 실내 공간을 만들 수 있다.

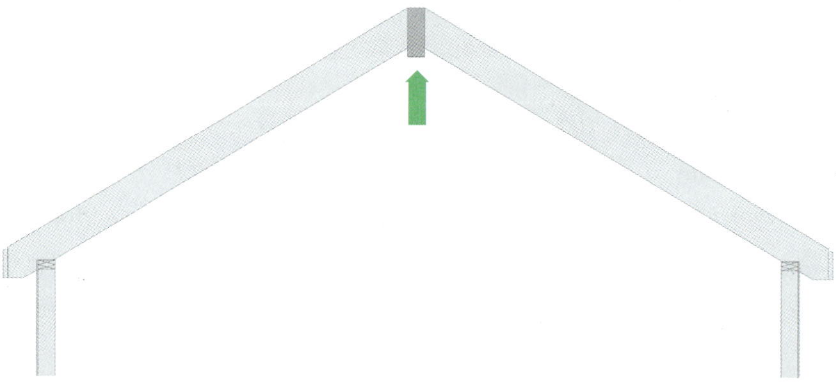

[그림 6-47] 마루보를 사용한 지붕 구조 보강

마루보가 설치된 내부는 경사진 천장을 가지며, 서까래에 추가 지지가 필요하지 않다. 마루보는 박공 벽의 꼭대기에서 시작해 실의 전체를 가로지른다. 마루보는 지붕에 하중이 추가될 때 변형을 최소화하도록 크기가 조정되어 외벽이 바깥쪽으로 밀리지 않게 된다.

지붕의 용마루에 있는 보는 종종 매우 무거운 하중을 지지하기 때문에 크기가 커야 한다. 이러한 상황에서는 긴 경간을 지지할 수 있는 공학 목재 보가 자주 사용된다. 수직 지지 부재와 마루보는 강하게 긴결되어야 부재 간의 이탈을 방지할 수 있다.

지붕 골조의 구조용 덮개

구조용 지붕덮개는 다음의 조건을 충족해야 한다.

1. 적설하중(snow load), 지붕 마감재, 시공 및 보수 유지 시 작업자의 무게(construction load) 등을 지지하기에 충분한 강도를 가져야 한다.
2. 구조용 덮개로는 침엽수 합판(plywood)이나 오에스비(OSB)를 사용한다.
3. 건축구조기준에 따라 구조용 덮개 패널은 최소 1,200×2,400mm이어야 한다.
4. 강도는 목리방향 또는 표면 스트랜드의 방향인 패널의 길이방향(강축)이 더 강하다.
5. 지붕 패널의 표면 목리방향은 서까래, 천장 장선, 트러스 상현재 등에 직각으로 배치하여야 한다.
6. 이들 구조부재에 평행한(또는 서까래에 직각인) 패널 조인트는 인접 패널과 서로 막힌 줄눈으로 배치한다.

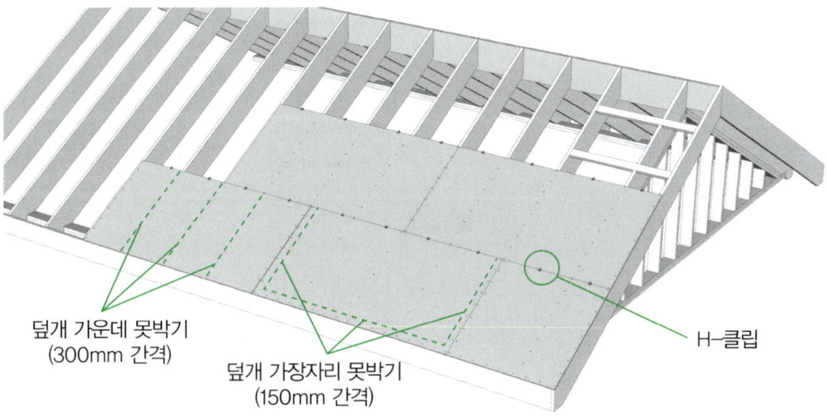

[그림 6-48] 지붕덮개 설치 및 못박기 기준

지붕 덮개가 위 아래로 맞닿는 곳에는 H-클립(H-clip)을 사용하는데, 서까래나 트러스의 간격이 400mm 보다 넓을 경우에 해당된다. H-클립은 여러 개의 지붕 덮개를 연결하여 하중을 고르게 분산시킨다. 이를 통해 지붕 골조의 강도를 높이고, 지붕 덮개가 휘거나 변형되는 것을 방지한다.

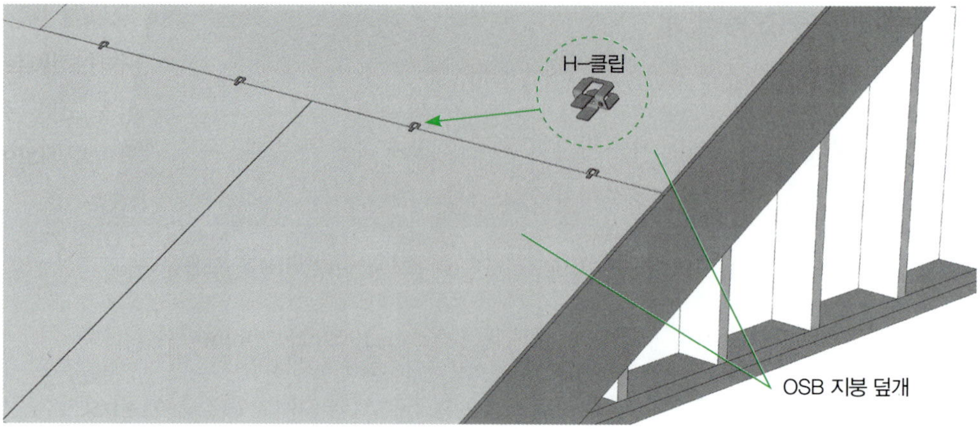

[그림 6-49] **H-클립**

연습문제

다음 설명을 읽고 '맞다' 또는 '아니다'를 선택하시오.

6.1 조름보는 일반적으로 서까래 하단 1/3 지점 내에서 배치된다.

- **a.** 맞다
- **b.** 아니다

6.2 서까래 타이는 서까래와 평행하게 각 서까래 쌍의 상단을 연결해 삼각형을 형성한다.

- **a.** 맞다
- **b.** 아니다

다음 질문에 가장 적합한 답을 선택하시오.

6.3 다음 중 지붕 골조의 구성 요소가 아닌 것은 무엇인가?

- **a.** 서까래
- **b.** 천장 장선
- **c.** 마룻대
- **d.** 블로킹

6.4 지붕 골조의 일부로서 서까래로부터 수직 하중을 받아 내력벽으로 전달하는 구조 부재는 무엇인가?

- **a.** 마룻대
- **b.** 마루보

6.5 목재 트러스의 구성 요소가 아닌 것은 무엇인가?

- **a.** 상현재
- **b.** 하현재
- **c.** 트러스 플레이트
- **d.** 조이스트 행거

Chapter
7

계단 골조

계단은 한 층에서 다른 층으로 연결되는 수직 이동 경로로 2층 이상의 목조주택에서 필수요소이다. 계단은 구조적 요구사항을 충족해야 하며 사용자의 안전성, 편리성, 그리고 미관을 고려하여 설계된다.

건축구조기준에서는 계단의 안전성과 활용성을 고려하여 다음과 같은 요구사항을 규정하고 있다. 계단은 구조적으로 충분한 내력을 갖추어야 하며, 통행 및 가구 운반에 필요한 상부 공간이 확보되어야 한다. 실내 계단의 경우, 디딤판은 두께 38mm 이상이어야 하며, 옆판은 두께 38mm 이상, 높이 235mm 이상으로 제작되어야 한다. 챌판은 두께 20mm 이상이어야 하며, 충분한 견고함을 갖추도록 설계해야 한다. 실외 계단은 기본적으로 불연성 재료를 사용하는 것이 원칙이며, 계단챌판을 제외한 모든 계단 부위에는 두께 38mm 이상의 목재를 사용해야 한다. 계단챌판은 두께 20mm 이상의 목재를 사용하도록 규정되어 있다. 계단 각 부위의 치수는 아래 표에서 상세히 제시하고 있다.

[표 7-1] 계단 각부의 치수

계단의 종류	계단의 너비	최대 챌판 높이	최소 디딤판 너비
주택의 실내 및 실외계단	750mm 이상	230mm 이하	150mm 이상

보통 성인 기준으로 계단을 계획할 때는 챌판의 높이를 170~180mm, 디딤판 너비를 270~280mm 정도의 비율을 적용한다.

7.1 계단의 구성요소

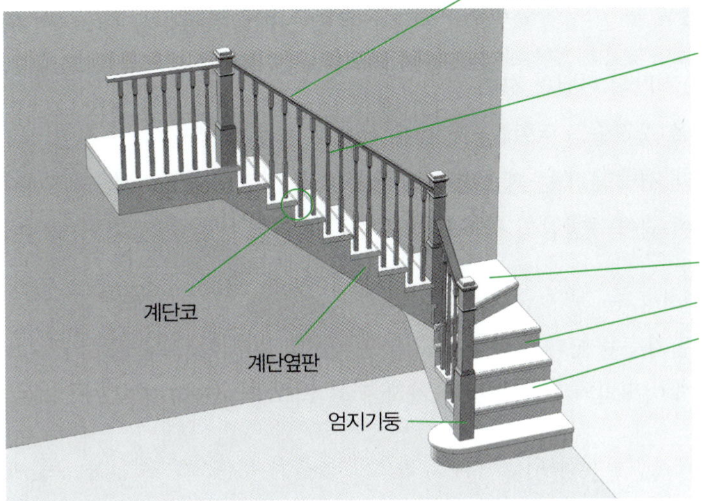

[그림 7-1] 계단 구성 요소 및 명칭

계단 구성의 역할

계단은 안전하고 편리한 이동을 위해 여러 구성 요소로 이루어져 있다. 각 요소는 계단의 구조적 안정성과 기능성을 높이는 중요한 역할을 하며, 디자인과 안전 기준에 따라 적절하게 설계되어야 한다. 아래에서는 계단을 구성하는 주요 요소와 그 역할에 대해 설명한다.

계단옆판 계단옆판(stringer)은 계단의 주요 지지 구조로 디딤판과 챌판을 고정하는 역할을 한다. 이는 계단의 형태를 유지하고 하중을 효과적으로 분산시키는 중요한 요소이다. 계단옆판의 형태는 크게 두 가지로 나뉜다. 노출형 계단옆판(open stringer)은 계단 측면에서 디딤판과 챌판이 그대로 드러나는 방식으로 개방감과 미적 효과를 강조하는 디자인에 적합하다. 반면, 숨김형 계단옆판(closed stringer)은 계단판과 디딤판이 완전히 감싸진 구조로, 보다 단순하고 깔끔한 디자인을 원하는 경우나 안전성을 우선시할 때 사용된다.

계단옆판은 주로 구조용 규격재를 사용하여 제작되며, 일반적으로 두께 38mm 이상의 견고한 목재가 사용된다. 이를 통해 계단이 충분한 내구성을 갖추고 장기간 안전하게 사용할 수 있도록 한다.

디딤판 디딤판(tread)은 계단을 오를 때 발이 직접 닿는 수평 면으로 사용자의 안전과 편안한 보행을 위해 중요한 역할을 한다. 디딤판은 충분한 내구성을 갖추어야 하며 미끄럼 방지를 위한 적절한 표면 처리가 필요하다. 특히 실내 계단과 실외 계단의 용도에 따라 표면 마감 방식이 달라질 수 있다. 일반적으로 디딤판의 두께는 약 25~38mm 정도이며 하중을 견디면서도 발이 안정적으로 놓일 수 있도록 설계된다.

챌판 챌판(riser)은 계단의 디딤판 사이를 연결하는 수직 부분으로 계단의 구조적 강도를 높이고 계단 아래 공간을 가려주는 역할을 한다. 챌판이 있는 계단은 안정적인 지지력을 제공하고 계단 디자인에 따라 개방형 또는 폐쇄형으로 구성할 수 있다. 챌판을 생략하면 오픈 트레드(open tread) 계단이 되어 개방감이 강조되다 보니 현대적이고 세련된 느낌을 줄 수 있다.

계단참 계단참(landing)은 계단 중간에 위치한 평평한 공간으로 계단을 오르는 동안 방향을 바꾸거나 잠시 쉬는 기능을 한다. 긴 계단에서는 안전성과 편의성을 높이는 역할을 하며 보통 16개 정도의 계단이 이어지는 구간의 중간 지점에 설치된다.

계단코 계단코(nosing)는 계단 디딤판의 앞쪽으로 돌출된 부분으로 계단을 오를 때 발을 더욱 안정적으로 지지하는 역할을 한다. 이 부분은 계단 사용 시 미끄러짐을 방지하고 안전성을 높이는 데 중요한 요소로 보통 약 2~3cm 정도 돌출되도록 설계된다.

난간두겁 난간두겁(handrail)은 계단 난간의 상단에 위치한 부분으로 손으로 잡을 수 있도록 설계된 구조물이다. 이 난간은 계단을 이용할 때 추가적인 안정감을 제공하고 안전성을 높이는 역할을 하며, 일반적으로 계단 디딤판에서 약 90cm 높이에 설치된다.

난간동자 난간동자(baluster)는 난간두겁을 지지하며 계단 측면을 보호하는 수직 막대이다. 난간동자의 간격을 좁히면 안전성이 향상되며 목재, 금속, 유리 등의 다양한 재료로 제작된다.

엄지기둥 엄지기둥(newel post)은 계단 난간의 주요 지지대 역할을 하는 기둥이다. 계단의 시작점, 방향이 바뀌는 지점, 또는 난간이 끝나는 곳에 설치되며 난간두겁과 난간동자를 단단히 고정하여 전체 구조의 안정성을 높인다. 일반적으로 목재, 금속, 콘크리트 등의 내구성 높은 재료로 제작된다.

헤드룸

헤드룸(headroom)은 계단을 오를 때 머리가 천장이나 위쪽 구조물에 부딪히지 않도록 확보해야 하는 유효 수직 공간을 의미한다. 이는 계단을 안전하고 편리하게 이용하기 위해 중요한 요소로, 충분한 높이가 확보되지 않으면 이용자가 불편함을 느끼거나 사고 위험이 발생할 수 있다. 일반적으로 헤드룸은 최소 2.1m 이상의 높이가 권장되며, 건축 기준에 따라 적절한 높이를 유지해야 한다.

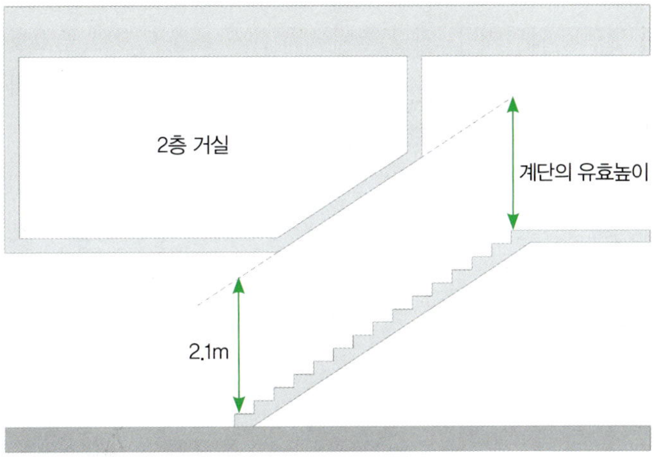

[그림 7-2] 헤드룸

7.2 계단의 종류

계단은 공간 활용, 미적 요소, 구조적 필요에 따라 다양한 형태로 설계된다. 주요 계단의 종류는 다음과 같다.

직선 계단 직선 계단(straight staircase)은 직선으로 이어진 계단으로 복잡한 곡선이나 회전이 없기 때문에 구조적으로 간단하다. 이는 시공이 용이하고 비용이 상대적으로 낮다. 직선 계단은 한 층에서 다른 층으로 직접 연결되므로 사용자가 계단을 오르내릴 때 경로가 직관적이다. 따라서 이동이 빠르고 효율적이라는 장점이 있다. 일반적으로 난간을 설치하기 용이하며, 계단의 경사가 일정하여 사용자가 오르내릴 때 안정감을 느낄 수 있다.

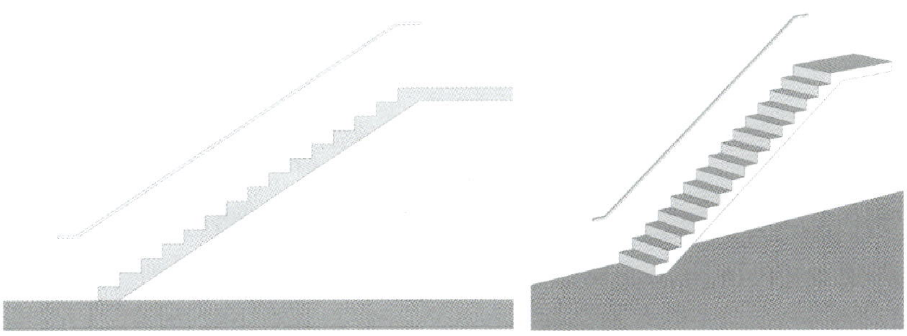

[그림 7-3] 직선 계단

L자형 계단 L자형 계단(L-shaped staircase)은 계단이 직선으로 올라가다가 90도 방향으로 꺾여서 이어지는 형태의 계단이다. 이런 형태는 공간 활용과 디자인 측면에서 유용하며, 여러 가지 장점이 있다. 구조는 두 개의 직선 구간으로 구성되어 있으며, 중간에 90도 꺾이는 부분이 있다. 이 부분은 일반적으로 플랫폼이나 계단의 참으로 사용된다. 직선 계단보다 공간을 더 효율적으로 사용할 수 있다. 특히 좁은 공간에서 수직으로 이동할 때 유리하다. 꺾이는 부분에서 잠시 멈추거나 방향을 바꿀 수 있어 사용자가 안정적으로 이동할 수 있다.

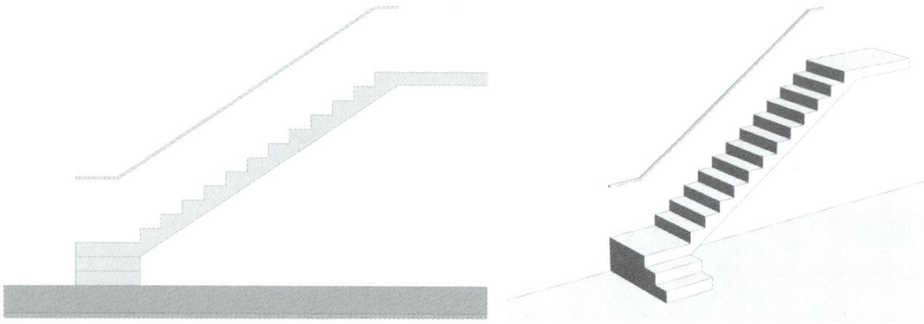

[그림 7-4] L자형 계단

U자형 계단 계단이 두 개의 직선 구간으로 구성되어 있으며, 중간에 180도 방향으로 꺾여서 이어지는 형태의 계단이다. U자형 계단(U-shaped staircase)의 꺾이는 부분은 일반적으로 플랫폼이나 계단의 참으로 사용되며, 사용자가 방향을 바꿀 수 있는 공간을 제공한다. U자형 계단은 직선 계단이나 L자형 계단보다 더 많은 공간을 차지하지만, 수직 이동 시 안정감을 제공한다. 꺾이는 부분에서 잠시 멈추거나 방향을 바꿀 수 있어 사용자가 더 안전하게 이동할 수 있다. 또한, 난간을 설치하기에 용이하여 안전성을 높일 수 있다. U자형 계단의 경사도는 일반적으로 30도 이하로 유지하는 것이 좋다. 경사가 너무 급하면 오르내리기 어려울 수 있다.

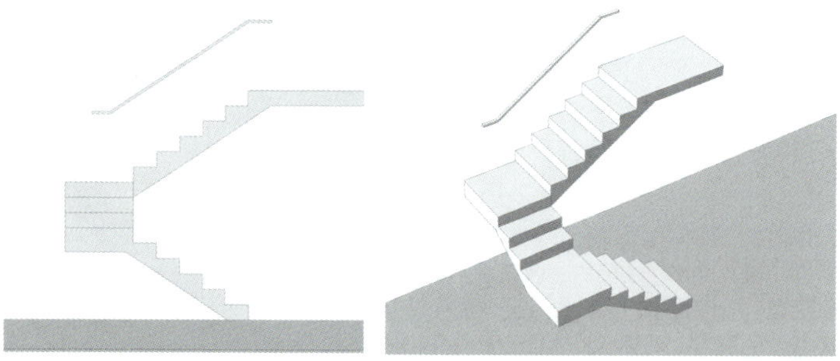

[그림 7-5] U자형 계단

나선형 계단 나선형 계단(spiral staircase) 중심에 기둥을 기준으로 나선형으로 감겨 올라가는 형태의 계단이다. 이 계단은 공간을 절약하면서도 독특한 디자인을 제공하는 특징이 있다. 일반적으로 원형 또는 사각형의 기초 위에 설치되며, 계단의 단이 중심 기둥을 둘러싸고 나선형으로 배열된다. 이러한 구조는 계단이 좁은 공간에서도 설치할 수 있게 해주며, 시각적으로도 매력적인 요소가 된다. 특히 공간이 제한된 곳에서 유용하다. 일반적으로 나선 계단의 경사는 30도에서 45도 사이로 유지하는 것이 좋다. 경사가 너무 급하면 오르내리기 어려울 수 있다.

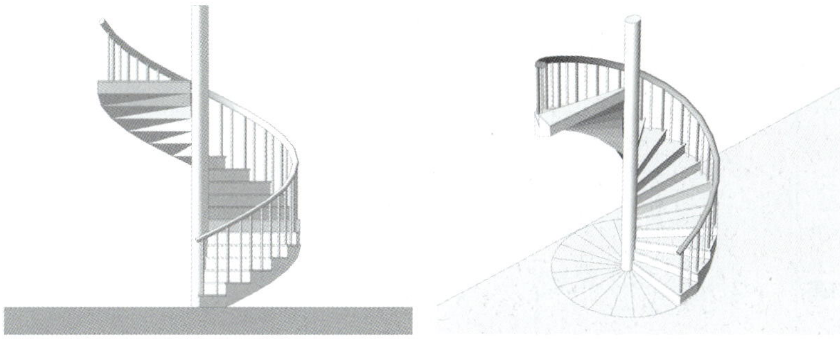

[그림 7-6] 나선형 계단

7.3 계단 골조 시공 과정

계단 골조의 레이아웃은 설계 치수의 정확성과 계단옆판 제작이 핵심이다. 각 단계에서 정밀하게 작업하고 안전 기준을 준수하면 안정적이고 효율적인 계단 골조를 완성할 수 있다.

STEP 1: 계단의 설계 치수 계산

계단을 설계할 때는 사용자의 안전성과 편의성을 고려하여 몇 가지 핵심 요소를 사전에 검토해야 한다. 먼저, 계단이 올라가야 하는 총 높이, 즉 바닥에서 상층 바닥까지의 계단 전체 단 높이(rise)를 정확하게 측정해야 한다. 또한, 계단이 수평으로 차지하는 공간인 계단 전체 길이(run)도 설계 초기 단계에서 고려해야 할 중요한 요소다.

각 계단의 세로 높이는 단 높이(tread rise)라고 하며, 이는 사용자가 한 걸음씩 오를 때의 편안함을 결정하는 중요한 기준이 된다. 반면, 발이 디딜 수 있는 수평 면의 깊이는 단 너비(tread depth)라 하며, 충분한 공간이 확보되지 않으면 이용자의 발이 불안정해질 수 있다. 이와 함께, 전체 계단의 단 수(number of steps)도 중요한 설계 요소이다. 이는 전체 상승 높이를 단 높이로 나눈 값으로 결정된다. 단 높이가 너무 높으면 오르기 불편하고, 반대로 너무 낮으면 불필요하게 많은 계단이 필요하게 된다. 따라서 적절한 높이와 너비를 설정해야 한다. 계단 설계를 위한 기본 계산식은 다음과 같다.

$$\text{단 높이} = \text{계단 전체 단 높이} \div \text{단 수}$$
$$\text{계단 전체 길이} = \text{단 너비} \times (\text{단 수} - 1)$$

이러한 요소들을 종합적으로 고려하여 설계하면 안전하고 편리한 계단을 구현할 수 있다.

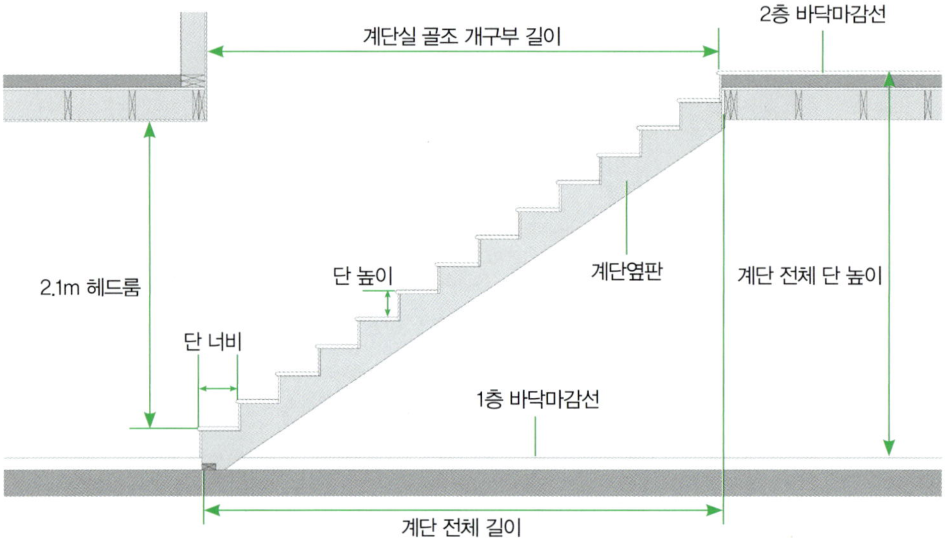

[그림 7-7] 계단 골조 계산

STEP 2: 계단옆판 레이아웃

계단옆판은 계단을 지지하는 주요 구조 요소로써 계단의 레이아웃을 결정하는 핵심적인 역할을 한다. 이를 제작하기 위해서는 삼각형 패턴 또는 직각자와 같은 레이아웃 도구를 사용하여 단 높이와 단 너비를 계단옆판 위에 정확히 표시해야 한다. 일반적으로 두께 38mm 이상의 구조용 목재를 사용하며, 계단의 폭이 넓을 경우에는 구조적 보강을 위해 계단옆판을 이중으로 설치할 수도 있다.

계단옆판 길이 측정 피타고라스 정리를 사용하여 계단옆판의 길이를 계산할 수 있다. 다음 수식에서 A는 계단의 전체 단 높이, B는 계단의 전체 길이, C는 계단 옆판의 길이를 의미한다.

$$C = \sqrt{A^2 + B^2}$$

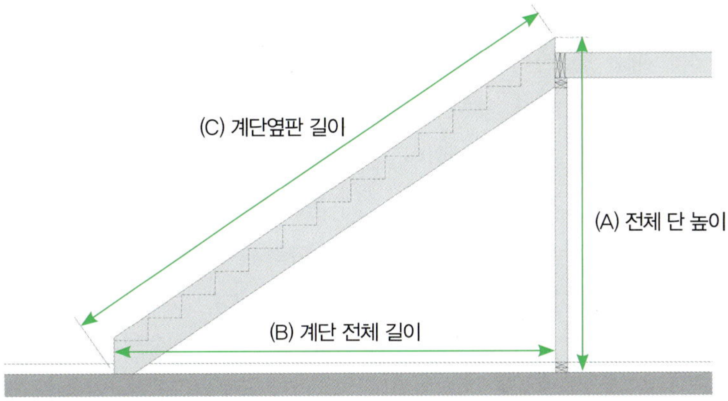

[그림 7-8] 계단옆판 길이 계산

계단옆판에 단 높이와 단 너비 표기 계단옆판에 단 높이와 단 너비를 정확히 표기하는 과정은 전체 계단 구조의 안전성과 내구성을 확보하는 데 중요한 역할을 한다. 이를 위해 다음과 같은 절차를 따른다. 먼저, 적절한 목재를 선택해야 한다. 계단옆판으로 사용할 목재는 곧고 휨이 없는 규격재를 사용해야 하며 일정한 폭을 유지하는 것이 중요하다. 다음으로 치수를 정확히 표시한다. 삼각자(triangle square) 또는 레이아웃 도구를 활용하여 앞서 계산한 단 높이와 단 너비를 계단옆판 위에 정밀하게 표기한다. 이 과정에서 모든 계단 단의 크기가 균일하게 유지되도록 유의해야 한다. 마지막으로, 첫 번째 단과 마지막 단을 조정해야 한다. 바닥 마감재의 두께에 따라 첫 번째 단과 마지막 단의 높이가 달라질 수 있으므로 이를 고려하여 정확한 치수를 적용해야 한다. 이렇게 하면 계단의 각 단이 균형 있게 시공될 수 있다.

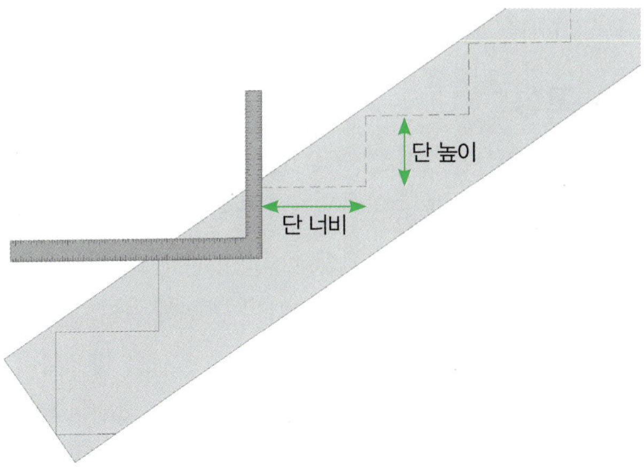

[그림 7-9] 계단옆판 단 높이와 단 너비 표기

STEP 3: 계단옆판 재단

계단옆판을 제작할 때는 정확한 치수를 바탕으로 정밀하게 재단하는 것이 중요하다. 먼저, 레이아웃 선을 따라 재단해야 한다. 앞서 표기한 단 높이와 단 너비의 선을 기준으로 톱을 사용하여 계단옆판을 절단한다. 이때, 절단면이 정확하고 깔끔하게 나오도록 톱날의 진행 방향을 일정하게 유지하는 것이 중요하다. 다음으로 끝부분을 정리한다. 계단옆판이 바닥과 상층 구조물에 정확히 맞도록 끝부분을 필요에 따라 다듬는다. 특히 계단이 안정적으로 지지될 수 있도록 하단부와 상단부의 절단 각도를 신중하게 조정해야 한다.

[그림 7-10] 계단옆판 재단

STEP 4: 계단옆판 고정

계단옆판은 계단의 전체 하중을 지지하는 주요 구조 요소이므로 튼튼하게 고정하는 것이 필수적이다. 먼저 계단옆판을 벽, 바닥, 또는 윗층 구조물에 단단히 고정해야 한다. 이를 위해 적절한 위치에 정렬한 후, 고정 작업을 진행한다. 또한, 계단옆판의 상단을 안전하게 고정해야 한다. 계단은 지속적인 하중을 받기 때문에 상단이 충분히 지지되지 않으면 구조적으로 불안정해질 수 있다. 이를 방지하기 위해 앵커 볼트나 금속 철물을 활용하여 고정력을 강화하는 것이 중요하다. 마지막으로 수평과 수직을 맞추어 정확하게 설치해야 한다. 수평과 수직이 맞지 않으면 계단의 균형이 어긋나고 사용자의 안전에도 영향을 줄 수 있으므로 설치 과정에서 정밀하게 조정하는 것이 필요하다.

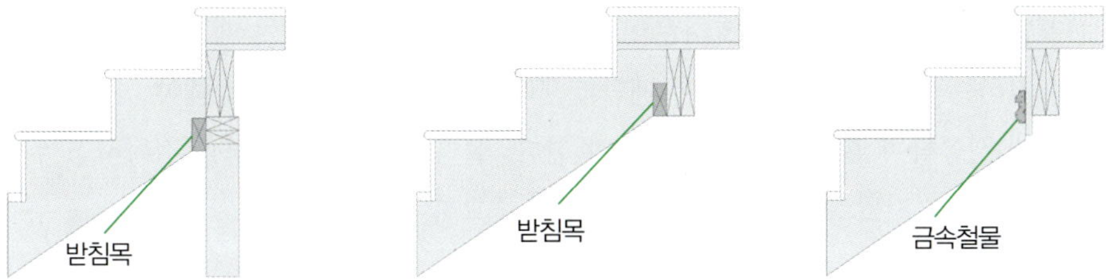

[그림 7-11] 계단옆판 상단고정

STEP 5: 디딤판 및 챌판 설치

계단을 사용할 때 발생하는 삐걱거리는 소음은 디딤판과 하부 구조 사이의 마찰로 인해 생긴다. 이를 방지하려면 나사와 건축용 접착제를 함께 사용하여 디딤판을 계단옆판(스트링거)에 단단히 고정하는 것이 중요하다.

디딤판은 충분한 강도를 갖도록 두께 25mm 이상의 목재를 사용하는 것이 권장된다. 또한, 미끄럼 방지를 위해 논슬립 처리를 추가하면 계단의 안전성을 더욱 높일 수 있다. 추가적으로 챌판을 디딤판 사이에 설치하여 구조를 보강하면 계단의 내구성이 강화되고, 안정적인 사용이 가능해진다.

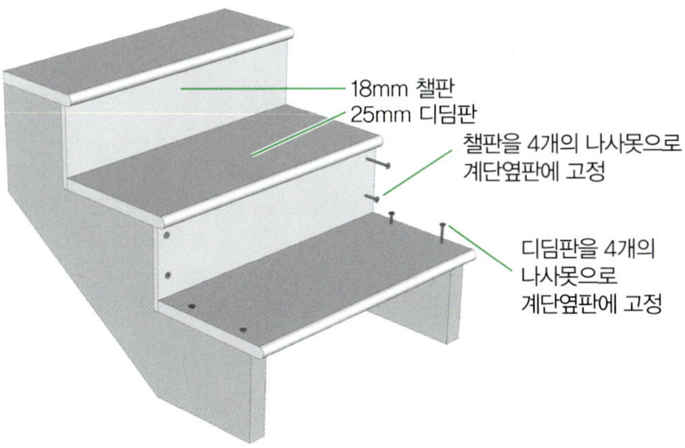

[그림 7-12] 디딤판과 챌판 고정

STEP 6: 난간 설치

난간은 계단 이용자의 안전을 보호하는 필수 요소로 계단을 오르내릴 때 지지대를 제공하여 균형을 유지하는 역할을 한다. 난간은 계단옆판과 디딤판에 단단히 고정해야 하며 구조적으로 튼튼하게 시공하여 흔들림이 없도록 해야 한다. 설치 시 수직과 수평을 정확히 맞추어 난간이 안정적으로 지지될 수 있도록 조정하는 것이 중요하다.

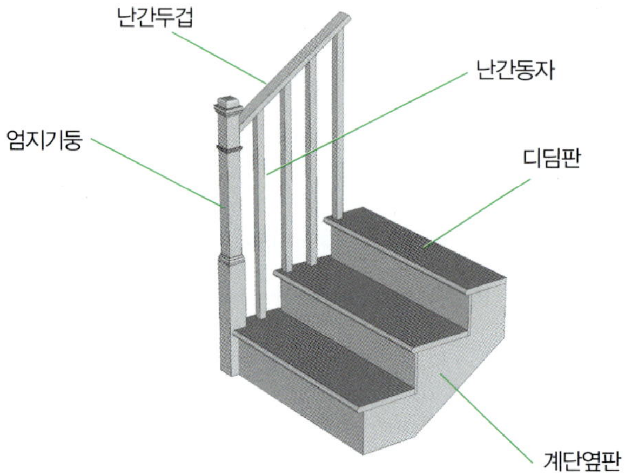

[그림 7-13] 난간 설치

연습문제

다음 질문에 가장 적합한 답을 선택하시오.

7.1 계단을 계획할 때 챌판의 높이와 디딤판의 너비가 적합한 것은 무엇인가?

a. 챌판 150~160mm, 디딤판 250~260mm

b. 챌판 170~180mm, 디딤판 270~280mm

c. 챌판 190~200mm, 디딤판 290~300mm

7.2 다음 설명이 나타내는 계단의 구성 요소는 무엇인가?
계단 중간에 위치한 평평한 공간으로 계단을 오르는 동안 방향을 바꾸거나 잠시 쉬는 기능을 한다.

a. 디딤판

b. 계단참

c. 계단코

7.3 일반적인 헤드룸의 최소 높이로 적절한 것은 무엇인가?

a. 1.8m

b. 2.1m

c. 2.4m

7.4 다음 중 계단옆판의 상단을 고정하는 방법 중 부적절한 것은 무엇인가?

a. 받침목 시공

b. 금속철물 시공

c. 못접합 시공

7.5 계단을 사용할 때 발생하는 삐걱거리는 소음을 방지하는 가장 효과적인 방법은 무엇인가?

a. 디딤판을 단순히 끼워 넣기

b. 디딤판을 나사와 건축용 접착제로 고정하기

c. 챌판 없이 디딤판만 설치하기

d. 디딤판의 두께를 15mm 이하로 줄이기

PART 3

실내 환경

제3부는 목조주택의 에너지 효율성과 거주 편안함을 극대화하기 위한 핵심 요소를 다루며 단열재, 석고보드, 결로 · 환기 · 기밀의 중요성을 상세히 설명한다. 총 3개의 장으로 구성되며, 실내 환경을 최적화하는 다양한 기술과 적용 방법을 체계적으로 소개한다.

제8장에서는 단열재의 중요성과 다양한 유형을 설명하며, 단열재가 실내 온도를 유지하고 외부 환경으로부터의 영향을 최소화하는 데 필수적인 역할을 한다는 점을 강조한다. 또한 각 단열재의 특성과 장단점, 설치 방법을 다루어, 효과적인 단열 시스템을 설계하고 구현할 수 있도록 돕는다.

제9장에서는 석고보드가 벽과 천장의 마감재로 널리 사용되며, 내화성과 차음 성능이 뛰어난 건축 자재임을 설명한다. 이 장에서는 석고보드의 다양한 종류와 특성을 설명하고 설치 방법과 시공 시 유의해야 할 사항을 다룬다. 이를 통해 독자가 실용적이고 내구성이 뛰어난 내장재를 선택하고 적용할 수 있도록 한다.

제10장에서는 결로 현상의 원인과 이를 방지하기 위한 설계 원칙을 설명하며, 적절한 환기 시스템이 실내 공기 질과 에너지 효율성에 미치는 영향을 논의한다. 또한 건물의 기밀성을 유지하는 방법을 소개하고 결로 · 환기 · 기밀 간의 균형을 맞추는 것이 왜 중요한지를 분석한다. 이를 통해 독자가 건강하고 쾌적한 주거 환경을 조성하고 에너지 효율적인 목조주택을 설계할 수 있도록 지원한다.

제3부는 목조주택의 단열, 마감재, 공기질 관리와 관련된 핵심 요소를 종합적으로 다루며 실무에서 적용할 수 있는 실질적인 지침을 제공한다.

Chapter

8

단열재

8.1 단열재의 역할

목조주택에서 단열재는 실내 환경을 쾌적하게 유지하고, 에너지 효율을 높이며, 구조물의 내구성을 향상시키는 중요한 역할을 한다. 주요 기능은 다음과 같다.

1. **열 차단 및 에너지 절약**: 단열재는 실내의 온기를 유지하고 외부의 열이 들어오는 것을 방지하여 냉 · 난방 에너지를 절약한다. 외벽, 천장, 바닥 등에 시공하여 열 손실을 최소화한다.
2. **소음 차단**: 벽체 및 천장용 단열재는 내부 및 외부 소음을 차단하여 실내 공간의 조용함을 유지하는 역할을 한다. 이로 인해 목조주택에서는 외벽과 지붕 뿐 아니라 실내 벽 골조와 층간 바닥 골조에 단열재를 설치한다.
3. **쾌적한 실내 환경 제공**: 단열재가 적절히 시공된 목조주택은 여름에는 시원하고 겨울에는 따뜻한 실내 환경을 유지할 수 있다.

8.2 열 전달 방지 방식

단열재의 작동 원리는 열의 전달을 막거나 제한하는 데 있다. 열은 **전도**, **대류** 그리고 **복사** 방식으로 전달된다. 단열재의 주요 기능을 유지하기 위해서는 열 전달을 효과적으로 줄이기 위한 기술이 필요하다. 열 전달을 방지하거나 줄이기 위한 단열재의 역할에 대해 살펴보자.

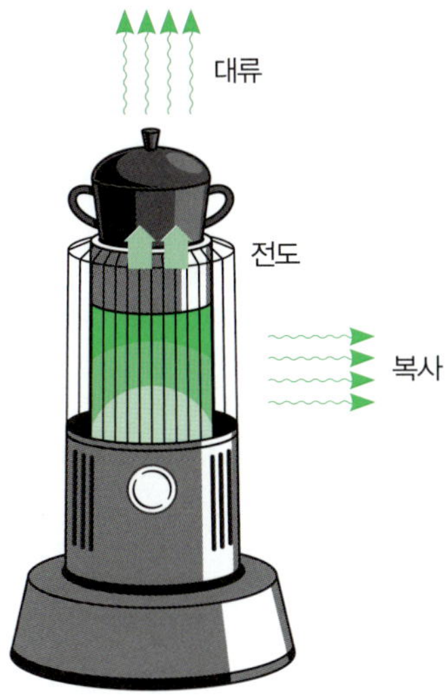

[그림 8-1] 열의 전달

전도 방지 열이 고체를 통해 직접 전달되는 것을 전도(conduction)라고 한다. 목조주택에서는 목재와 같은 구조물이 열을 전달하는 경로가 될 수 있다. 단열재는 열이 이러한 경로를 따라 이동하는 것을 줄여주는 역할을 한다. 예를 들어, 그라스울(fiberglass), 발포 단열재(foam insulation)와 같은 재료는 열 전도율이 낮아 효과적으로 열 전달을 차단한다.

대류 감소 공기가 이동하면서 열을 전달하는 방식이 대류(convection)이다. 단열재는 공기 이동을 차단하여 내부와 외부 간의 열 교환을 줄여준다. 특히 셀룰로오스(cellulose)와 스프레이 폼(spray foam) 단열재는 틈새를 메우고 공기 흐름을 억제하는 데 효과적이다.

복사 차단 물체에서 나오는 열 에너지가 다른 물체로 직접 전달되는 현상을 복사(radiation)라고 한다. 열 반사 단열재(radiant barrier)는 반사 성질을 이용해 태양열이나 외부 열이 내부로 들어오는 것을 막는다.

단열재는 겨울에는 내부의 따뜻한 공기가 밖으로 빠져나가는 것을 막고, 여름에는 외부의 뜨거운 공기가 집 안으로 들어오는 것을 막아준다. 따라서 단열재를 적절히 설치하면 열 손실과 열 획득을 모두 줄일 수 있어 목조주택의 에너지 효율성과 환경 지속 가능성을 높일 수 있다.

8.3 단열 관련 용어

단열 관련 용어와 기술을 이해하면 설계자와 시공자는 단열 자재를 올바르게 설계하고, 시공 과정에서 발생할 수 있는 오류를 줄일 수 있다. 이는 최종 제품의 품질을 높이는 데 기여한다.

단열 성능에 대한 이해는 건물의 유지보수 및 관리에도 도움이 된다. 이러한 이유로, 단열 관련 용어를 아는 것은 설계자와 시공사에게 매우 중요한 요소로 작용한다.

열저항 값 물질이 열의 흐름에 저항하는 정도를 나타내는 지표를 열저항 값(R-value)이라고 한다. 열저항 값이 높을수록 해당 물질이 열을 잘 차단하고 단열 성능이 우수하다. 열저항 값은 단열재의 성능을 평가하는 데 중요한 역할을 하며, 건물의 에너지 효율성을 높이는 데 기여한다. 일반적으로 단열재의 열저항 값이 높을수록 건물의 열 손실을 줄이고, 에너지 비용을 절감하는 데 도움이 된다. 예를 들어, 그라스울 단열재는 열저항 값이 인치당 약 2.2~4.3, 스프레이 폼 단열재는 6.0 이상이다.

열전도율 물질이 열을 전달하는 능력을 나타내는 물리적 성질이 열전도율(thermal conductivity)이다. 열전도율이 높은 물질은 열을 잘 전달하고, 반대로 열전도율이 낮은 물질은 열을 잘 차단한다. 열전도율은 보통 'k'로 표기되며, 단위는 W/m · K(와트/미터 · 켈빈)이다. 이 값이 높을수록 해당 물질은 열을 빠르게 전달할 수 있다는 의미이다. 예를 들어, 금속은 열전도율이 높아 열을 잘 전달한다. 반면, 단열재와 같은 물질은 열전도율이 낮아 열의 흐름을 차단하는 데 효과적이다. 열전도율은 값이 낮을수록 단열 성능이 좋다.

열관류율 건축물이나 구조물에서 열이 얼마나 잘 전달되는지를 나타내는 지표가 열관류율(thermal transmittance)이다. 일반적으로 U-값(U-value)으로 표현되며, 단위는 $W/m^2 \cdot K$이다. 이 값이 낮을수록 해당 구조물의 단열 성능이 우수하다는 것을 의미한다. 열관류율은 여러 요소(재료, 두께, 공기층)에 영향을 받는다. 사용된 재료의 열전도율이 낮을수록 열관류율이 낮아진다. 구조물의 두께가 두꺼울수록 열관류율이 낮아진다. 공기층이 있는 경우, 공기는 열전도율이 낮기 때문에 열관류율을 줄이는 데 도움이 된다.

열관류율은 건물의 에너지 효율성을 평가하는 데 중요한 요소로 난방 및 냉방 비용에 큰 영향을 미친다. 따라서 건축 설계 시 열관류율을 고려하여 에너지 효율적인 구조물을 만드는 것이 중요하다. 열저항 값은 개별 단열재 성능, U-value는 전체 시스템 성능을 측정한다.

증기막 증기막(vapor barrier)은 건축물에서 수증기가 통과하는 것을 차단하기 위해 설치되는 재료 또는 구조를 말한다. 주로 벽, 바닥, 지붕 등의 내부와 외부 사이에 위치하여, 습기가 건축 자재에 침투하거나 응축되는 것을 방지하는 역할을 한다. 증기막은 일반적으로 폴리에틸렌 필름, 알루미늄 호일, 또는 특수 코팅된 재료로 만들어지며, 수증기가 통과하지 못하도록 설계된다. 이를 통해 건축물 내부의 습도를 조절하고, 곰팡이, 부패, 구조물의 손상을 예방하는 데 기여한다. 방습층의 설치는 특히 기후가 습한 지역이나 온도 차가 큰 환경에서 중요하며, 적절한 위치에 설치되지 않으면 오히려 문제를 일으킬 수 있으므로 주의가 필요하다.

[그림 8-2] 천장에 설치된 폴리에틸렌 필름 증기막

결로 공기 중의 수증기가 차가운 표면에 접촉하여 응축되어 물방울로 변하는 현상을 결로(condensation)라고 한다. 일반적으로 온도 차가 큰 환경에서 발생하며, 특히 겨울철에 실내의 따뜻한 공기가 차가운 창문이나 벽면에 닿을 때 자주 나타난다.

결로가 발생하면 다양한 문제가 생길 수 있다.

첫째, 결로로 인해 습기가 고이면 곰팡이가 쉽게 번식할 수 있다. 이는 실내 공기 질을 악화시키고 호흡기 건강에도 부정적인 영향을 미칠 수 있다.

둘째, 지속적으로 결로가 발생하면 건축 자재가 습기에 노출되어 부식하거나 부패할 위험이 있다. 목재는 수분을 흡수하면 강도가 약해지고 금속 부재는 녹이 슬 수 있으며, 단열재도 성능이 저하될 수 있다.

셋째, 결로가 생기는 부분은 단열 성능이 저하되어 실내 온도를 일정하게 유지하기 어려워진다. 이로 인해 냉난방 효율이 떨어지고 에너지 소비가 증가하게 된다. 이러한 문제를 예방하기 위해서는 적절한 단열과 환기 대책이 필요하다.

열교 건축물에서 열이 다른 부분에 비해 더 쉽게 전달되는 것을 열교(thermal bridge)라고 한다. 일반적으로 열전도율이 높은 재료가 사용되거나, 구조적 결함으로 인해 발생한다. 열교는 특정한 부위에서 열이 쉽게 전달되는 현상으로, 건물의 단열 성능을 저하시킬 수 있다. 주로 다음과 같은 위치에서 발생한다.

첫째, 창틀과 벽체의 접합부는 열이 쉽게 전달되는 부분 중 하나이다. 창문이나 문이 설치된 부위에서는 벽체와 단열재가 연속적으로 이어지지 못하는 경우가 많아 열이 빠져나가기 쉽다.

둘째, 벽체의 이음새에서도 열교가 발생할 수 있다. 특히 벽체와 바닥 또는 천장이 만나는 부분에서는 단열이 끊어지는 경우가 있어 열이 외부로 빠져나가거나 내부로 침투할 가능성이 높다.

셋째, 단열재가 올바르게 시공되지 않았을 때도 열교가 발생한다. 단열재가 일정한 두께로 설치되지 않거나 성능이 낮은 재료가 사용되면, 특정 부위에서 열이 집중적으로 이동하면서 단열 효과가 떨어지게 된다.

이러한 열교 현상은 건물의 에너지 효율을 저하시킬 뿐만 아니라 결로를 유발하여 곰팡이가 생기는 원인이 될 수도 있다. 따라서 건축 설계 단계에서 열교를 최소화할 수 있도록 적절한 단열재를 사용하고, 구조적으로 열이 집중되지 않도록 설계하는 것이 중요하다.

공기막 건축물의 외부와 내부 사이에서 공기의 흐름을 차단하는 역할을 하는 재료가 공기막(air barrier)이다. 공기막은 외부의 바람, 습기, 먼지 등이 건물 내부로 침투하는 것을 방지하여 에너지 효율성을 높이고, 실내 환경을 쾌적하게 유지하는 데 기여한다. 공기막은 건물의 단열성과 내부 환경을 개선하는 역할을 하며, 다음과 같은 기능을 수행한다.

첫째, 공기막은 에너지 효율성을 높이는 데 중요한 역할을 한다. 건물 내부의 따뜻한 공기가 불필요하게 빠져나가거나 외부의 차가운 공기가 들어오는 것을 방지하여 난방과 냉방 비용을 절감할 수 있다. 이를 통해 실내 온도를 보다 안정적으로 유지할 수 있다.

둘째, 습기 조절 기능을 수행하여 결로와 곰팡이 발생을 예방한다. 외부에서 유입되는 습기가 실내로 들어오지 않도록 차단하여 벽체나 천장 내부에 습기가 차는 것을 방지하며, 건물 구조를 보호하는 역할을 한다.

셋째, 실내 환경을 개선하는 데 도움을 준다. 공기막은 외부의 미세먼지, 오염물질, 소음이 실내로 유입되는 것을 차단하여 쾌적한 생활 공간을 조성할 수 있도록 한다. 특히 도심이나 공사장 근처처럼 외부 환경이 열악한 지역에서는 더욱 효과적인 역할을 한다.

공기막은 다양한 재료로 제작되며 벽체, 지붕, 바닥 등 건물의 여러 부분에 적용될 수 있다. 이를 적절히 활용하면 건물의 단열성과 내구성을 향상시키고, 실내 환경을 보다 건강하고 쾌적하게 유지할 수 있다.

열 반사 막 열을 반사하여 건물의 에너지 효율성을 높이는 재료를 열 반사 막(radiant barrier)이라고 한다. 이 재료는 주로 금속 호일이나 특수 코팅된 재료로 구성되어 있으며, 열복사를 차단하는 데 효과적이다.

열 안정성 물질이 고온 환경에서 물리적, 화학적 성질을 유지할 수 있는 능력을 열 안정성(thermal stability)이라고 한다. 열 안정성이 높은 물질은 고온에서도 구조가 변형되거나 분해되지 않고 원래의 특성을 유지할 수 있다.

흡습성 물질이 공기 중의 수분을 흡수하거나 방출하는 성질을 흡습성(hygroscopicity)이라고 한다. 흡습성이 있는 물질은 주변 환경의 습도에 따라 수분을 흡수하거나 잃을 수 있으며, 이로 인해 물질의 물리적, 화학적 성질이 변화할 수 있다. 흡습성이 높은 물질은 습기와의 접촉으로 인해 변질되거나 품질이 저하될 수 있다. 흡습성이 높은 단열재는 수분으로 인해 성능이 저하될 수 있으므로 방습 처리가 필요하다.

8.4 단열재의 종류

목조주택에서 사용되는 단열재는 재료의 성능, 설치 방법, 비용 등에 따라 선택된다. 목조주택에 주로 사용되는 단열재의 종류와 특징에 대해서 자세히 알아보자.

그라스울 단열재

그라스울 단열재는 경량목조주택의 벽, 바닥, 지붕 골조 시공 간격(16인치, 24인치)과 골조의 두께에 맞게 제품이 생산된다. 목조주택 골조의 내부에 설치되기 때문에 단열성능 뿐 아니라 친환경적인 요소를 충분히 갖추고 있는지를 면밀히 살펴볼 필요가 있다. 국내에서도 많이 사용되는 크나우프 인슐레이션(Knauf Insulation) 제품은 '에코즈(ECOSE)'라고 하는 특허기술을 바탕으로 인체에 유해하지 않은 천연식물에서 추출한 접착기술로 친환경 그라스울 단열재를 만들어내고 있다.

[그림 8-3] 그라스울 단열재

그라스울 단열재는 미세한 유리 섬유로 만들어진 단열재로, 마치 솜처럼 부드러운 느낌을 가진다. 주로 패널(판 형태)이나 롤(말아서 제공되는 형태)로 제작되어 사용된다. 이 단열재는 내부에 많은 공기층을 포함하고 있어 열이 전달되는 것을 효과적으로 차단하는 역할을 한다. 그라스울의 공기층은 열의 이동을 방해하기 때문에, 열이 직접 전도되거나 공기의 흐름을 따라 대류되는 것을 줄여줘 실내 온도를 일정하게 유지하는 데 도움을 준다.

그라스울 단열재는 설치가 간단하다는 장점이 있다. 목조주택의 벽 사이, 천장, 바닥 틈 등에 끼워 넣기만 하면 되며, 가벼운 소재이기 때문에 작업하기도 수월하다. 또한, 비용이 비교적 저렴하여 경제적인 선택이 가능하며, 불에 잘 타지 않아 화재 예방에도 효과적이다.

하지만 몇 가지 단점도 있다. 가장 큰 단점은 습기에 약하다는 점이다. 물에 닿으면 단열 성능이 크게 저하될 수 있어, 습기가 많은 환경에서는 별도의 방수 대책이 필요하다. 또한, 유리섬유로 만들어져 있기 때문에 설치 시 미세한 가루가 날릴 수 있으며, 피부에 닿으면 가려움증을 유발하거나 호흡기에 자극을 줄 수 있다. 따라서 작업할 때는 마스크와 보호복을 착용하는 것이 필수적이다. 또한, 스프레이 폼 단열재처럼 모든 틈새를 완벽하게 메우지는 못하기 때문에 시공할 때 단열재가 빈틈없이 들어가도록 세심한 작업이 필요하다.

설치 방법은 비교적 간단하다. 먼저, 벽체나 천장의 틀 사이에 단열재를 삽입한다. 이때 단열재를 너무 강하게 압축하면 공기층이 손상되어 단열 효과가 감소할 수 있으므로, 적절한 힘으로 끼우되 틈이 생기지 않도록 주의해야 한다. 천장에 설치할 경우, 단열재가 아래로 떨어지지 않도록 고정핀이나 철사를 사용해 지지하는 것이 필요하다. 다음으로, 단열재 위에 증기막 또는 가변형 투습방수지를 덮어 습기가 내부로 침투하는 것을 막아야 한다. 이 증기막은 스테이플러를 이용해 스터드에 단단히 고정하며, 단열재 사이에 틈이 생기지 않도록 추가적인 확인 작업을 거친다. 만약 단열재와 단열재 사이에 빈 공간이 발생하면 추가로 단열재를 삽입하여 보완한다. 마지막으로, 단열재와 방습막 설치가 끝나면 석고보드나 마감재로 덮어 마무리한다. 이렇게 시공된 그라스울 단열재는 실내의 열을 안정적으로 유지하고 에너지 효율을 높이며, 불연성과 경제성까지 갖춘 효과적인 단열 솔루션이 된다.

[그림 8-4] 그라스울 단열재 시공

셀룰로오스 단열재

셀룰로오스 단열재(cellulose insulation)는 재활용 신문지를 주원료로 만든 친환경 단열재이다. 신문지를 잘게 부순 다음, 불에 잘 타지 않도록 방화 처리(주로 붕산이나 황산알루미늄 사용)를 하고, 곰팡이와 해충에 강하게 만드는 화학 처리를 거친다. 가루 형태로 되어 있어서 틈새나 구멍을 쉽게 채울 수 있다. 그래서 단열 성능뿐만 아니라 공기 차단에도 효과적이다. 벽의 빈 공간이나 천장에 분사해서 사용한다.

셀룰로오스 단열재는 친환경적인 단열재로, 주로 분사 방식으로 설치된다. 특수 기계를 이용해 분말 형태의 단열재를 벽 내부나 천장 공간에 뿌려 넣는 방식이며, 이 과정에서 빈틈없이 촘촘하게 채워지므로 열 손실을 효과적으로 줄일 수 있다.

하지만 몇 가지 단점이 있다. 첫째, 습기에 약하다는 점이다. 셀룰로오스 단열재가 물에 젖으면 단열 성능이 저하될 뿐만 아니라 시간이 지나면서 뭉치거나 가라앉을 수 있다. 이를 방지하려면 반드시 증기막을 함께 설치하여 수분이 침투하는 것을 막아야 한다. 둘째, 시간이 흐름에 따라 수축이 발생할 가능성이 있다. 단열재가 점차적으로 가라앉으면 원래의 단열 성능이 약해질 수 있으므로, 주기적인 점검과 보완 작업이 필요하다. 특히 오래된 건물에서는 단열재의 밀도를 확인하고 추가적으로 보충하는 것이 중요하다.

이러한 단점에도 불구하고 셀룰로오스 단열재는 높은 열 저항성과 친환경성을 갖추고 있어, 적절한 시공과 유지보수를 병행하면 효과적인 단열재로 활용할 수 있다.

[그림 8-5] 셀룰로오스 단열재 설치

스프레이 폼 단열재

스프레이 폼 단열재(spray foam insulation)는 액체 형태로 뿌린 뒤 팽창해서 단단한 단열층을 만드는 단열재이다. 간단히 말해, 뿌리면 부풀어 오르면서 틈새를 메우고 단열 효과를 발휘한다. 스프레이 폼은 두 가지 액체(아이소시아네이트와 폴리올)를 섞어서 표면에 분사된다. 이 액체는 공기와 접촉하면 즉시 팽창해 부피가 30~60배로 커진다. 팽창하면서 벽의 작은 틈이나 구멍까지 완전히 채워준다.

스프레이 폼 단열재는 뛰어난 공기 차단 효과와 높은 단열 성능을 제공하는 단열재로 벽이나 천장에 직접 분사하여 빈틈없이 적용할 수 있다. 이 단열재는 팽창하면서 밀폐된 구조를 형성하여 공기 누출을 막아주며 일반 단열재보다 더 높은 열 차단 효과와 방습 성능을 제공한다.

스프레이 폼 단열재는 밀도와 특성에 따라 두 가지 유형으로 나뉜다.

첫째, 오픈셀 스프레이 폼(open-cell foam)은 부드럽고 가벼운 구조로 공기가 통할 수 있어 방음 효과가 뛰어나다. 열저항 값은 약 3.5~4.0이며, 가격이 비교적 저렴하지만 방습 기능이 약한 편이다.

둘째, 클로즈드셀 스프레이 폼(closed-cell foam)은 고밀도로 단단한 구조를 가지고 있어 방습 기능이 뛰어나며, 건물의 구조를 보강하는 역할도 가능하다. 열저항 값은 약 6.0 이상으로, 오픈셀 폼보다 단열 성능이 우수하지만 가격이 더 비싸다.

스프레이 폼 단열재는 성능이 뛰어나지만 몇 가지 단점이 있다. 먼저, 설치 비용이 높다. 다른 단열재보다 초기 비용이 많이 들고 전문 장비와 기술이 필요하기 때문에 일반인이 직접 시공하기 어렵다. 또한, 화학 냄새가 발생할 수 있다. 설치 후 초기에는 강한 화학 냄새가 날 수 있어 충분한 환기가 필요하다. 마지막으로, 자외선(UV)에 취약하다. 햇빛에 장기간 노출되면 성능이 저하될 수 있어, 반드시 내부 마감재로 덮어 보호해야 한다.

설치 방법 스프레이 폼 단열재는 올바른 시공 방법을 통해 단열 효과를 극대화할 수 있다. 먼저, 작은 틈이나 구멍을 스프레이 폼으로 채워 공기 누출을 방지한다. 이때 폼이 팽창하는 특성이 있으므로 적은 양을 도포한 후 부풀어 오르는 과정을 기다리는 것이 중요하다. 그다음, 벽과 천장과 같은 넓은 면적에 폼을 균일하게 분사한다. 이상적인 도포 거리는 약 15~30cm 이며, 한 번에 두껍게 뿌리는 것보다 여러 겹으로 얇게 도포하는 것이 바람직하다. 두껍게 도포하면 열이 축적되어 단열재가 과열될 위험이 있기 때문이다.

폼을 뿌린 후 약 5~10분 이내에 팽창하며 단단해진다. 만약 표면이 불규칙하면 추가 도포를 통해 균일한 상태로 정리한다. 스프레이 폼 단열재는 강력한 단열 및 방습 효과를 제공하지만, 정확한 시공이 필수적이다. 따라서 전문가의 시공을 권장하며, 시공 과정에서 안전 기준을 철저히 준수해야 한다.

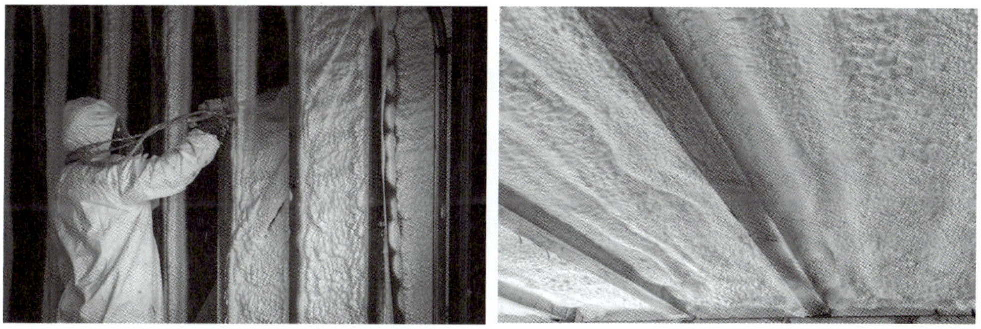

[그림 8-6] 스프레이 폼 단열재 설치

경질 폼보드 단열재

경질 폼보드 단열재(rigid foam board insulation)는 딱딱하고 단단한 형태의 단열재로, 주로 건축물의 벽, 지붕, 바닥 등에 사용된다. 이 단열재는 압축된 발포 플라스틱으로 만들어지며, 그 안에 공기가 갇혀 있어 열이 잘 전달되지 않도록 막아주는 역할을 한다. 예를 들어, 우리가 흔히 접할 수 있는 스티로폼도 경질 폼보드의 한 종류이다.

[그림 8-7] 경질 폼보드 단열재

경질 폼보드 단열재는 딱딱하고 평평한 패널 형태로 제공되며, 다른 형태의 단열재보다 설치가 간편하다. 단열 성능을 나타내는 열저항 값은 약 4.0~6.5로 열 차단 능력이 매우 우수하다. 또한, 경량 구조로 무게가 가벼워 쉽게 다룰 수 있으며, 설치와 이동이 용이하다. 이 단열재는 습기에 강하고 물을 흡수하지 않기 때문에 습도가 높은 환경에서도 성능이 저하되지 않는다. 시간이 지나도 변형이 적고 내구성이 뛰어나, 오랫동안 단열 효과를 유지할 수 있다는 장점이 있다. 경질 폼보드 단열재는 비용이 상대적으로 높을 수 있으며, 화재 안전을 위해 추가적인 난연 처리나 보호층이 필요할 수 있다. 이러한 점을 고려하여 사용 목적에 맞는 적절한 설치 방법을 선택하는 것이 중요하다.

경질 폼보드 단열재는 지붕이나 벽에 설치되어 실내외 온도 차이를 줄이고 에너지 손실을 최소화하는 역할을 한다. 또한, 기초 바닥에도 설치할 수 있어, 차가운 지면으로부터의 열 손실을 막고 실내 난방 효율을 높이는 데 도움을 준다.

열 반사 단열재

열 반사 단열재(radiant barrier)는 주로 태양의 열을 반사시키는 역할을 하는 단열재이다. 다른 단열재들이 열을 차단하거나 흡수하는 방식으로 작용하는 반면, 열 반사 단열재는 열을 반사하여 건물 안으로 들어오는 열을 줄이는 데 초점을 맞춘다.

[그림 8-8] 목조주택 지붕에 설치된 열 반사 단열재

태양광이나 외부의 열이 건물의 외벽이나 지붕에 닿으면 그 열이 건물 내부로 전달된다. 열 반사 단열재는 알루미늄 호일 같은 반사성이 있는 물질로 만들어져 있어서 그 열을 반사하여 건물 내부로 들어오는 것을 차단한다. 예를 들어, 여름에 뜨거운 햇빛이 지붕에 내리쬐면, 열 반사 단열재가 그 열을 반사하여 건물 안으로 들어오는 열을 줄이고, 실내 온도를 시원하게 유지하는 데 도움을 준다. 얇고 가벼운 구조를 가지고 있어 설치가 쉽고 태양열을 반사하여 실내 온도가 상승하는 것을 방지하는 기능을 한다. 주로 지붕이나 벽체, 다락방에 적용되며 단독으로 사용되기보다는 다른 단열재와 함께 보완적으로 사용된다. 두껍지 않기 때문에 벽체 두께를 줄일 수 있다.

열 반사 단열재는 비용이 저렴하고 설치가 간단하며, 가벼운 무게로 취급이 용이하다. 또한, 얇은 두께로 인해 공간을 차지하지 않아 제한된 공간에서도 활용하기 좋다. 반면에 태양열을 반사하는 기능에 초점을 맞추고 있어 겨울철 단열 성능이 미흡하다. 따라서 외부에서 열을 들여와야 하는 겨울철에는 다른 단열재와 함께 사용하는 것이 바람직하다. 또한, 열저항 값이 낮아 단독 사용 시 단열 효과가 충분하지 않을 수 있다.

설치 방법 열 반사 단열재를 지붕과 외벽 구조물에 스테이플러를 이용해 고정한다. 단열재 사이에 틈이 생기지 않도록 주의하며, 필요에 따라 접착제를 사용하여 밀착시킨다. 벽체에 단열재를 수평 또는 수직으로 고정한다. 열재 사이의 틈새는 열 손실을 유발할 수 있으므로 테이프나 추가 접착제를 사용해 밀봉하여 기밀성을 확보한다. 반사 단열재는 더운 지역에서 태양열을 효과적으로 차단하는 데 매우 유용하며, 기존 단열재와 함께 사용하면 단열 성능을 더욱 향상시킬 수 있다.

(a) 지붕설치 (b) 벽설치

[그림 8-9] 열 반사 단열재 설치

미네랄울 단열재

미네랄울(mineral wool)의 한 종류로 락울 단열재(rock wool insulation)가 있다. 락울 단열재는 바위(암석)를 고온에서 녹여 섬유화한 단열재이다. 주로 바위나 화산암을 기반으로 제작되며, 광물성 섬유로 만들어져 내화성이 매우 뛰어난 단열재이다.

[그림 8-10] 미네랄울 단열재

락울 단열재는 화재 저항성이 뛰어나고 단열 및 방음 성능이 우수한 단열재로 주로 벽, 천장, 지붕, 바닥 등에 사용된다. 천연 광물을 고온에서 녹여 섬유 형태로 만든 이 단열재는 습기에 강하고 내구성이 뛰어나 장기간 안정적인 성능을 제공한다.

1. **화재 저항성(fire resistance)**: 락울 단열재는 불이 붙지 않으며, 높은 내화성을 지닌다. 화재 발생 시 화염 확산을 방지하는 기능이 있어 건축물의 화재 안전성을 크게 향상시킨다.

2. **우수한 단열 성능(thermal insulation)**: 열전도율이 낮아 열이 내부에서 외부로 또는 외부에서 내부로 전달되는 것을 효과적으로 차단한다. 이를 통해 에너지 효율을 높이고 냉난방 비용을 절감하는 역할을 한다. 열저항 값은 약 3.0~3.3으로 유리섬유 단열재와 유사하지만, 열 차단 성능이 더욱 우수하다.

3. **방음 효과(sound insulation)**: 소리를 흡수하는 성질이 뛰어나 실내의 소음을 줄이는 데 효과적이다. 이 특성 덕분에 소음 차단이 필요한 장소(예: 스튜디오, 호텔, 아파트 등)에 많이 사용된다.

4. **습기 저항성((moisture resistance))**: 습기에 강하며, 물을 거의 흡수하지 않는다. 덕분에 곰팡이나 세균 번식 위험이 낮아 습기가 많은 지역(예: 지하실, 외벽, 지붕 등)에도 적합하다.

5. **내구성(durability)**: 시간이 지나도 변형되지 않고 부식이나 썩음 현상이 발생하지 않는다. 높은 압력과 온도에도 물리적 손상을 받지 않고 안정적인 성능을 제공한다.

설치 방법 락울 단열재는 설치 공간과 용도에 따라 롤 형태 또는 보드 형태로 제공된다. 롤 형태(roll type)은 유연한 형태로 제작되어 벽, 천장, 바닥 등에 쉽게 설치할 수 있으며, 복잡한 형태의 공간에도 적용 가능하다. 보드 형태(board type)는 단단한 패널 형태로 제공되며, 직선적인 부분에 설치하는 데 적합하다. 안정적인 단열 성능과 견고한 표면을 제공한다.

락울 단열재는 여러 장점이 있지만 몇 가지 단점도 있다. 다른 단열재에 비해 상대적으로 가격이 높은 편이고 시공 중 미세한 섬유 가루가 발생할 수 있어 마스크, 장갑 등 보호 장구 착용이 필요하다. 또한, 유리섬유 단열재 등과 비교했을 때 상대적으로 무겁고 두꺼운 편이므로 운반 및 설치 시 주의가 필요하다.

락울 단열재는 화재 안전성과 방음 성능이 뛰어나며 내구성이 높은 단열재로 습기와 온도 변화에 강해 장기간 안정적인 성능을 제공한다. 다만, 비용과 설치 과정에서의 주의 사항을 고려하여 적절한 환경에서 사용하는 것이 중요하다.

연습문제

다음 설명을 읽고 '맞다' 또는 '아니다'를 선택하시오.

8.1 어떠한 물질이 열의 흐름에 저항하는 정도를 나타내는 지표를 열전도율이라고 한다.

a. 맞다

b. 아니다

다음 질문에 가장 적합한 답을 선택하시오.

8.2 다음 중 미세한 유리 섬유로 만들어졌으며, 내부에 많은 공기층을 포함하여 열 전달을 효과적으로 차단하는 단열재는 무엇인가?

a. 스프레이 폼 단열재

b. 그라스울 단열재

c. 셀룰로오스 단열재

8.3 다음 중 화재 저항성이 뛰어나고 단열 및 방음 성능이 우수한 단열재로, 천연 광물을 고온에서 녹여 섬유 형태로 만든 단열재는 무엇인가?

a. 열 반사 단열재

b. 경질 폼보드 단열재

c. 미네랄울 단열재

다음 질문에 대한 올바른 답을 작성하시오.

8.4 단열재는 열의 전달을 막거나 제한하는 역할을 한다. 열이 전달되는 방식 세 가지를 쓰시오.

8.5 결로로 인해 발생할 수 있는 주요 문제점 세 가지를 쓰시오.

Chapter

9

석고보드

9.1 일반사항

석고보드는 건축 및 인테리어 분야에서 널리 사용되는 자재이다. 특히 목조주택의 내부 마감재로 중요한 역할을 한다. 석고를 주원료로 두 장의 견고한 보드용 원지 사이에 안정된 결정 상태로 경화시켜 판상으로 성형한 것으로 내장재의 필수 조건인 불연성, 단열성, 차음성능이 뛰어나다.

[그림 9-1] 목골조 위에 설치되는 석고보드

제품 종류 및 규격

경량목조주택에서 사용되는 석고보드는 다양한 용도에 따라 여러 종류로 나뉘며 각 종류마다 고유한 특징이 있다. 석고보드 종류별 특징에 대해 자세히 알아보자.

1. **일반 석고보드**: 일반적인 벽체 및 천장 시공에 사용된다. 내구성이 좋고 시공이 용이하다. 가격이 저렴하여 널리 사용된다.

2. **차음 석고보드**: 향상된 차음성능을 통해 외부로부터 소음을 저하시키는 효과가 뛰어나며, 일반 석고보드보다 밀도가 높아 차음 성능이 우수하다. 소음 차단이 필요한 음악실, 회의실 등에서 사용된다.

3. **방균 석고보드**: 방균 기능을 통해 시공 과정 중 발생할 수 있는 곰팡이 발생을 억제하는 석고보드이다.

4. **방수 석고보드**: 욕실, 주방 등 습기가 많은 곳에 사용된다. 방수 처리가 되어 있어 물에 강하며, 습기와 곰팡이에 대한 저항력이 뛰어나다.

5. **방화 석고보드**: 석고 심재에 내화재를 방화성능을 향상시킨 석고보드로서 고온에서도 견딜 수 있는 내화 성능이 뛰어나다. 화재에 대한 저항력이 필요한 상업용 건물이나 공공시설에서 사용된다.

[표 9-1] 석고보드 규격

종류	너비(mm)	길이(mm)	두께(mm)
일반 석고보드	900	1800/ 2400 / 2700	9.5 / 12.5 /15
	1200	2400	
차음 석고보드	900	1800/ 2400 / 2700	12.5 / 15
방균 석고보드	900	1800/ 2400 / 2700	9.5 / 12.5
방수 석고보드	900	1800/ 2400 / 2700	9.5 / 12.5 / 15
방화 석고보드	900/1200	1800/ 2400 / 2700	12.5 / 15 / 19

나사못

목조주택에서 석고보드를 취부할 때 사용하는 나사못은 석고보드의 안정적인 부착과 구조적 강도를 제공하는 데 중요한 역할을 한다. 석고보드 취부 시 사용되는 나사못의 종류는 석고보드 전용 나사못과 자체 드릴링 기능을 가진 나사못이 있다. 전자는 석고보드의 표면을 손상시키지 않으면서도 강력하게 고정할 수 있으며, 후자는 나사 끝에 드릴링 기능이 있어 별도의 파일럿 홀 없이도 쉽게 목재에 박힐 수 있다. 이는 시공 시간을 단축시키고 작업의 효율성을 높인다.

나사못의 재질은 주로 강철로 제작되며, 내구성이 뛰어나고 부식에 강한 아연 도금 처리가 되어 있다. 이는 나사못이 시간이 지나도 강도를 유지할 수 있도록 한다. 습기가 많은 환경에서는 스테인리스 나사못을 사용하는 것이 좋다. 스테인리스는 부식에 강해 욕실이나 주방과 같은 습기 있는 장소에서의 사용에 적합하지만 가격이 비싸다는 단점이 있다.

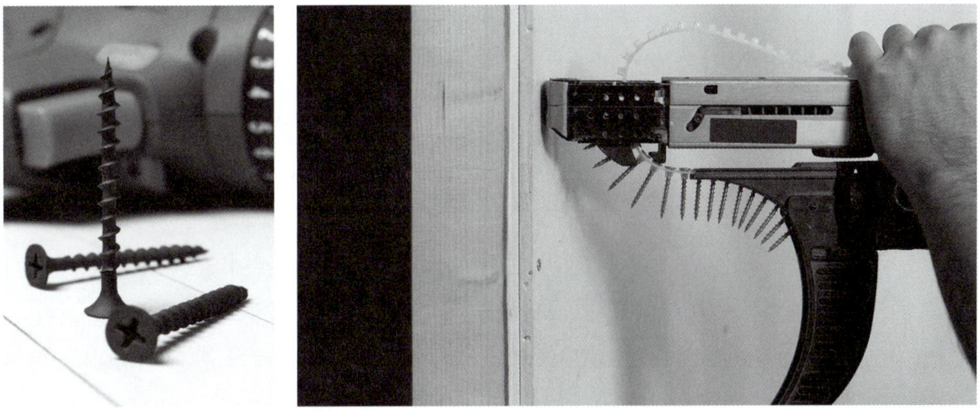

[그림 9-2] 석고보드 용 나사못

나사못의 길이는 일반적으로 25mm에서 50mm 사이이며, 석고보드의 두께에 따라 적절한 길이를 선택해야 한다. 예를 들어, 12.5mm 두께의 석고보드에는 50mm 이상의 나사못이 적합하다. 두꺼운 나사못은 더 강한 고정을 제공하지만, 석고보드의 손상을 유발할 수 있으므로 적절한 두께를 선택하는 것이 중요하다.

나사못의 시공 간격은 목골조의 시공 간격에 따라 달라진다. 목골조의 시공 간격이 16인치(406mm)일 경우, 벽은 400mm, 천장은 300mm 간격으로 나사못을 박는다. 나사못은 석고보드의 표면에 약간 들어가도록 설치해야 하며, 나사못의 머리가 석고보드 표면에 평평하게 위치해야 한다. 이는 마감 작업 시 매끄러운 표면을 유지하는 데 중요하다. 나사못을 설치할 때 과도한 힘을 주면 나사못이 너무 깊이 박혀 석고보드가 손상될 수 있으므로 주의해야 한다.

9.2 석고보드의 시공

사전 준비

목조주택 골조에 석고보드를 시공할 때 목재의 함수율을 체크하는 것은 구조적 안정성, 마감 품질, 내구성 등을 보장하는 중요한 과정이다. 함수율을 적절히 관리하지 않으면 변형, 균열, 곰팡이 등의 문제가 발생할 수 있으며, 이는 목조주택의 수명과 거주자의 건강에도 영향을 미칠 수 있다.

석고보드 모서리 처리 방법

벽체의 모서리와 개구부는 석고보드 시공 시 균열과 손상을 방지하기 위해 적절한 보강이 필요하다. 외부 모서리(아웃코너)는 충격에 취약하기 때문에 코너비드를 사용하여 시공해야 한다. 이를 통해 모서리의 내구성을 강화하고 마감 처리를 더욱 깔끔하게 할 수 있다. 내부 모서리(인코너)에는 종이 테이프 또는 망 테이프를 부착하여 시공하는 것이 일반적이다. 이는 건조 후 발생할 수 있는 균열을 방지하고, 모서리 부분을 더욱 단단하게 고정하는 역할을 한다. 또한, 창문이나 문의 모서리는 석고보드의 이음새에서 균열이 발생하기 쉬운 위치이다. 이를 방지하려면, 석고보드의 이음새를 개구부의 중앙에 배치하여 하중이 균일하게 분산되도록 해야 한다.

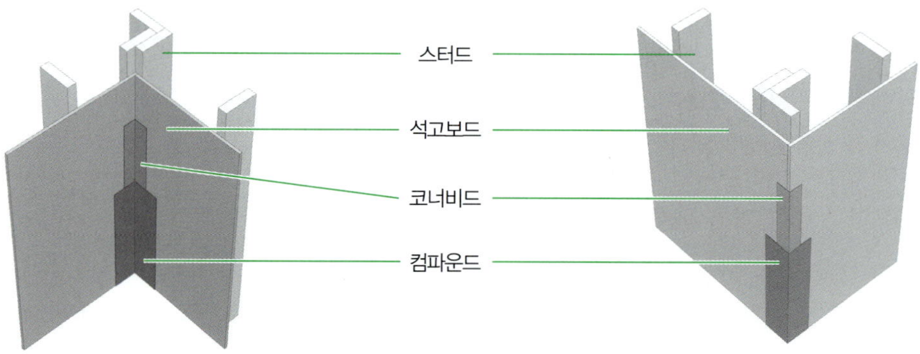

(a) 내부 모서리 시공 (b) 외부 모서리 시공

[그림 9-3] 석고보드 내부 모서리와 외부 모서리 시공

석고보드 시공 단계

1단계: 석고보드를 천장 장선과 벽스터드에 나사로 고정한다. 나사는 보드의 가장자리에서 약 1.5cm 떨어진 위치에 박아야 하며, 이를 통해 석고보드가 깨지는 것을 방지할 수 있다.

2단계: 고정된 나사 위에 조인트 컴파운드를 발라 석고보드 면과 매끄럽게 정리한다. 이를 통해 표면이 균일하게 유지되도록 한다.

3단계: 석고보드의 이음새 부분에 조인트 테이프를 부착한 후, 그 위에 조인트 컴파운드를 발라 부드럽게 마감한다. 이 과정은 표면이 완전히 균일해질 때까지 두 번 이상 반복하여 마무리한다.

4단계: 조인트 컴파운드가 마른 후, 사포를 사용해 표면을 매끄럽게 다듬는다.

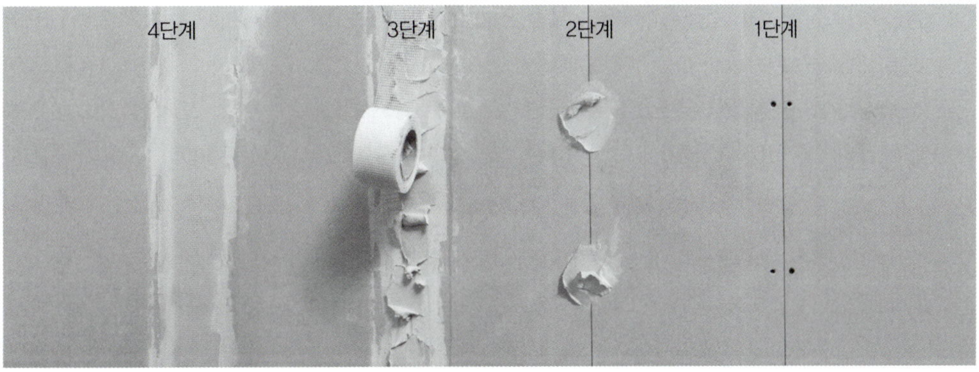

[그림 9-4] 석고보드 시공 단계

연습문제

다음 설명을 읽고 '맞다' 또는 '아니다'를 선택하시오.

9.1 목조주택 골조에 석고보드를 취부할 때 일반 못을 사용해도 무방하다.

a. 맞다

b. 아니다

9.2 창문이나 문과 같은 개구부가 있는 곳의 석고보드 이음새는 균열 방지를 위해 개구부 모서리에 오도록 배치한다.

a. 맞다

b. 아니다

다음 질문에 가장 적합한 답을 선택하시오.

9.3 목골조의 시공 간격이 16인치(406mm)일 경우, 석고보드 나사못의 시공 간격은 얼마인가?

a. 벽 200mm, 천장 200mm

b. 벽 300mm, 천장 200mm

c. 벽 400mm, 천장 300mm

Chapter 10

실내 환경 관리

10.1 결로

공기 중의 수증기가 낮은 온도의 표면에 닿아 냉각되어 액체 상태의 물방울로 변하는 현상을 **결로**(condensation)라고 한다. 결로는 목조건물에서 다음과 같은 문제를 일으킬 수 있다.

1. **곰팡이 및 세균 성장**: 습기가 많은 환경은 곰팡이와 세균의 번식을 촉진한다.

2. **구조물 손상**: 결로로 인해 목재와 같은 건축 자재가 손상되거나 부패할 수 있다.

3. **에너지 효율 저하**: 결로가 발생하면 난방 및 냉방 효율이 떨어질 수 있다.

목조건축에서 'vapor'라는 용어는 일반적으로 수증기, 즉 기체 상태의 물을 의미한다. 목조건물 내부에서 수증기는 공기 중에 존재하며, 온도와 압력에 따라 이동하고 응축될 수 있다. 수증기의 이동은 목조건물의 에너지 효율성, 습도 조절 그리고 구조물의 내구성에 중요한 영향을 미치기 때문에 적절한 방습 및 환기 설계가 필요하다.

내부 공기와 외부 공기는 수분 증기의 확산을 제한하는 능력을 가진 외피 시스템으로 분리되어 있으며, 이 능력은 정도에 따라 다르다. 따라서 증기(기체 형태의 수분)는 항상 증기 압력 차이가 있을 때 내부에서 외부로, 또는 외부에서 내부로 이동한다.

적절한 환기는 실내 습도를 조절하고 공기 질을 개선하며, 온도를 쾌적하게 유지하는 데 도움을 준다. 다음 내용을 통해 자세히 알아보자.

1. **습도 조절**: 적절한 환기를 통해 수증기를 외부로 배출하면 곰팡이와 세균 번식 같은 문제를 예방할 수 있다.

2. **공기 질 향상**: 수증기가 많으면 공기 중의 오염물질과 결합할 수 있다. 환기를 통해 수증기를 제거하면 실내 공기질이 개선된다.

3. **온도 조절**: 수증기의 이동은 열전달과 관련이 있으며, 환기를 통해 공기를 순환시키면 실내 온도를 보다 쾌적하게 유지할 수 있다.

4. **구조물 보호**: 건축물의 구조적 손상을 방지하기 위해서는 수증기의 응축을 관리해야 한다. 적절한 환기는 수증기의 축적을 방지하여 목재, 금속 등 자재의 부식을 막는다.

이슬점

이슬점(dew point)은 공기 중에 포함된 수증기가 응결(즉, 물방울이 형성되는 과정)하여 이슬이 맺히기 시작하는 온도를 의미한다. 즉, 공기 중의 수증기가 물로 변하는 온도이다.

이슬점의 원리 공기는 일정량의 수증기를 포함하고 있으며, 이 수증기의 양은 온도에 따라 달라진다. 공기가 차가워지면 공기 중에 담을 수 있는 수증기의 양이 줄어들어 수증기가 응결되기 시작한다. 이때 수증기가 물방울로 변하는 온도가 이슬점이다.

더운 여름철에는 공기가 따뜻하여 더 많은 수증기를 포함할 수 있다. 이로 인해 공기 중의 수증기량이 많아지고 기온이 높아질수록 이슬점도 상대적으로 높아진다. 즉, 공기가 포화 상태가 되어 응결이 시작되는 온도가 더 높은 수준에서 형성된다.

반면, 날씨가 추워지면 공기가 머금을 수 있는 수증기량이 줄어든다. 특정 온도 이하로 기온이 내려가면 공기 중의 수증기가 응결하여 물방울로 변하는데, 이때의 온도를 이슬점이라고 한다. 기온이 낮을수록 이슬점도 낮아지므로 결로 현상이 발생할 가능성이 높아진다.

이슬점의 중요성 이슬점은 공기 중 수증기가 응결하여 물방울로 변하는 온도를 의미하며, 습도와 밀접한 관계가 있다. 습도가 높을수록 이슬점도 높아지며, 반대로 습도가 낮으면 이슬점도 낮아진다. 따라서 이슬점은 공기중의 습도를 측정하는 중요한 지표로 사용될 수 있다. 특히 건축과 기후 환경에서 이슬점은 매우 중요한 요소로 작용한다. 목조 주택의 경우, 실내 습도가 적절하게 관리되지 않거나 단열이 충분히 이루어지지 않으면 실내 기온이 이슬점 이하로 내려갈 수 있다. 이때, 결로 현상이 발생하여 벽이나 창문 표면에 물방울이 맺히게 된다. 이러한 결로는 시간이 지나면서 곰팡이 발생과 목재 부식을 초래할 수 있으며, 건축물의 내구성을 저하시킬 뿐만 아니라 실내 환경에도 부정적인 영향을 미칠 수 있다. 따라서 이슬점을 고려하여 적절한 단열과 환기 시스템을 적용하는 것이 중요하며, 이를 통해 결로로 인한 문제를 예방하고 쾌적한 실내 환경을 유지할 수 있다.

여름철에는 공기 중 수증기량이 많아 이슬점이 20℃ 이상으로 높아질 수 있다. 반면 겨울철에는 공기 중 수증기량이 적어 이슬점이 0℃ 이하로 낮아질 수 있다. 계절에 따른 이슬점 변화는 실내외 온도 차이와 습도 조절에 영향을 미치며 건축물의 단열과 환기 설계에서도 중요한 요소로 고려된다. 이슬점은 습도와 깊은 연관이 있다. 목조주택에서는 기온이 이슬점 이하로 내려가면 결로가 발생할 수 있어 이를 고려한 설계와 관리가 필요하다.

투과성

결로가 발생하는 원인 중 하나는 수증기의 응결인데, 이때 중요한 요소가 투과성(permeability)이다. 투과성은 재료가 기체나 수증기와 같은 액체를 통과시키는 능력을 말한다. 재료가 얼마나 통기성이 있는지, 즉 얼마나 수증기가 재료를 통해 통과할 수 있는지를 나타낸다.

결로에서 투과성의 중요성 결로는 수증기가 차가운 표면에 도달하여 응결되는 현상인데, 이때 수증기가 결로를 일으킬 수 있는 표면에 도달하는 과정에서 투과성이 중요한 역할을 한다.

1. **수증기 이동**: 고온 다습한 공기는 수증기를 포함하고 있다. 이 공기가 단열층을 지나면서 냉각되기 시작할 때, 수증기가 냉각된 표면으로 이동할 수 있다. 투과성이 높은 자재는 수증기가 쉽게 통과하여 내부로 이동할 수 있게 한다. 따라서 수증기가 벽, 천장, 창문 등의 표면으로 쉽게 이동할 수 있다.

2. **수증기 차단**: 투과성이 낮은 자재(예: 방수 벽지, 방습 필름 등)는 수증기의 이동을 차단한다. 이 경우, 수증기가 차가운 표면에 도달하지 못하거나, 결로가 발생하기 전에 다른 방식으로 배출될 수 있도록 돕는다. 예를 들어 방습층을 설치하면 수증기가 단열층이나 외벽으로 이동하기 전에 내부로 축적되지 않도록 막아준다.

3. **결로 방지**: 결로를 방지하려면 수증기의 이동 경로를 제한해야 한다. 이를 위해 투과성이 낮은 자재를 사용하여 수증기의 이동을 차단하고, 그 대신 통기성이 좋고 수증기가 빠져나갈 수 있는 통풍이 잘 이루어지는 공간을 만들어야 한다. 예를 들어 벽이나 지붕의 내부에 방수 또는 방습층을 설치하여, 수증기가 내부 구조물에 닿기 전에 차단될 수 있도록 해야 한다.

4. **습기 축적 방지**: 고온 다습한 환경에서는 수증기가 내부로 침투하면서 축적될 수 있다. 투과성이 높은 자재는 수증기를 쉽게 내부로 이동시키기 때문에 결로가 발생할 가능성이 커진다. 따라서 투과성이 높은 자재는 결로의 원인이 될 수 있으며, 이를 방지하기 위해서는 수증기의 흐름을 제한하는 자재와 기법을 사용하는 것이 중요하다.

결로와 관련된 건축 설계 단열재와 방습재를 적절히 배치하여 수증기가 내부로 유입되거나 결로가 발생하는 것을 방지한다. 특히 내벽과 외벽 사이에 단열층을 두고, 습기 차단층을 설치하여 수증기가 결로를 일으킬 수 있는 온도에 도달하지 않도록 조치한다.

결로 현상은 수증기가 특정 온도 이하로 내려가면서 응결하는 과정에서 발생한다. 이때 재료의 투과성이 중요한 이유는 수증기가 얼마나 쉽게 통과하느냐에 따라 결로 발생 여부가 달라지기 때문이다. 수증기가 차가운 표면에 닿아 응결하지 않도록 투과성이 낮은 자재를 사용하고, 적절한 방습층을 적용하여 결로를 효과적으로 예방할 수 있다.

10.2 환기

환기의 필요성

목조건물에서 지붕 환기는 매우 중요한 역할을 한다. 지붕 환기 시스템은 지붕 공간(예: 다락방, 천장 아래 공간)의 공기 흐름을 조절하여 여러 가지 문제를 예방하는 데 필수적이다. 목조건물에서 지붕 환기가 필요한 이유는 다음과 같다.

1. **습기 문제 방지**: 습기의 축적은 목조주택에서 큰 문제를 일으킬 수 있다. 겨울철에는 실내 난방으로 인해 내부 공기는 건조하지만 지붕 공간에는 외부 온도 변화로 인해 차가운 공기가 들어올 수 있다. 이때 공기 중의 수증기가 차가운 지붕 표면에 응결하여 결로가 발생할 수 있다. 지붕 환기가 없으면 결로가 목구조물에 축적되어 부패, 곰팡이 및 벌레의 발생을 초래할 수 있다. 환기를 통해 공기를 순환시켜 습기를 외부로 배출할 수 있어 결로를 방지하고 목구조물의 내구성을 유지할 수 있다.

2. **단열 성능 유지**: 지붕이 제대로 환기되지 않으면, 여름철에는 지붕 공간이 과열되어 냉방비가 증가하고, 겨울철에는 단열 효과가 떨어질 수 있다. 여름철에 지붕 공간이 너무 뜨거우면, 실내로 열이 전도되어 에너지 효율이 저하된다. 지붕 환기는 지붕 공간의 온도를 적절하게 유지하여, 외부 온도에 따라 지붕 공간의 열이 식거나 빠져나가도록 돕는다. 이를 통해 단열 성능이 향상되어 냉난방 비용을 절감할 수 있다.

3. **목재 부식 방지**: 습기와 열이 고온 다습한 상태로 지속되면, 목재의 부패나 변형이 발생할 수 있다. 특히 목조주택은 목재가 주요 건축 자재이기 때문에, 목재의 구조적 안정성을 유지하기 위해서는 적절한 환기가 필요하다. 지붕 환기를 통해 이와 같은 문제를 예방하고, 목재를 건조하고 안정된 상태로 유지할 수 있다.

4. **구조물의 내구성 향상**: 지붕은 목조주택에서 외부 환경과 직접 접하는 부분으로 눈, 비, 바람 등의 영향을 받는다. 환기 시스템은 이러한 외부 요소들이 지붕에 영향을 미치지 않도록 하는 역할을 한다. 환기 시스템이 없으면 지붕 내부의 공기가 고여 습도와 온도 차로 인해 목구조물에 지속적인 스트레스를 주게 되어서 결국 구조물의 내구성이 감소할 수 있다.

5. **곰팡이 및 세균의 발생 방지**: 지붕 공간의 환기가 잘 되지 않으면, 특히 습기가 많을 때 곰팡이나 세균이 번식할 수 있는 환경이 조성된다. 이런 문제는 건강에도 악영향을 미칠 수 있다. 지붕 환기는 이러한 문제를 예방하고 지붕 내부를 건조하고 청결한 상태로 유지하는 데 도움을 준다.

6. **자연 통풍 유지**: 지붕 환기는 자연 통풍 시스템의 일환으로, 지붕 공간의 온도와 습도를 조절한다. 자연적인 바람과 기류를 이용하여 지붕의 공기가 순환되도록 하고 열기나 습기가 외부로 빠져나가게 한다. 이 방법은 에너지 비용을 줄이면서도 건강하고 쾌적한 실내 환경을 유지할 수 있도록 돕는다.

환기 방식 환기는 크게 기계 환기와 수동 환기의 두 가지 방식으로 구분된다. **기계 환기**는 환풍기나 배기 팬을 활용하여 공기를 강제로 순환시키는 방식이다. 이 방법은 외부의 기류와 상관없이 공기 흐름을 조절할 수 있어 일정한 환기 효과를 제공한다. 특히 지붕 아래의 온도가 지나치게 올라가거나 습기가 차는 것을 방지하는 데 효과적이다.

수동 환기는 자연적인 공기 흐름을 활용하는 방식으로, 지붕과 외벽 사이에 배출구와 유입구를 설치하여 공기가 자연스럽게 순환하도록 유도한다. 이 방법은 바람의 방향과 온도 차이를 이용해 공기를 이동시키며, 추가적인 에너지가 필요하지 않아 경제적인 장점이 있다. 특히 지붕 아래에 축적된 뜨거운 공기가 배출구를 통해 빠져나가고, 신선한 공기가 유입구를 통해 들어오면서 자연적인 환기 효과가 발생한다.

이 두 가지 환기 방식은 지붕 공간의 습기와 열을 조절하는 데 중요한 역할을 하며, 건물의 내구성을 높이고 실내 환경을 쾌적하게 유지하는 데 기여한다.

목조주택 지붕에서 환기가 잘 되지 않을 경우 대표적으로 생길 수 있는 또 하나의 문제가 아이스댐(ice dam) 현상이다. 아이스댐은 겨울철에 발생할 수 있는 문제로, 지붕의 가장자리에 얼음이 쌓여 형성되는 현상이다. 아이스댐은 주로 다음과 같은 과정으로 발생한다.

1. **온도 차이**: 지붕의 상단 부분은 태양의 열이나 건물 내부의 열로 인해 따뜻해지고, 하단 부분은 외부의 차가운 공기와 접촉하여 차가워진다. 이로 인해 지붕의 상단에서 눈이 녹고, 녹은 물이 지붕 하단으로 흐른다.

2. **얼음 형성**: 지붕 하단 부분이 차가워지면 녹은 물이 얼어붙어 얼음이 쌓이게 된다. 이 얼음이 지붕의 가장자리에 쌓이면서 아이스댐이 형성된다.

3. **물의 역류**: 아이스댐이 형성되면, 더 이상 물이 지붕의 가장자리에서 흘러내릴 수 없게 되어 녹은 물이 지붕 아래로 역류하게 된다. 이로 인해 지붕의 구조물이나 내부로 물이 침투할 수 있어, 누수나 곰팡이 문제를 일으킬 수 있다.

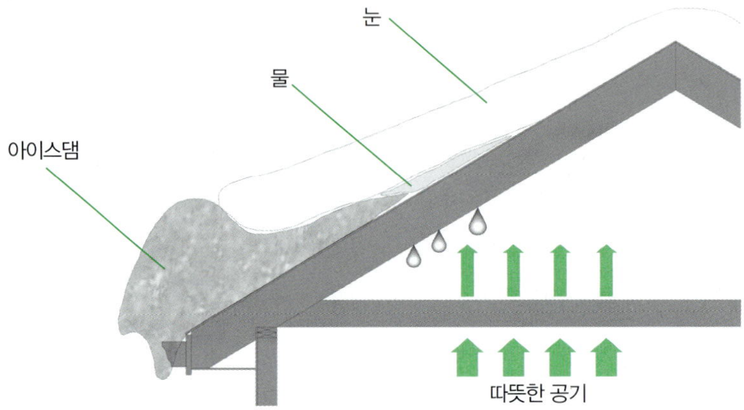

[그림 10-1] 아이스댐 발생 과정

아이스댐은 목조주택의 구조적 손상을 초래할 수 있으며, 수리 비용을 증가시키는 원인이 될 수 있다. 따라서 이를 예방하기 위한 적절한 조치를 취하는 것이 중요하다. 먼저, 지붕의 단열 성능을 향상시켜 내부 열이 외부로 빠져나가는 것을 최소화해야 한다. 이를 통해 지붕 표면의 온도 차이를 줄이고, 눈이 부분적으로 녹아 다시 얼어붙는 현상을 방지할 수 있다. 또한, 지붕 공간의 환기를 원활하게 유지하여 공기가 순환되도록 하면 온도 차이가 완화되어 아이스댐 형성이 줄어든다. 마지막으로 지붕 위에 눈이 쌓일 경우, 정기적으로 제거하여 눈이 녹았다가 다시 얼어붙는 과정을 방지하는 것이 필요하다.

[그림 10-2] 지붕 하단에 생긴 아이스댐

환기 면적

지붕 환기 면적 규정은 목조주택의 지붕 공간에서 공기의 흐름을 원활하게 하여 열과 습기를 효과적으로 배출하기 위한 기준이다. 적절한 환기는 아이스댐 형성 방지, 곰팡이 발생 예방, 그리고 에너지 효율성을 높이는 데 중요한 역할을 한다. 일반적으로 지붕 공간의 환기 면적은 지붕 면적의 약 1/300에서 1/150 정도로 권장된다. 예를 들어 약 $28m^2$의 지붕 면적에 대해 최소 약 $0.09m^2$의 환기 면적이 필요하다. 환기 구멍은 지붕의 상단(용마루 벤트)과 하단(소핏 벤트) 모두에 설치되어야 하며, 상단 환기는 열기와 습기를 배출하고 하단 환기는 신선한 공기를 유입하는 역할을 한다.

통풍구(벤트)의 배치 지붕 환기에서 중요한 점은 **벤트**(vent)의 적절한 배치이다. **소핏 벤트**(soffit vents)와 **용마루 벤트**(ridge vents)는 주요한 통풍구 유형으로 이들을 적절히 조합하여 공기의 자연 순환을 유도한다.

소핏 벤트는 지붕의 처마 부분에 설치되며, 외부의 신선한 공기를 지붕 공간으로 유입하는 역할을 한다. 차가운 공기가 지붕 내부로 들어오면 내부의 습기와 더운 공기를 밀어내어 자연스럽게 배출되도록 돕는다. 특히 여름철에는 뜨거운 공기의 정체를 방지하고, 겨울철에는 습기 응축을 줄이는 데 중요한 역할을 한다. 용마루 벤트는 지붕의 가장 높은 부분(정점)에 위치하며, 내부 공기가 지붕을 따라 위로 이동한 후 최종적으로 빠져나가는 통로를 제공한다. 이 통풍구는 내부의 더운 공기와 습기를 효과적으로 배출하는 역할을 하고 지붕 내부의 온도 균형을 유지하는 데 도움을 준다.

이 두 가지 벤트는 함께 조합하여 사용하면 지붕 내부의 공기가 지속적으로 순환하면서 효율적인 환기 시스템을 형성할 수 있다. 이를 통해 건물 내부의 습기를 줄이고, 여름철 과도한 열 축적을 방지하며, 지붕 구조물의 내구성을 향상시킬 수 있다.

(a) 소핏 벤트

(b) 용마루 벤트

[그림 10-3] 소핏 벤트와 용마루 벤트

목조주택에서 지붕 환기 면적은 건축 규정을 준수하고, 지붕 공간의 효율적인 공기 흐름을 보장하기 위해 매우 중요하다. 환기 면적을 충분히 확보하고, 소핏 벤트와 용마루 벤트를 적절히 배치하여, 습기와 열을 효과적으로 배출할 수 있도록 해야 한다. 이를 통해 결로, 곰팡이 문제를 예방하고 목조 구조물의 내구성을 유지할 수 있다.

환기의 형태 및 위치

용마루는 벤트에 외부 배플(baffle)을 설치하는 것이 중요하다. 바람이 지붕 능선 위를 지나면서 배플을 넘어가며 공기를 위로 밀어내기 때문에 자연스럽게 흡입 작용이 일어난다. 이 과정은 비행기 날개 원리와 같으며, 바람의 방향에 상관없이 항상 작용한다. 외부 배플이 없으면, 지붕 통풍구가 제대로 기능하지 못해 바람이 들어오거나 나가면서 통풍이 방해될 수 있다. 또한, 지붕 통풍구는 하단과 상단에 고르게 설치하는 것이 좋다. 소핏 벤트와 배플이 있는 용마루 벤트를 함께 사용하면 공기 유입과 배출이 원활하게 이루어져 통풍 효과가 극대화된다.

환기구를 설치할 때는 하부와 상부 통풍구의 면적을 고르게 나누는 것이 중요하다. 가능하면 소핏 벤트와 용마루 벤트를 함께 사용하여 공기가 균형 있게 유입되고 배출되도록 해야 한다. 만약 균형을 맞추기 어렵다면 유입 벤트, 즉 소핏 벤트를 조금 더 많이 설치하는 것이 좋다. 이는 지붕 밑 공간의 공기 압력을 높여 바람이 불지 않는 쪽에서 공기가 빠져나가도록 돕기 때문이다.

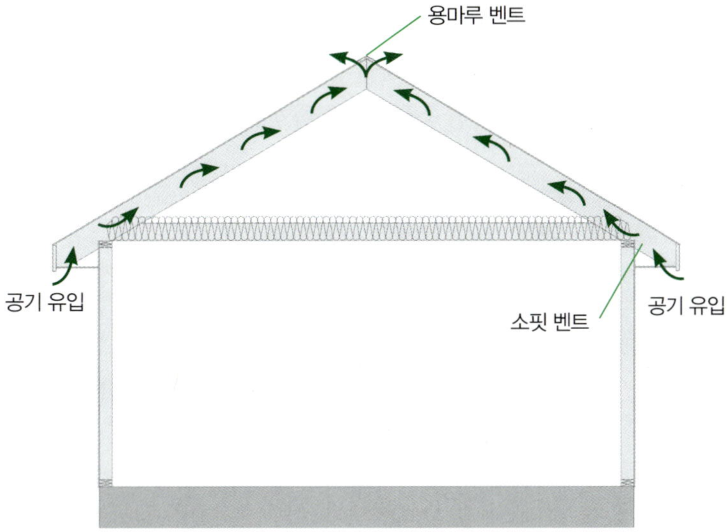

[그림 10-4] 지붕 환기를 통한 공기 흐름도

소핏 벤트 없이 용마루 벤트만 설치하는 것은 위험하다. 바람이 많이 부는 날에는 습기가 있는 공기가 지붕 밑 공간으로 유입될 수 있기 때문이다. 강풍 지역에서는 소핏 배플을 설치하여 비나 눈이 통풍구로 들어오는 것을 방지해야 한다. 이를 통해 다락방의 통풍이 원활하게 유지되고, 습기 문제를 예방할 수 있다.

오픈 천장의 환기 박공 지붕의 오픈 천장(vaulted ceiling) 구조에서는 단열재와 지붕 덮개 하단 사이에 최소 25mm의 공간을 남겨야 한다. 이렇게 해야 공기가 잘 흐를 수 있어, 지붕 내부의 습기 축적이나 결로를 방지할 수 있다.

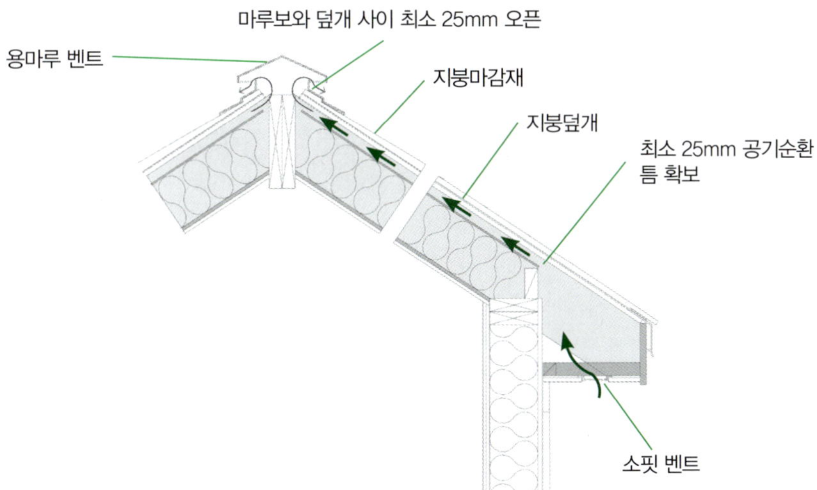

[그림 10-5] 오픈 천장 벤트를 통한 공기 흐름도

지붕에 천창(skylight)이나 굴뚝이 있을 때 지붕 구조 보강에 따른 추가 목재의 설치로 인해 공기 흐름을 방해받을 수 있다. 이 경우 서까래에 홈을 내거나 구멍을 뚫어서 공기가 자유롭게 흐를 수 있도록 해야 한다. 이렇게 하면 통풍이 원활하게 유지될 수 있다.

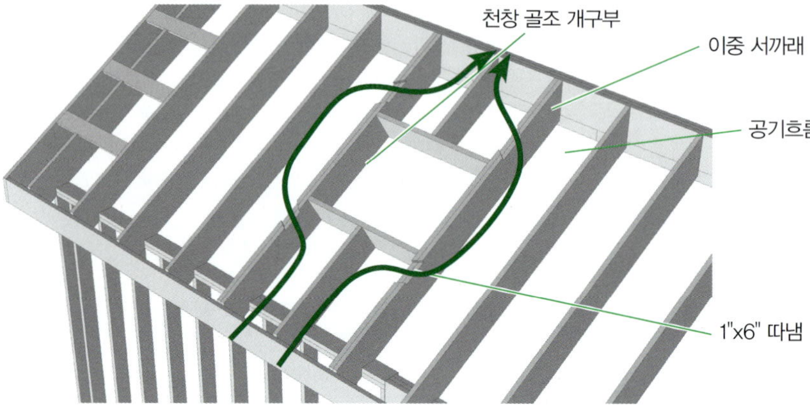

[그림 10-6] 지붕 골조 내의 공기 흐름을 위한 서까래 따냄

10.3 기밀

공기막

공기막(air-sealing)은 목조주택의 기밀성을 높여 에너지 효율성을 개선하고 습기와 공기 질을 관리하는 데 도움을 준다. 공기막은 주택 내부와 외부, 실내의 다양한 구간 사이에서 불필요한 공기 흐름을 차단하여 여러 가지 장기적인 장점을 제공한다.

1. **에너지 효율성 향상**: 기밀성이 좋지 않으면, 외부의 찬 공기나 더운 공기가 주택 내부로 유입되고, 내부의 온도가 외부로 빠져나가는 현상이 발생한다. 공기막을 사용하면 에너지 손실을 최소화하고, 효율적인 열 관리가 가능해진다.

2. **습기와 결로 방지**: 목조주택은 습기에 매우 민감한 구조이다. 공기막은 공기의 흐름을 차단함으로써 습기 침투를 방지하는 데 중요한 역할을 한다. 외부에서 유입되는 차가운 공기와 습기가 집 안으로 들어오는 것을 막아 주므로, 결로나 곰팡이가 발생할 위험을 줄인다. 내부의 따뜻한 공기와 외부의 차가운 공기가 만나면서 결로가 발생할 수 있기 때문에, 공기 차단재는 이런 문제를 미리 예방하는 중요한 역할을 한다.

3. **실내 공기질 개선**: 주택 내부에서 발생하는 오염된 공기나 냄새는 외부와의 공기 흐

름에 의해 방출될 수 있다. 반대로, 외부의 먼지나 오염된 공기가 실내로 들어오는 것을 막는 데도 공기막이 중요하다.

4. **소음 차단**: 목조주택은 소음에 민감할 수 있다. 공기막은 외부에서 들어오는 소음이나, 내부에서 발생하는 소음이 밖으로 나가는 것을 차단하는 데도 도움이 된다. 공기막이 제대로 설치되어 있으면 외부에서 들어오는 차량 소리나 바람 소리 등이 줄어들고, 내부에서 발생한 소음도 외부로 전파되지 않도록 어느 정도 차단할 수 있다.

5. **구조적 내구성 향상**: 목조주택은 수분에 노출되면 부식이나 곰팡이 등으로 인해 구조적 손상을 입을 수 있다. 공기막은 이런 수분의 침투를 방지하여, 목재 구조물이 오래도록 건강하게 유지될 수 있도록 도와준다. 기밀성이 높아지면 외부의 비나 습기, 바람 등이 내부로 침투하는 것을 방지할 수 있으며, 그로 인해 목재가 습기에 의해 부패하거나 곰팡이가 생기는 문제를 예방할 수 있다.

6. **편안한 실내 환경 유지**: 공기 차단재는 주택 내의 온도 균일성을 유지하는 데 기여한다. 외부의 찬 바람이나 더운 공기가 유입되는 것을 막고, 실내 온도를 일정하게 유지함으로써 거주자가 더욱 편안하게 생활할 수 있게 한다.

공기막은 주로 벽, 천장, 바닥, 창문, 문 주변 등에 설치되며 이러한 부분에서 공기 유입이나 유출을 차단한다. 목조주택에서 공기막은 단순히 기밀성을 높이는 역할을 넘어 에너지 효율성, 습기 관리, 공기 질 개선, 소음 차단 등 여러 측면에서 중요한 역할을 한다. 이러한 재료를 적절히 사용하면, 주택의 내구성과 쾌적한 실내 환경을 유지할 수 있으며, 에너지 비용 절감과 주거 만족도 향상에 기여할 수 있다.

주요 공기 누출 부위

기밀 작업 시 건물의 상단과 하단에 집중해야 한다. 공기 누출은 보통 한 재료가 다른 재료나 구조와 만나는 접합부에서 발생하는데, 특히 창문 주변에서 자주 나타난다. 창문과 벽체 틈 사이의 누출은 공기 차단을 통해 해결할 수 있는 부분이다. 목조주택에서 공기 누출은 여러 곳에서 발생할 수 있다. 가장 흔한 공기 누출 지점은 다음과 같다.

1. **창문과 문 주위**: 창문과 문 주변, 그 중에서 창틀과 벽체가 만나는 부분에서 공기 누출이 자주 발생한다. 이 틈새는 외부 공기나 내부 공기가 들어오는 경로가 될 수 있다.

2. **천장과 벽 사이**: 천장과 벽의 접합 부분에서 공기가 새는 경우가 많다. 다락방이나 지붕과 관련된 부분에서 더 심각할 수 있다.

3. **전기 콘센트와 스위치**: 전기 콘센트나 스위치의 벽에 있는 틈새도 공기가 새는 주요 지점이다. 벽이 외부와 접하는 부분에 있는 경우 공기 유입이 쉽게 일어날 수 있다.

4. **배관과 배수관**: 배관이 벽을 통과하거나 지붕을 관통하는 부분에서도 공기가 새는 경우가 많다. 이는 배관이 지나가는 틈새가 밀폐되지 않아서 발생한다.

5. **창문 틀 및 외벽 연결 부위**: 외벽과 창문 틀이 만나는 부분은 공기 차단이 제대로 되지 않으면 외부 공기가 들어올 수 있다. 창문이 오래되었거나 밀폐가 약한 경우에 더욱 눈에 띈다.

6. **지붕과 벽체의 연결 부위**: 지붕과 벽체가 만나는 지점에서 공기 누출이 발생할 수 있다. 이 지점에서의 밀폐가 부족하면 지붕 공간으로 공기가 들어갈 수 있다.

7. **벽체의 틈새**: 벽체의 접합부나 틈새 역시 공기 누출이 발생하기 쉬운 곳이다. 외벽과 내벽이 만나는 부분에서 주의해야 한다.

연습문제

다음 질문에 가장 적합한 답을 선택하시오.

10.1 공기 중의 수증기가 물로 변하는 온도를 무엇이라고 하는가?

a. 결로점

b. 이슬점

10.2 어떠한 재료가 기체나 수증기와 같은 액체를 통과시키는 능력을 무엇이라고 하는가?

a. 투과성

b. 통기성

다음 질문에 대한 올바른 답을 작성하시오.

10.3 목조건물에서 지붕 환기는 습기 문제를 방지하고, 단열 성능을 유지하며, 목재의 부식을 방지하는 등 매우 중요한 역할을 한다. 대표적인 환기 방식 두 가지를 쓰시오.

10.4 목조주택 지붕에서 환기가 잘되지 않을 경우 대표적으로 발생할 수 있는 문제 중 하나로, 지붕의 가장자리에 얼음이 쌓여 형성되는 현상을 무엇이라고 하는가?

10.5 지붕 환기를 위해서는 벤트를 적절하게 설치하는 것이 중요하다. 지붕에 설치되는 대표적인 벤트 두 가지를 쓰시오.

10.6 목조주택의 다양한 구간 사이에서 불필요한 공기 흐름을 차단하여 기밀성을 높이고 에너지 효율성을 개선하며, 습기와 공기 질을 관리하는 데 도움을 주는 시스템은 무엇인가?

PART 4

외부 마감

제4부에서는 목조주택의 외부 마감에 대해 다루며, 주택의 외관과 기능성을 동시에 고려한 다양한 마감 방법을 소개한다. 이 파트는 세 개의 장으로 구성되어 있으며, 지붕 마감, 외벽 마감, 창문 및 실외문의 시공과 관련된 내용을 상세히 설명한다.

제11장에서는 지붕 마감의 중요성과 다양한 마감 재료에 대해 설명한다. 지붕은 주택의 첫 번째 방어선으로 작용하며, 기후 변화와 외부 환경으로부터 건물을 보호하는 역할을 한다. 이 장에서는 지붕 마감 재료의 종류와 각각의 특성, 장단점, 그리고 올바른 설치 방법을 다룬다. 또한, 지붕의 경사도와 형태에 따른 배수 시스템의 중요성과 에너지 효율적인 지붕 디자인에 대해서도 논의한다. 이를 통해 독자가 주택의 기능성과 내구성을 고려한 적절한 지붕 마감재를 선택하고 효과적으로 시공할 수 있도록 돕는다.

제12장에서는 외벽 마감의 다양한 옵션과 그 중요성에 대해 다룬다. 외벽은 주택의 외관을 결정하는 중요한 요소일 뿐만 아니라, 단열 및 방수 기능을 제공하여 주택의 에너지 효율성을 높이는 역할을 한다. 이 장에서는 목재, 석재, 벽돌 등 다양한 외벽 마감 재료의 특성과 성능을 설명하며, 각각의 장단점과 적절한 활용 방법을 소개한다. 또한, 외벽 마감이 주택의 유지 · 보수 비용과 내구성에 미치는 영향에 대해서도 다룬다.

제13장에서는 창문과 실외문의 역할과 시공 방법을 설명한다. 창문과 실외문은 자연 채광과 환기를 제공하며, 외부와 내부를 연결하는 주요 요소이다. 이 장에서는 다양한 창문 및 실외문의 유형과 그 특성, 에너지 효율성, 보안성, 디자인적 요소에 대해 논의한다. 또한, 창호 설치 시 기밀성과 단열성을 고려해야 하는 이유와 적절한 위치 선정의 중요성에 대해 설명하며, 실내 환경을 더욱 쾌적하게 유지할 수 있는 실용적인 팁을 제공한다.

제4부는 목조주택의 외부 마감에 대한 포괄적인 정보를 제공하며, 독자가 각 요소의 중요성과 적용 방법을 이해할 수 있도록 돕는다. 이를 통해 주택의 미관과 기능성을 동시에 고려한 설계 및 시공이 가능하도록 지원하며, 장기적인 유지 · 보수를 고려한 최적의 외부 마감 솔루션을 제안한다.

Chapter

11

지붕 마감

지붕 마감 작업은 지붕의 내구성과 기능을 보장하는 데 중요한 역할을 한다. 이를 제대로 수행하려면 먼저 기본적인 지붕 설치 과정을 정확히 이해하고 따라야 한다. 지붕 설치는 지붕 골조에서 마감재에 이르기까지 단계적으로 이루어지며, 각 단계가 지붕의 전체 성능에 큰 영향을 미친다. 따라서 지붕 마감을 시작하기 전, 필수적인 지붕 설치 과정을 순서대로 숙지하는 것이 중요하다. 다음은 지붕 설치를 위한 주요 과정을 차례대로 정리한 내용이다. 다음과 같은 과정을 통해 지붕의 안정성과 성능을 극대화할 수 있다.

1. 지붕 골조 위 덮개에 있는 이물질과 먼지를 깨끗하게 청소한다.
2. 지붕 마감재를 설치할 바닥재(합판 또는 OSB)를 평평하고 견고하게 설치한다. 이는 마감재의 접착력을 높이는 데 꼭 필요한 작업이다.
3. 방수 시트를 부착하여 방수 성능을 강화한다.
4. 지붕 마감재를 설치한다. 설치하는 방법은 마감재별로 조금씩 다를 수 있다.
5. 지붕 가장자리와 끝부분에 마감재를 설치하여 외관을 정돈하고 방수 기능을 강화한다.
6. 물이 원활히 배출될 수 있도록 홈통과 배수구 등 배수 시스템을 설치한다.

11.1 지붕 마감재의 기능

지붕 마감재는 지붕을 구성하는 중요한 요소 중 하나로 다음과 같은 기능을 수행한다.

첫째, 외부의 수분(비, 눈, 습기 등)이 건물 내부로 침투하지 않도록 막아준다. 지붕 마감재로 아스팔트, 금속, 타일 등 다양한 재료가 사용된다. 방수 성능은 각 재료마다 다르므로 선택 시 기후와 건물의 특징을 고려해야 한다.

둘째, 건물 내부의 열이 외부로 빠져나가는 것을 막아준다. 여름철에는 외부의 더운 공기가 내부로 들어오는 것을 차단한다.

셋째, 다양한 기후 요소(자외선, 비, 눈, 바람 등)에 견딜 수 있도록 설계된다. 예를 들어, 스테인리스 스틸(STS; Stainless Steel) 지붕은 부식에 강하고 긴 수명을 자랑한다. 내구성이 높은 마감재는 유지 보수 빈도를 줄여준다.

넷째, 지붕 마감재는 다양한 색상과 질감으로 제공되어 건축물의 스타일과 조화를 이루는 데 적합하다. 특히 일부 지역에서는 전통적인 지붕 디자인이 선호되므로 지역적 특징을 반영한 마감재를 선택하는 것이 중요하다.

다섯째, 좋은 마감재는 소음을 줄이는 데 도움을 준다. 예를 들어, 두꺼운 기와지붕은 소음을 효과적으로 흡수한다.

11.2 지붕 마감재의 종류

목조주택에 사용되는 지붕 마감재는 여러 가지 종류가 있으며, 각 마감재는 고유한 특징과 장단점을 지니고 있다. 지붕 마감재가 최대한의 성능을 발휘하려면 적합한 재료를 선택하고 올바르게 시공하는 것이 중요하다. 지붕 마감재에 따라 지붕의 형태가 달라질 수 있고 때에 따라서는 집 전체의 디자인에도 영향을 미칠 수 있다. 다음으로 목조주택에서 주로 사용되는 지붕 마감재와 그 특징에 대해 살펴보자.

아스팔트 쉥글

아스팔트 쉥글은 다음과 같은 특징을 가진다.

첫째, 재료 구성에서 아스팔트와 유리섬유 또는 펠트로 제작된다. 아스팔트는 방수 성능을 제공하고, 유리섬유는 구조적 강도를 강화한다.

둘째, 다양한 디자인을 제공한다. 평범한 스타일부터 고급스러운 옵션까지 폭넓은 색상과 스타일 선택이 가능해 건물 외관과 잘 어울린다.

셋째, 비용 효율성이 뛰어나다. 초기 설치 비용이 저렴하고 유지 보수도 간편해 많은 주택에서 경제적인 선택으로 선호된다.

넷째, 내구성 면에서 일반적으로 15년에서 30년의 수명을 가진다. 적절한 설치와 유지 보수를 통해 이를 더욱 연장할 수 있다.

다섯째, 방수 성능이 우수하여 비와 눈으로부터 건물을 효과적으로 보호한다.

여섯째, 경량성 덕분에 다른 지붕 마감재에 비해 구조물에 부담을 덜 주는 장점이 있다.

마지막으로, 소음 차단 효과가 뛰어나 비가 내릴 때의 소음이 다른 재료에 비해 상대적으로 적어 쾌적한 실내 환경을 제공한다.

[그림 11-1] 아스팔트 슁글 지붕

아스팔트 슁글 시공 시 지붕의 경사를 고려하여 배수층을 먼저 설치한다. 이 배수층은 지붕으로부터 물이 원활히 배출될 수 있도록 설계된 방수층으로, 방수 시트, 합성수지, 금속 등의 재료를 사용할 수 있다. 배수층은 지붕 전체를 감싸며 물이 침투하지 못하도록 보호하는 역할을 한다. 또한 방수 성능을 극대화하기 위해서는 배수층의 정확한 설치가 중요하다.

배수층 설치가 완료되면 아스팔트 슁글을 지붕의 가장 아래쪽에서부터 위쪽으로 겹치도록 설치한다. 겹치는 방식은 물이 지붕 표면을 따라 자연스럽게 흘러내릴 수 있도록 하기 위한 것이다. 각 슁글의 하단에는 아스팔트 접착제를 발라 견고하게 부착하며, 강풍에도 견딜 수 있도록 나사나 스테이플을 사용해 추가로 고정한다. 이 과정은 슁글이 바람에 의해 들리거나 떨어지지 않도록 하여 지붕의 안정성을 보장한다.

[그림 11-2] 아스팔트 쉼글 시공

금속 지붕재

금속 지붕재는 내구성이 뛰어나고 현대적인 디자인으로 인기를 끌고 있는 지붕 마감재로 다음과 같은 특징을 가진다.

첫째, 내구성이 뛰어나 평균적으로 40년에서 70년 이상의 수명을 가지며 극한의 기후 조건에서도 견고함을 유지한다.

둘째, 방수 및 방화 성능이 우수하여 물이 스며드는 것을 막아주고 화재에 강한 특징을 지니고 있어 화재 발생 시 안전성을 높인다.

셋째, 경량성 덕분에 구조물에 부담을 덜어주고 추가적인 구조적 보강 없이도 설치가 가능해 효율적이다.

넷째, 다양한 디자인이 제공되어 현대적 스타일부터 전통적인 건축물까지 다양한 건물 외관에 적합한 색상과 스타일을 선택할 수 있다.

다섯째, 간단한 관리로 오랜 기간 성능을 유지할 수 있어 경제적이다.

마지막으로, 소음 측면에서 비가 내릴 때 소음이 발생할 수 있으나 적절한 단열재를 사용하면 이를 효과적으로 줄일 수 있다.

금속 지붕 설치는 단계마다 세심하게 준비하고 정확하게 작업 되어야 한다.

1. 필요에 따라 단열재를 추가로 설치하고 방수 시트를 부착해 방수 성능을 강화한다.
2. 금속 지붕 패널을 수직 설치시 측면이 겹치게 설치하고, 패널 간 접합부는 나사나 클립으로 고정해 강한 내풍구조[12]를 만든다.

12 건축물이 바람에 의해 무너지거나 외장재가 파손되지 않도록 안전하게 설계된 구조를 의미한다.

[그림 11-3] 금속 지붕재

기와 지붕재

기와는 전통적인 건축에서 널리 사용되는 지붕 마감재로 아름다움과 기능성을 동시에 제공한다. 기와 지붕재의 특징은 다음과 같다.

첫째, 내구성이 뛰어나며 제대로 설치하고 유지 관리할 경우 50년 이상 사용할 수 있다. 또한 기후 변화에도 강한 내성을 가지고 있다.

둘째, 비와 눈으로부터 건물을 효과적으로 보호하며 잘 설계된 기와지붕은 방수 성능이 탁월하다.

셋째, 열을 잘 차단하여 여름철에는 실내를 시원하게 유지하고 겨울철에는 따뜻한 환경을 제공한다.

넷째, 전통적인 아름다움을 제공하며, 다양한 색상과 디자인으로 건축물 외관을 고급스럽게 만들어준다.

다섯째, 비가 내릴 때 발생하는 소음을 줄여 실내 환경을 더욱 편안하게 만든다.

여섯째, 자연 재료로 제작되어 재활용이 가능하며 기와의 색상은 태양열을 반사해 에너지 효율을 높이는 데 기여한다.

[그림 11-4] 기와 지붕재

기와는 지붕의 아래쪽부터 위쪽으로 겹쳐 설치하며, 첫 번째 줄은 수평으로 정확히 배치한다. 이후 줄은 이전 줄과 겹치도록 설치하여 빗물이 자연스럽게 아래로 흘러내릴 수 있도록 시공한다. 기와의 접합부는 나사나 특수 클립으로 단단히 고정하여 강풍이나 외부 충격으로부터 안정성을 확보한다. 이러한 설치 방식은 기와 지붕의 방수성과 내구성을 유지하는 데 중요한 역할을 한다.

[그림 11-5] 기와 지붕재 시공

세라믹 지붕재

세라믹 지붕재는 점토를 원료로 제작된 내구성이 뛰어난 지붕 마감재로 다양한 디자인 옵션을 제공하여 건축물의 외관을 돋보이게 한다. 세라믹 지붕재의 주요 특징은 다음과 같다.

첫째, 세라믹 지붕재는 매우 높은 내구성을 자랑하며, 일반적으로 50년에서 100년 이상의 긴 수명을 가지고 있다. 기후 변화와 외부 충격에 강하여 안정적인 성능을 유지한다.

둘째, 다양한 색상과 디자인으로 제공되어 건축물의 외관을 아름답게 꾸밀 수 있다. 고급스러운 느낌을 주며, 전통적인 건축물에도 잘 어울린다.

셋째, 불에 강한 특징을 가지고 있어 화재로부터 안전성을 높인다.

넷째, 자연 재료로 만들어지며 재활용이 가능하다. 또한 생산 과정에서 환경에 미치는 영향이 적다.

[그림 11-6] 세라믹 지붕재

세라믹 지붕재를 설치할 때는 아래에서 위로 겹치며 작업하는 것이 일반적이다. 먼저 지붕의 가장 아래쪽에서 시작해 첫 번째 줄을 수평으로 정확히 설치한다. 이 과정에서 수평을 유지하는 것이 중요하며, 이를 통해 물이 원활하게 배출될 수 있는 기반을 마련한다.

첫 번째 줄이 완료된 후, 두 번째 줄부터는 이전 줄의 지붕재와 겹치도록 배치한다. 이 겹침 방식은 물이 지붕 경사면을 따라 자연스럽게 흘러내릴 수 있도록 하며, 누수나 침투를 방지하는 데 효과적이다. 세라믹 지붕재를 겹칠 때는 겹침 간격과 정렬 상태를 주의 깊게 확인하여 지붕 전체가 균일한 모습을 유지하도록 한다. 또한 세라믹 지붕재의 접합부는 나사나 특수 클립을 사용해 단단히 고정한다. 이러한 고정 작업은 강풍이나 외부 충격으로 인해 기와가 움직이거나 떨어지는 것을 방지하며, 지붕의 안정성을 높이는 데 필수 요소이다. 특히 강풍이 잦은 지역에서는 접합부의 고정 상태를 더욱 철저히 점검하여 내구성을 강화해야 한다.

이와 같은 설치 방식은 세라믹 지붕재의 방수성과 내구성을 최대한으로 발휘하도록 돕는 중요한 과정으로 올바른 설치를 통해 지붕의 성능과 수명을 크게 향상시킬 수 있다.

연습문제

다음 질문에 가장 적합한 답을 선택하시오.

11.1 다음 중 지붕 마감재의 주요 기능이 아닌 것은 무엇인가?

a. 수분 침투 방지

b. 내부 열의 차단

c. 화재 방지

11.2 아스팔트 슁글의 주요 특징 중 하나로, 방수 성능을 제공하는 재료는 무엇인가?

a. 유리섬유

b. 아스팔트

c. 펠트

d. 콘크리트

11.3 금속 지붕재의 주요 특징이 아닌 것은 무엇인가?

a. 내구성이 뛰어나 40~70년 이상 사용할 수 있다.

b. 방수 및 방화 성능이 우수하다.

c. 무거운 구조로 추가적인 보강이 필요하다.

d. 다양한 디자인을 제공하여 여러 건축 스타일에 활용될 수 있다.

11.4 기와 지붕재의 특징이 아닌 것은 무엇인가?

a. 내구성이 뛰어나며 50년 이상 사용할 수 있다.

b. 방수 성능이 우수하여 비와 눈으로부터 건물을 보호한다.

c. 여름철 실내를 시원하게 유지하지만 겨울철 단열 성능이 낮다.

d. 전통적인 아름다움을 제공하며 다양한 색상과 디자인이 가능하다.

11.5 세라믹 지붕재를 설치할 때 가장 중요한 요소가 아닌 것은 무엇인가?

a. 지붕의 가장 아래쪽에서 시작하여 수평을 유지하며 설치한다.

b. 각 기와가 이전 줄의 기와와 겹치도록 배치하여 물의 흐름을 원활하게 한다.

c. 강풍이 잦은 지역에서도 접합부의 고정 상태는 큰 영향을 미치지 않는다.

d. 나사나 특수 클립을 사용하여 기와를 단단히 고정한다.

Chapter
12

외벽 마감

12.1 외벽 마감재의 기능

외벽 마감재는 일반적으로 목재, 금속, 플라스틱(비닐), 벽돌, 시멘트와 같은 다양한 재료가 사용된다. 외벽 마감재의 역할은 눈, 비, 바람 등 외부 기후환경으로부터 1차적으로 집을 보호하는 것이다. 집 전체의 미적인 분위기를 이끌어내는 중요한 요소 중 하나이기도 하다. 외벽 마감재를 선택할 때는 부분 교체나 수리가 쉬워야 한다는 것도 고려해 보아야 한다. 부분 교체가 안 되면 전체를 바꿔야 하는 부담이 있기 때문이다. 외벽 마감재의 주요 기능은 다음과 같다.

첫째, 건물의 구조를 외부 환경으로부터 보호한다. 비, 눈, 바람, 자외선 등 다양한 기후 요소로부터 건물의 내부와 구조체를 방어하여 부식이나 손상을 방지한다.

둘째, 열전도율이 낮은 재료로 구성되어 있어서 건물 내부의 온도를 유지하는 데 도움을 준다. 이는 에너지 효율성을 높이고 난방 및 냉방 비용을 절감하는 데 기여한다.

셋째, 물이 건물 내부로 침투하는 것을 방지하는 방수 기능을 가지고 있다. 이는 곰팡이와 같은 수분 관련 문제를 예방하는 데 중요하다.

넷째, 건물의 외관을 결정짓는 중요한 요소이다. 다양한 색상, 질감, 디자인을 통해 건물의 미적 가치를 높이고, 주변 환경과 조화를 이루도록 할 수 있다.

다섯째, 오랜 시간 동안 외부 환경에 노출되더라도 변형이나 손상이 적어야 한다. 내구성이 뛰어난 재료는 유지보수 비용을 줄이고, 건물의 수명을 연장하는 데 기여한다.

여섯째, 최근에는 친환경적인 외벽 마감재가 많이 사용되고 있다. 재활용 가능한 재료나 에너지 효율적인 특징을 가진 제품들이 환경 보호에 기여하고 있다.

이러한 기능들은 외벽 마감재의 선택 시 중요한 고려 사항이 되며, 건물의 성능과 지속 가능성에 큰 영향을 미친다. 외장재를 선택하고 설계 및 시공할 때 고려해야 할 주요 사항을 정리하면 다음과 같다.

재료 선택 외장재를 선택할 때는 단순히 미적인 요소뿐만 아니라 내구성과 기능성을 고려하는 것이 중요하다. 외장재는 건물의 외부 환경에 지속적으로 노출되기 때문에 날씨 변화, 습기, 자외선 등으로부터 건물을 보호할 수 있어야 한다.

먼저, 내구성이 뛰어난 외장재를 선택해야 한다. 외장재는 바람, 비, 눈, 강한 햇빛과 같은 외부 환경의 다양한 요소에 노출되므로 장기적으로 변형이나 손상이 적어야 한다. 금속, 석재, 고강도 콘크리트, 복합재료 등은 내구성이 뛰어나며, 오랜 시간 동안 안정적인 상태를 유지할 수 있어 외장재로 적합하다.

외장재의 방수 기능도 중요한 요소이다. 외벽을 통해 물이 내부로 침투하면 건물 구조에 손상을 줄 수 있기 때문에, 외장재 자체가 방수 성능을 가지거나 추가적인 방수 처리가 가능한 재료를 선택하는 것이 필요하다. 예를 들어, 방수 코팅을 하거나 방수막을 적용하면 외벽을 통해 빗물이나 습기가 건물 내부로 스며드는 것을 효과적으로 차단할 수 있다.

외장재의 열전도율도 고려해야 한다. 열전도율이 낮은 재료를 사용하면 건물 내부 온도를 일정하게 유지하는 데 도움이 되며, 냉난방 에너지를 효율적으로 사용할 수 있다. 단열 성능이 높은 외장재를 선택하면 실내의 온도 변화가 줄어들어 에너지 비용 절감 효과도 기대할 수 있다.

이처럼 외장재를 선택할 때는 단순히 디자인뿐만 아니라 내구성, 방수 성능, 단열 효과 등을 종합적으로 고려해야 하며, 건물의 사용 목적과 지역의 기후 조건에 맞는 적절한 재료를 선택하는 것이 중요하다.

설계 시 고려 사항 외장재를 설계할 때는 건물이 위치한 환경과 기후 조건을 고려하여 신중하게 계획해야 한다. 외장재는 단순한 마감재가 아니라 건물의 보호 기능을 수행하는 중요한 요소이므로, 내구성과 기능성을 동시에 만족할 수 있도록 설계해야 한다.

첫째, 외장재는 건물이 위치한 지역의 기후에 적합해야 한다. 강풍이 자주 부는 지역에서는 바람에 강한 재료와 견고한 구조를 선택해야 하며, 강수량이 많은 지역에서는 물이 스며들지 않도록 방수성이 우수한 재료를 적용해야 한다. 또한, 고온다습한 지역에서는 외장재의 열저항성과 습기 조절 능력을 고려해야 하며, 한랭 지역에서는 단열 성능이 뛰어난 재료를 선택하여 에너지 손실을 최소화해야 한다.

둘째, 배수 시스템이 적절하게 설계되어야 한다. 외장재가 물을 흡수하거나 물이 고이는 경우 건물의 구조적 손상을 초래할 수 있기 때문에, 물이 자연스럽게 배출될 수 있도록 경사도를 조정하거나 배수구를 설치해야 한다. 배수 시스템이 잘 설계되면 장기적으로 건물의 유지보수 비용을 줄이고 내구성을 높일 수 있다.

셋째, 외장재는 적절한 통기성을 갖추어야 한다. 외벽 내부에 습기가 축적되면 곰팡이나 부패가 발생할 위험이 높아지므로, 공기가 순환할 수 있도록 통기성을 확보하는 것이 중요하다. 통기성이 좋은 외장재를 사용하면 내부 습기가 자연스럽게 외부로 배출되면서 실내 환경이 쾌적하게 유지될 뿐만 아니라, 건물의 구조적 건강도 보호할 수 있다.

이처럼 외장재 설계는 단순한 미적 요소를 넘어, 기후 적합성, 배수 시스템, 통기성을 종합적으로 고려해야 한다. 적절한 외장재 설계를 통해 건물의 수명을 연장하고 유지보수 비용을 절감하며, 쾌적하고 안전한 주거 환경을 조성할 수 있다.

시공 방법 외장재는 올바르게 시공되어야만 장기적인 성능을 유지할 수 있으며, 이를 위해 정밀한 설치와 철저한 유지보수가 필요하다. 외장재 시공 과정에서 발생하는 작은 실수라도 시간이 지나면서 건물의 방수 성능과 단열 효과를 저하시킬 수 있으므로, 정확한 시공이 이루어져야 한다.

첫째, 외장재는 제조업체의 설치 지침을 철저히 따라 시공해야 한다. 시공 과정에서 오차가 발생하면 외장재 사이의 틈을 통해 수분이 침투하거나, 단열 성능이 저하될 수 있다. 따라서 정확한 시공을 위해 전문가의 작업이 필요하며, 모든 부재가 올바르게 정렬되고 단단히 고정되었는지 확인해야 한다.

둘째, 외장재의 접합부 처리가 중요하다. 접합부는 물이 스며들기 쉬운 취약한 부분이므로, 방수 테이프나 실리콘을 활용해 철저히 밀봉해야 한다. 접합부를 올바르게 처리하면 외장재의 방수 성능과 내구성이 크게 향상되며, 외부 환경으로부터 건물을 더욱 효과적으로 보호할 수 있다.

셋째, 정기적인 점검과 유지보수가 필요하다. 시공이 완료된 후에도 외장재의 상태를 주기적으로 점검하고, 손상이나 마모가 발생한 경우 즉시 보수해야 한다. 유지보수를 소홀히 하면 외장재의 성능이 저하되어 건물 내부로 수분이 스며들거나 단열 효과가 감소할 수 있으므로, 적절한 유지 관리가 필수적이다.

이처럼 외장재의 성능을 지속적으로 유지하려면 정확한 시공과 철저한 접합부 처리, 그리고 정기적인 유지보수가 필수적이다. 이를 철저히 준수하면 건물의 내구성을 높이고 장기적인 보호 효과를 극대화할 수 있다.

12.2 외벽 마감재의 종류

외벽 마감재는 주택의 외부를 덮어주는 재료로 주택의 미관을 개선하고 기후로부터 보호하는 중요한 역할을 한다. 목조주택에서 주로 사용되는 외벽 마감재의 종류는 다음과 같다.

사이딩

사이딩은 건물의 외벽이나 내벽에 부착하는 판재 형태의 외장재로 일반적인 벽체 마감재를 지칭하기도 한다. 목재 사이딩, 합성 목재 사이딩, 세라믹 사이딩 등 다양한 종류가 있다.

목재 사이딩 가공 방법에 따라 다양한 종류로 나뉘며, 각각 고유한 특징과 디자인이 있다.

1. **베벨 사이딩(bevel siding)**: 판자형으로 제작되며, 일반적으로 한쪽 끝이 두껍고 다른 쪽 끝이 얇은 형태이다. 이로 인해 물이 잘 흘러내려 외부 환경에 강한 특징을 가진다. 가격이 저렴하고 시공이 간단하여 많은 시공자들이 선호한다.

2. **로그 사이딩(log siding)**: 통나무 형태로 제작되어, 전통적인 로그 캐빈 스타일의 외관을 제공한다. 주로 자연 친화적인 디자인을 원하는 경우에 사용된다. 따뜻하고 아늑한 느낌을 주며, 자연과 잘 어우러진다.

3. **텅 앤 그루브 사이딩(tongue and groove siding)**: 각 판자가 서로 맞물리도록 설계되어, 설치 시 빈틈이 적고 매끄러운 외관을 제공한다.

4. **러스틱 사이딩(rustic siding)**: 러스틱 사이딩은 자연스러운 질감과 색상을 강조하여, 거친 느낌을 주는 디자인이다. 전통적인 느낌을 주며, 자연환경과 잘 어울린다.

(a) 베벨 사이딩

(b) 로그 사이딩

(c) 텅 앤 그루브 사이딩

(d) 러스틱 사이딩

[그림 12-1] 목재 사이딩의 종류

합성 목재 사이딩 천연 목재의 외관을 모방하면서도 내구성과 유지 관리가 용이한 특징을 가진 자재이다. 일반적으로 재활용된 목재 섬유, 플라스틱, 그리고 기타 재료를 혼합하여 제작된다. 합성 목재는 천연 목재와 비교했을 때 두드러지는 몇 가지 장점이 있다. 부식, 곰팡이, 해충에 강하고, 또한 기후 변화에도 잘 견디는 특성이 있어 천연 목재보다 긴 수명을 제공한다. 게다가 페인팅이나 스테인 처리가 거의 필요 없으며 최소한의 관리로도 상태를 유지할 수 있다. 청소가 간편할 뿐만 아니라 시간이 지나도 색상이 바래거나 변형되지 않는 경우가 많다. 다양한 색상과 질감으로 제공되어 원하는 스타일에 맞게 선택할 수 있으며 천연 목재의 외관을 모방한 제품도 많아 전통적인 느낌을 유지하면서도 현대적인 기능을 제공한다. 초기 설치 비용은 천연 목재보다 높을 수 있지만 유지 관리 비용이 적고 긴 수명을 고려할 때 전체적으로 비용 효율성이 좋다.

합성 목재 사이딩은 기존 목재 사이딩과 유사한 방식으로 설치된다. 판자 형태로 제공되며, 수직 또는 수평 방향으로 설치할 수 있다. 설치 과정에서 특별한 도구나 기술이 필요하지 않기 때문에 시공이 간편하다. 이러한 특징 덕분에 합성 목재 사이딩은 내구성과 유지 보수의 편리함을 제공하면서도 미적 가치를 유지할 수 있는 이상적인 외장재로 평가받고 있다.

[그림 12-2] 합성 목재 사이딩

세라믹 사이딩 주로 점토를 원료로 하여 고온에서 구워낸 세라믹 타일로 구성된다. 내구성이 뛰어나고 다양한 디자인 옵션을 제공한다. 세라믹 사이딩은 기후 변화에 강할 뿐 아니라, 부식, 곰팡이, 해충에 대한 저항력이 높아 긴 수명을 보장한다. 청소가 간편하며, 또한 시간이 지나도 색상이 바래거나 변형되지 않아 오랜 기간 깔끔한 외관을 유지할 수 있다. 불에 잘 타지 않는 특성이 있어 화재에 대한 안전성을 높이는 중요한 요소로 작용한다. 다른 사이딩 자재보다 무거워서 상대적으로 설치 비용이 높다는 단점이 있다. 또한 세라믹은 깨지기 쉬운 특징이 있어 설치 시 주의가 필요하다.

[그림 12-3] 세라믹 사이딩

스타코

스타코(stucco)는 주로 외벽 마감재로 사용되는 시멘트 기반의 재료로 내구성과 미관을 동시에 제공한다. 스타코의 주요 특징은 다음과 같다.

첫째, 내구성이 뛰어나 기후 변화에 잘 견디며, 물과 화재에 대한 저항성이 우수하다. 적절한 유지 보수가 이루어진다면 수십 년 이상 사용할 수 있다. 둘째, 방수성이 있어 외부의 습기를 차단하는 기능을 제공함으로써 내부 구조물의 손상을 예방한다. 셋째, 다양한 디자인 옵션이 제공되어 여러 색상과 질감으로 선택할 수 있으며, 이는 다양한 건축 스타일에 맞게 적용할 수 있도록 한다. 질감을 추가하면 더욱 독창적인 외관을 만들 수 있다. 넷째, 유지 보수가 용이하여 시간이 지남에 따라 금이 발생할 수 있지만, 손상이 발생한 부분만 수리하면 되므로 비교적 간편하다. 마지막으로, 에너지 효율성이 높아 두꺼운 층으로 적용될 수 있어 단열 효과를 개선할 수 있다.

스타코 시공 방법은 다음과 같다.

1. **기초 준비**: 스타코를 적용할 벽면의 표면을 깨끗이 청소하고, 불필요한 이물질을 제거한다. 기존의 페인트나 기타 마감재는 제거해야 한다.

2. **기초 구조물 점검**: 벽체의 구조적 손상 여부를 점검하고 필요한 경우 수리한다.

3. **기초 코트(scratch coat)**: 스타코 혼합물을 준비한다. 일반적으로 시멘트, 모래, 물을 혼합하여 만든다. 벽면에 약 1/4인치(6mm) 두께로 기초 코트를 바른다. 이 코트는 나중에 올릴 스타코가 잘 붙도록 하는 역할을 한다. 기초 코트가 마르기 전에 표면을 긁어 주어 다음 레이어와의 접착력을 높인다.

4. **중간 코트(brown coat)**: 기초 코트가 완전히 마른 후, 약 3/8인치(10mm) 두께로 중간 코트를 바른다. 이 코트는 스타코의 두께를 조절하고 평평하게 만드는 역할을 한다. 중간 코트를 바른 후, 표면을 매끄럽게 다듬거나 텍스처를 추가할 수 있다.

5. **마감 코트(finish coat)**: 중간 코트가 마른 후, 원하는 색상과 질감을 가진 마감 코트를 바른다. 이 코트는 1/8인치(3mm) 두께로 바르며, 다양한 질감과 패턴을 낼 수 있다. 마감 코트의 텍스처를 조절하거나 매끄럽게 다듬는다.

6. **경화 및 건조**: 스타코가 완전히 경화될 때까지 기다린다. 이 과정에서 습기를 유지하기 위해 물을 뿌리거나 덮개를 사용할 수 있다. 시공 후 최소 48시간 이상은 비와 햇빛으로부터 보호해야 한다.

[그림 12-4] 스타코

스타코 시공은 기온이 너무 낮거나 높은 날씨에는 피하는 것이 좋다. 일반적으로 4℃에서 32℃ 사이의 기온에서 작업하는 것이 이상적이다. 시공 후 초기 경화 단계에서 스타코가 과도하게 건조되지 않도록 주의해야 한다.

벽돌

벽돌 마감재는 건물의 외부 및 내부 마감에 널리 사용되는 재료로, 내구성과 미관을 동시에 제공한다. 벽돌의 주요 특징은 다음과 같다.

첫째, 내구성이 뛰어나 강한 압축 강도를 지니며 시간이 지나도 형태가 변하지 않고 외부 충격에 강하다. 적절한 유지 보수가 이루어진다면 수십 년 이상 사용할 수 있다.

둘째, 구운 벽돌은 방수 성능을 가지고 있어 습기에 강하며 물이 침투하는 것을 방지한다. 그러나 필요에 따라 추가적인 방수 처리가 필요할 수 있다.

셋째, 벽돌은 열전도율이 낮은 특성을 가지고 있어 여름에는 시원하고 겨울에는 따뜻한 실내 환경을 유지하는 데 도움을 준다.

마지막으로, 벽돌은 다양한 색상, 질감 및 패턴으로 제공되어 건물의 외관을 고급스럽게 꾸밀 수 있는 장점을 가지고 있다.

[그림 12-5] 벽돌 외장재

벽돌 시공 방법은 다음과 같다.

1. **기초 준비**: 벽면을 깨끗하게 청소하고 부적절한 부분이나 손상된 부분을 점검하여 필요시 수리한다.
2. **재료 준비**: 벽돌, 모르타르[13], 도구(예: 믹서, 평철, 손잡이, 수평계 등)를 준비한다.
3. **기초 모르타르 적용**
   (a) 혼합: 벽돌과 사용할 모르타르를 혼합한다. 일반적으로 시멘트, 모래, 물을 적절한 비율로 섞는다.
   (b) 적용: 벽면에 약 1~2cm 두께로 기초 모르타르를 바른다. 이는 벽돌이 잘 붙도록 돕는 역할을 한다.
4. **벽돌 설치**
   (a) 첫 번째 줄 설치: 벽돌을 기초 모르타르 위에 놓고, 수평과 수직을 확인한다. 수평계와 수직계를 사용하여 정렬한다.

13 모르타르는 시멘트, 석회, 모래, 물을 섞어서 물에 갠 것으로 벽돌, 블록, 석재를 접합하는 데 사용된다.

(b) 이음새 처리: 벽돌 사이의 이음새를 1/2~1인치(1.3~2.5cm) 정도 유지하고, 모르타르를 추가하여 고정한다.

(c) 각 줄 반복: 첫 번째 줄이 설치된 후 두 번째 줄을 같은 방식으로 설치한다. 각 줄이 수평을 유지하도록 주의한다.

5. **마감 처리**: 벽돌 시공이 완료된 후 필요한 경우 마감 모르타르를 추가하여 전체적인 외관을 정리한다.

6. **청소**: 시공 후 벽돌 표면에 남은 모르타르 잔여물을 제거하고, 깨끗하게 청소한다.

7. **경화 및 건조**: 시공이 완료된 후 최소 48시간 이상은 비와 햇빛으로부터 보호하여 모르타르가 완전히 경화 및 건조되도록 한다.

시공할 때 기온이 너무 낮거나 높은 날씨에 피하는 것이 좋다. 일반적으로 4℃에서 32℃ 사이의 기온에서 작업하는 것이 이상적이다. 모르타르가 너무 빠르게 마르지 않도록 주의해야 하며, 필요시 물을 뿌려주어 습도를 유지한다.

12.3 레인스크린 시스템

레인스크린(rain screen) **시스템**은 강우량이 많은 지역에서 목조 건물을 수분으로부터 보호하기 위해 설계된 구조이다. 이 시스템은 외장재와 외벽 골조 사이에 작은 공간을 만들어, 수분이 벽체로 직접 침투하지 않도록 막아준다. 만약, 수분이 외장재를 통해 침투하더라도 틈을 통해 물을 효과적으로 배수하거나 증발시킬 수 있다. 이 설계는 건물의 내부를 보호하고 곰팡이와 부패를 방지하여 내구성을 높인다.

[그림 12-6] 목조주택 외벽에 적용된 레인스크린 시스템

레인스크린 시스템의 구성 요소

1. **외장재**: 레인스크린 시스템의 외부에 설치되는 재료는 주로 방수성과 내구성이 뛰어난 금속 패널, 석재, 목재, 복합재료 등이 사용된다.

2. **공간(공기층)**: 외장재와 벽체 사이에 형성된 공간으로, 수분이 침투할 때 이를 배수하고 통기성을 제공하는 역할을 한다. 이 공간은 일반적으로 1cm에서 2cm 정도의 두께로 설계된다.

3. **배수 시스템**: 외부에서 침투한 수분이 이 공간을 통해 아래로 흐를 수 있도록 돕는 배수구 역할도 제공한다. 공기층을 만들기 위해 설치하는 레인스크린은 물이 고이지 않도록 막힘없이 계획하는 것이 중요하다.

4. **투습방수지**: 벽체와 외장재 사이에 설치되는 투습방수지는 수분이 외부로 배출될 수 있도록 하면서도 외부의 물이 벽체로 침투하지 않도록 차단하는 역할을 한다.

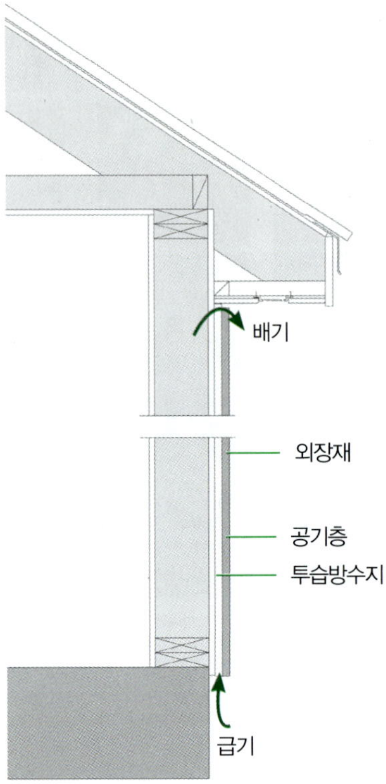

[그림 12-7] 레인스크린 시스템 구성요소

레인스크린 시스템의 작동 원리

레인스크린 시스템은 외벽을 통해 수분이 침투하는 것을 방지하고 배출할 수 있도록 설계된 벽체 시스템이다. 외장재와 벽체 사이에 일정한 공간을 두어 벽체를 보호하고 건조 상태를 유지하는 것이 핵심 원리다. 이 시스템은 다음과 같은 방식으로 작동한다.

1. **배향(deflection)**: 수분 침투를 방지한다. 비가 내리면 외장재를 통해 수분이 침투할 수 있다. 그러나 레인스크린 시스템은 외장재와 벽체 사이에 공간을 두어 수분이 벽체에 직접 닿지 않도록 한다.

2. **배수(drainage)**: 침투한 수분은 레인스크린 공간을 통해 아래로 흐르며, 외부로 배출된다.

3. **건조(drying)**: 수분이 침투했을 때 마를 수 있도록 공기가 순환하는 구조로 시공해야 벽체가 건조하게 유지된다.

레인스크린 시스템의 장단점

레인스크린 시스템은 건물의 외벽을 보호하고 내부로의 수분 침투를 방지하는 역할을 한다. 이 시스템은 외장재와 벽체 사이에 일정한 공간을 두어 벽체가 직접적으로 습기에 노출되지 않도록 설계되었다. 비가 내리거나 습한 환경에서 벽체가 젖는 것을 방지하기 위해 외장재를 통해 들어온 수분이 내부로 스며들기 전에 배수 공간을 통해 아래로 흐르게 하여 자연스럽게 배출된다. 공기가 원활히 순환하도록 설계되어 습기가 남아 있어도 빠르게 건조되며, 건물 내부를 쾌적하게 유지하는 데 도움이 된다.

이 시스템을 적용하면 벽체의 수명을 연장할 수 있다. 일반적으로 목조 구조물은 습기에 취약하기 때문에 수분이 벽체 내부로 스며들면 시간이 지나면서 부식이 발생하고, 곰팡이가 생길 위험이 높아진다. 하지만 레인스크린 시스템을 사용하면 외부에서 침투한 물이 내부로 들어가지 않고 효과적으로 배출되므로 구조적인 손상을 줄일 수 있다. 또한, 벽체가 직접적으로 비바람에 노출되지 않아 내구성이 향상되고 유지보수 비용도 절감할 수 있고 에너지 효율성도 높이는 역할을 한다. 외장재와 벽체 사이의 공기층이 단열층 역할을 하여 겨울철에는 실내의 따뜻한 공기가 빠져나가는 것을 막고 여름철에는 외부의 뜨거운 공기가 내부로 전달되는 것을 줄여준다. 이를 통해 냉난방 비용을 절감할 수 있으며 실내 환경을 더욱 쾌적하게 유지할 수 있다.

그러나 레인스크린 시스템이 효과적으로 작동하기 위해서는 정확한 시공이 필수적이다. 만약 시공이 잘못되면 오히려 수분이 벽체 내부에 고여 곰팡이와 부식을 유발할 수도 있다. 따라서 시스템을 설치할 때는 배수 경로를 명확히 확보하고, 공기 흐름이 원활하도록 설계해야 한다. 또한, 외장재와 벽체 사이에 충분한 공간이 필요하기 때문에 건축 설계 단계에서 이를 고려해야 한다.

연습문제

다음 질문에 대한 올바른 답을 작성하시오.

12.1 외벽 마감재의 주요 기능을 세 가지 쓰시오.

12.2 외벽 마감재를 선택할 때 고려해야 할 대표적인 세 가지 항목은 무엇인가?

12.3 강우량이 많은 지역에서 목조 건물을 수분으로부터 보호하기 위해 개발된 외벽 시스템을 무엇이라 하는가?

12.4 레인스크린 시스템의 작동 원리를 세 가지 쓰시오.

Chapter 13

창문과 실외문

13.1 창문

창문의 기능

창문은 실내 환경과 주거 공간의 질을 결정짓는 데 큰 영향을 미친다. 가장 기본적인 기능은 자연광을 유입시켜 실내를 밝고 쾌적하게 만드는 것이다. 이를 통해 전기 조명 사용을 줄일 수 있어 에너지 비용 절감에도 기여하며, 따뜻하고 아늑한 실내 분위기를 조성할 수 있다. 또한, 창문을 열면 외부의 신선한 공기가 유입되고 실내의 오염된 공기가 배출되어 공기 순환이 원활해진다. 이는 실내 공기질을 개선하고, 습기와 냄새를 제거하는 데 도움을 준다.

뿐만 아니라, 창문은 외부 경관을 감상할 수 있는 시각적 연결 통로 역할도 한다. 자연 풍경이나 도시의 전경을 실내로 들여와 공간을 더욱 넓고 개방적으로 느껴지게 하며, 주택의 미적 요소를 향상하는 데 기여한다. 창문의 성능 또한 중요한 고려 사항 중 하나이다. 고효율 창문을 사용하면 단열 성능이 향상되어 냉난방 비용을 절감할 수 있으며, 삼중창이나 방음 유리를 적용하면 외부 소음을 효과적으로 차단할 수 있다. 이처럼 에너지 절약과 생활의 쾌적함을 동시에 만족시키는 창문의 역할은 점점 더 강조되고 있다.

보안 측면에서도 창문은 중요한 기능을 한다. 잠금장치가 있는 창문은 외부 침입을 방지하는 데 도움이 되며, 안전유리를 사용하면 파손 시 유리가 흩어지는 위험을 줄일 수 있어 안전성을 더욱 높일 수 있다. 또한, 특정 유형의 창문은 비상 탈출구 역할을 할 수도 있다. 예를 들어, 침실에 설치된 창문은 화재 발생 시 대피 경로로 활용될 수 있도록 설계해야 한다.

창문은 주택의 외관을 결정하는 중요한 디자인 요소이기도 하다. 다양한 형태와 스타일을 적용하면 건물의 미적 감각을 향상할 수 있으며, 블라인드나 커튼을 활용하면 개인 사생활 보호 기능도 강화할 수 있다. 창문은 단순한 개구부 이상의 역할을 하며, 주택의 기능성과 디자인을 동시에 만족시키는 핵심 요소로 작용하고 있다.

창문의 종류

창문은 개폐 방식과 구조에 따라 다양한 유형으로 나뉘며, 각 유형은 특정한 기능과 장점을 갖고 있다. 먼저, **고정창**(fixed window)은 열리지 않는 창으로, 주로 외부 경관을 감상하거나 자연광을 유입하는 용도로 사용된다. 단열 성능이 뛰어나며 기밀성이 우수해 에너지 효율을 높이는 데 효과적이다. 반면, **미서기 창**(sliding window)은 좌우로 미끄러져 열리는 구조로, 개폐가 간편하고 공간을 효율적으로 활용할 수 있어 많은 주택에서 널리 사용된다. **틸트/턴 창**(tilt/turn window)은 한쪽에 경첩이 달려 있어 두 가지 방식으로 개폐할 수 있다. 틸트 기능을 활용하면 창이 수직으로 일부만 열려 환기에 용이하며, 턴 기능을 사용하면 창 전체를 가로로 개방할 수 있어 실내 공기 순환을 원활하게 할 수 있다. **폴딩 창**(folding window)은 여러 개의 패널이 접히면서 개방되는 방식으로, 개방감이 뛰어나 테라스나 거실과 같은 넓은 공간에서 활용되기에 적합하다. **베이 창**(bay window)은 벽에서 돌출된 형태로 설계되어 실내 공간을 확장하는 효과를 제공한다. 일반적으로 세 개의 창이 조합되어 경관을 넓게 감상할 수 있으며, 실내 채광을 극대화하는 장점이 있다. 마지막으로, **지붕창/천창**(roof window/skylight)은 천장에 설치되어 위쪽에서 자연광을 유입하는 역할을 한다. 주로 다락방이나 욕실과 같은 채광이 어려운 공간에서 사용되며, 실내를 밝고 쾌적하게 유지하는 데 도움을 준다. 이처럼 각 창문 유형은 개별적인 특징과 장점을 가지며, 주택의 용도와 공간 활용 방식에 따라 적절한 선택이 이루어져야 한다.

(a) 고정창 (b) 미서기 창 (c) 틸트/턴 창

(d) 폴딩 창 (e) 베이 창 (f) 천창

[그림 13-1] 창문의 종류

창문 선택 시 고려 사항

창문을 선택할 때는 단순히 외관뿐만 아니라 기능성과 실용성을 종합적으로 고려해야 한다. 먼저, 기능성은 가장 중요한 요소 중 하나이다. 창문은 실내 환기를 돕고, 단열과 방음 기능을 제공하며, 외부 환경으로부터 보호하는 역할을 한다. 따라서 사용자의 필요에 맞춰 적절한 창문 유형을 선택하는 것이 중요하다. 예를 들어, 소음이 심한 지역에서는 방음 성능이 뛰어난 창문을, 에너지 절약이 필요한 공간에서는 단열 효과가 우수한 창문을 고려해야 한다.

또한, 디자인도 중요한 요소이다. 창문은 건물의 외관을 결정하는 주요 요소 중 하나이므로, 전체적인 건축 스타일과 조화를 이루는 디자인을 선택해야 한다. 창문의 크기, 형태, 색상 등을 신중하게 결정하면 건물의 미적 완성도를 높일 수 있다.

마지막으로, 유지 보수의 용이성도 고려해야 한다. 창문의 재질과 디자인에 따라 유지 · 관리의 난이도가 달라질 수 있기 때문이다. 예를 들어, 목재 창호는 클래식한 분위기를 연출할 수 있지만, 습기에 취약해 정기적인 관리가 필요하다. 반면, 알루미늄이나 PVC 소재는 내구성이 뛰어나고 관리가 용이하지만, 특정한 스타일에 맞추기 어려울 수도 있다.

이처럼 창문을 선택할 때는 기능성, 디자인, 유지 보수의 편리함 등을 종합적으로 고려하여 건물의 특성과 사용자의 요구에 맞는 최적의 창호를 선택하는 것이 중요하다.

창문 설치 방법

목조주택에서 창문을 설치하는 방법은 다음과 같다.

준비 작업 창문, 프레임, 나사, 실란트, 드릴, 수평계, 줄자, 망치 등 필요한 도구와 재료를 준비한다. 창문을 설치할 위치의 크기를 측정하고, 프레임의 위치를 정확하게 마킹한다. 수평과 수직을 확인하여 정확한 위치를 설정한다.

프레임 준비 창문을 설치할 벽면에 프레임을 고정한다. 목재의 경우, 프레임을 벽에 고정할 때 나사를 사용하여 단단히 고정해야 한다. 프레임이 수평과 수직을 유지하고 있는지 수평계를 사용하여 확인한다. 필요시 조정한다.

창문 설치 준비된 창문을 프레임에 삽입한다. 이때 창문이 프레임 내에서 자유롭게 열리고 닫힐 수 있도록 위치를 조정한다. 창문을 프레임에 고정하기 위해 나사를 사용한다. 나사는 창문과 프레임의 접합부에 균일하게 분포시켜 고정한다.

실란트 및 방수 처리 창문과 프레임 사이의 틈새에 방수 실란트를 발라 물이 침투하지 않도록 한다. 실란트는 창문을 기밀하게 만들어 주며 에너지 효율성을 높인다. 창문 설치 후, 외부에서 방수 테이프나 기타 방수 재료를 사용하여 추가적인 방수 처리를 한다.

내부 마감 창문 주위에 장식적인 트림을 설치하여 외관을 아름답게 만든다. 이때 트림과 창문 사이의 틈새도 실란트로 밀봉한다. 필요에 따라 트림을 페인트로 마감하여 일관된 외관을 유지한다.

점검 및 청소 창문이 잘 열리고 닫히는지 확인하고, 모든 고정이 제대로 되어 있는지 점검한다. 설치가 완료된 후, 작업 공간을 청소하고 창문의 유리를 닦아준다.

유의 사항 창문을 설치할 때에는 기후 조건을 고려하여 방수와 단열 처리를 철저히 해야 하며, 특히 비가 많이 오는 지역이나 추운 지역에서는 더욱 신경 써야 한다. 설치 위치의 치수를 정확하게 측정해 창문과 프레임이 정확히 맞도록 해야 하며, 잘못된 측정은 기밀성과 방수 성능 저하로 이어질 수 있다. 또한 환기와 자연 채광을 고려해 적절한 크기의 창문을 선택하는 것이 중요하다. 설치 시에는 창문과 프레임 사이 틈새를 충분히 밀봉하여 기밀성을 확보해야 하며, 이는 에너지 효율을 높이고 습기 및 곰팡이 발생을 예방하는 데 효과적이다. 설치가 완료된 후에는 창호가 제대로 고정되었는지, 열고 닫을 때 안전하게 작동하는지 점검해야 하며, 특히 어린이나 반려동물이 있는 가정에서는 안전장치의 설치도 함께 고려하는 것이 바람직하다.

13.2 실외문

목조주택에 실외문을 설치할 때는 다양한 구성요소가 필요하며 각 요소는 문이 제대로 기능하고 안전하게 작동하도록 돕는 중요한 역할을 한다.

실외문의 구성요소

실외문은 출입 기능뿐 아니라 보안성, 단열성, 디자인 면에서도 중요한 역할을 한다. 문 본체, 문틀, 힌지, 잠금장치, 씰링 등 다양한 부품이 조화를 이루어야 원활하게 작동하며 내구성도 높아진다. 각 요소의 기능을 이해하면 적절한 문 선택과 설치에 도움이 된다.

1. **문 본체**: 실외문의 가장 기본적인 구성 요소로, 일반적으로 목재, 금속, 또는 복합재료로 제작된다. 단일문, 이중문, 슬라이딩문 등 다양한 유형이 있으며, 디자인과 기능에 따라 선택할 수 있다.

2. **문틀(door frame)**: 문이 설치되는 구조로, 문을 지지하고 고정하는 역할을 한다. 수직 기둥(문선)과 수평 기둥(문틀선)으로 구성되며, 문이 잘 열리고 닫히도록 맞춤 설계되어야 한다.

3. **힌지(hinge)**: 문을 여닫을 수 있도록 하는 경첩이다. 일반적인 힌지, 고정 힌지, 조절 가능한 힌지 등이 있으며, 문 크기와 무게에 따라 적절한 힌지를 선택해야 한다.

4. **잠금장치(locking mechanism)**: 문을 안전하게 잠그는 기능을 제공하는 장치로, 외부의 침입을 방지한다. 키 잠금, 디지털 잠금, 스마트 잠금 등 다양한 옵션이 있으며, 보안 수준에 따라 선택한다.

5. **손잡이(handle)**: 문을 여닫는 데 사용하는 장치로 사용자의 편의성을 고려하여 디자인된다. 레버형, 원통형, 전자식 손잡이 등 다양한 형태가 있다.

6. **씰링(sealing)**: 문과 문틀 사이의 틈새를 밀봉하여 기밀성과 단열 성능을 높이는 재료이다. 고무 씰, 실리콘 씰, 날개 씰 등이 있으며, 기후에 따라 적절한 씰링 재료를 선택해야 한다.

7. **문턱(threshold)**: 문 아래에 설치되는 부분으로, 외부와 내부의 경계를 형성하며, 물과 먼지가 내부로 들어오는 것을 방지한다. 고정형, 조정형 등이 있으며, 방수 기능이 있는 재료로 만들어지는 것이 좋다.

8. **마감재(finishing materials)**: 문과 문틀의 외관을 아름답게 꾸미기 위해 사용되는 재료로 페인트, 스테인, 바니시 등이 있다. 마감재의 기능은 문의 내구성을 높이고, 날씨로부터 보호하며, 미관을 개선하는 데 있다.

실외문 설치 방법

실외문을 설치하기 위해서는 먼저 필요한 도구와 자재를 준비해야 한다. 드릴, 수평기, 망치, 나사, 우레탄 폼, 줄자 등이 필수적으로 사용된다.

설치를 시작하기 전에, 문이 들어갈 공간의 가로, 세로, 깊이를 정확하게 측정해야 한다. 이를 통해 문틀이 정확하게 맞춰질 수 있고, 설치 과정에서 오차를 최소화할 수 있다. 다음으로 문틀을 조립한 후 수평기를 사용하여 수평을 맞춘다. 문틀이 정확하게 정렬되었는지 확인한 후, 나사를 이용해 벽에 단단히 고정한다. 이때, 문틀과 벽 사이에 생긴 틈은 우레탄 폼을 사용하여 채운다. 우레탄 폼은 단열과 방음 효과를 높여 실내 환경을 더욱 쾌적하게 만들어준다. 이후 문에 경첩을 부착하고 문틀에 걸어 설치한다. 문이 제대로 여닫히는지 확인한 다음 수평기를 이용해 문이 수직과 수평을 유지하도록 조정한 후 경첩을 나사로 단단히 고정한다. 문이 안정적으로 설치되면, 잠금장치를 부착하여 보안을 강화한다. 마지막으로, 문과 문틀 사이의 틈을 실리콘으로 마감하여 외부의 먼지나 물이 침투하는 것을 방지한다. 이를 통해 실외문의 내구성과 기능성을 높일 수 있다.

연습문제

다음 질문에 가장 적합한 답을 선택하시오.

13.1 창문은 개폐 방식과 구조에 따라 다양한 유형으로 나뉜다. 이 중 한쪽에 경첩이 달려 있어 창 전체를 개방하거나 일부만 열 수 있는 창문의 종류는 무엇인가?

a. 미서기 창

b. 고정창

c. 틸트/턴 창

13.2 다음 중 창문 설치 후 점검해야 할 사항이 아닌 것은 무엇인가?

a. 창문이 원활하게 열리고 닫히는지 확인한다.

b. 창문 주변에 실란트나 기밀 테이프를 사용해 틈을 밀봉한다.

c. 창문의 외관이 실내 인테리어와 조화로운지 확인한다.

13.3 강우량이 많은 지역에서 창문을 설치할 때 필수적으로 고려해야 할 사항은 무엇인가?

a. 방수 성능을 강화하는 조치를 취해야 한다.

b. 창문 크기를 최대한 키워 채광을 확보해야 한다.

c. 창문을 높은 위치에 설치하여 바람을 피해야 한다.

13.4 실외문의 내구성과 기능성을 높이기 위한 최종 마감 작업은 무엇인가?

a. 문틀 주변에 실리콘을 사용하여 틈을 밀봉한다.

b. 문을 페인트로 덧칠하여 색상을 맞춘다.

c. 문틀 위에 추가적인 나무 장식을 부착한다.

다음 질문에 대한 올바른 답을 작성하시오.

13.5 실외문은 건물의 출입구로서 다양한 기능을 수행한다. 그중 대표적인 세 가지 기능을 작성하시오.

샘플 도면

이 책의 부록에서는 목조주택 설계와 시공을 보다 쉽게 이해할 수 있도록 다양한 샘플 도면을 제공한다. 기초 공사부터 지붕 골조까지 전 과정에 걸쳐 필요한 도면을 수록하여, 독자들이 실제 시공 과정에서 참고할 수 있도록 구성하였다.

부록은 총 17개의 레이아웃으로 이루어져 있으며, 기초, 구조, 골조, 지붕 및 외벽 시공과 관련된 핵심 도면을 포함하고 있다.

이 부록은 실무 경험이 없는 초보자도 쉽게 이해할 수 있도록 직관적인 도면으로 구성하였다. 또한, 시공자가 현장에서 바로 참고할 수 있도록 실용적인 형식으로 정리되어 있다.

목조주택을 설계하고 시공하는 과정에서 이 부록이 하나의 지침서 역할을 하기를 바라며, 보다 체계적으로 설계와 시공을 학습하고 실무에서 활용할 수 있기를 기대한다.

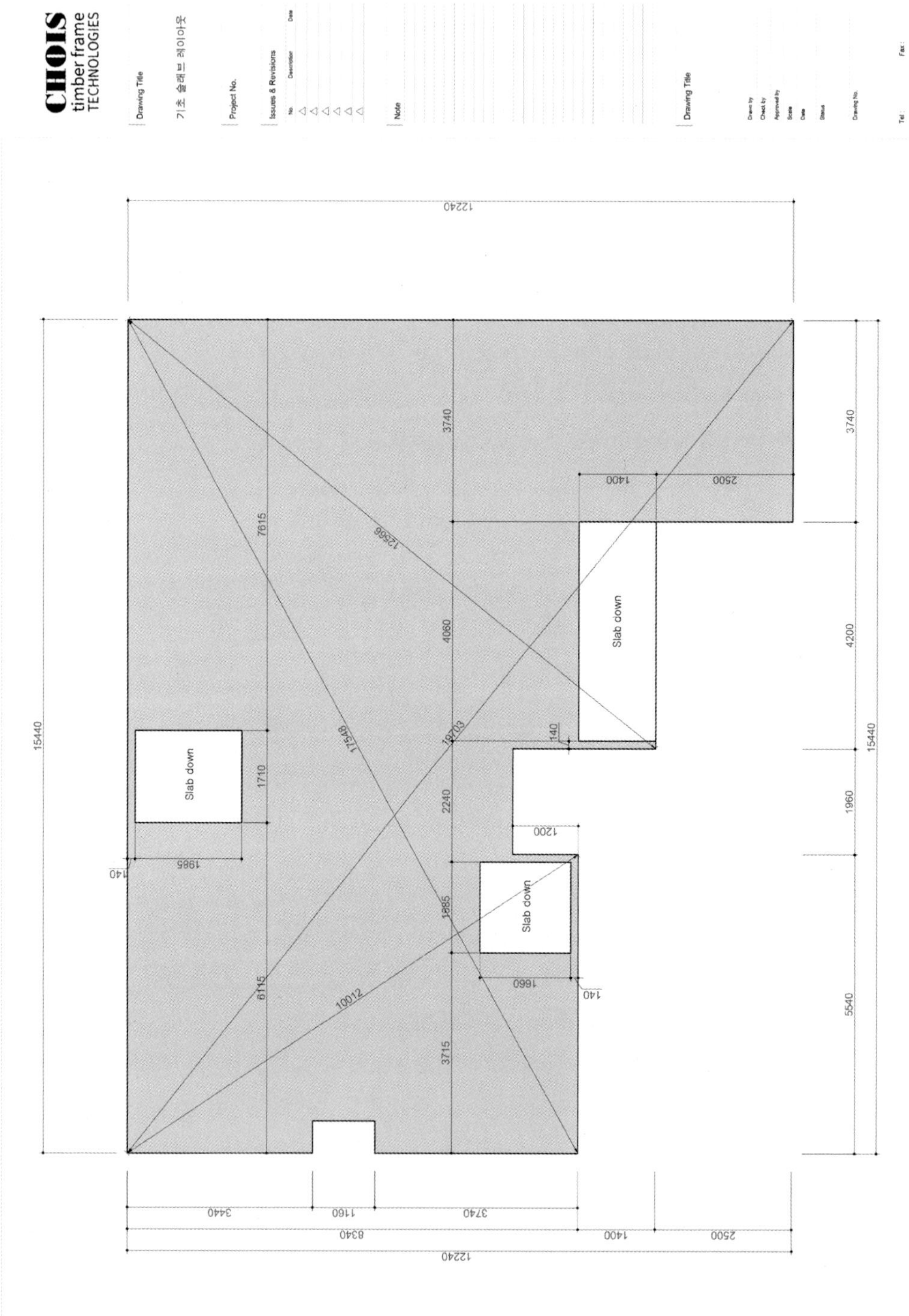
CHOIS
timber frame
TECHNOLOGIES
Drawing Title
기초 슬래브 레이아웃
Project No.
Issues & Revisions
Note
Drawing Title
Slab down
Slab down
Slab down
12240
15440
8340
3440
1160
3740
1400
2500

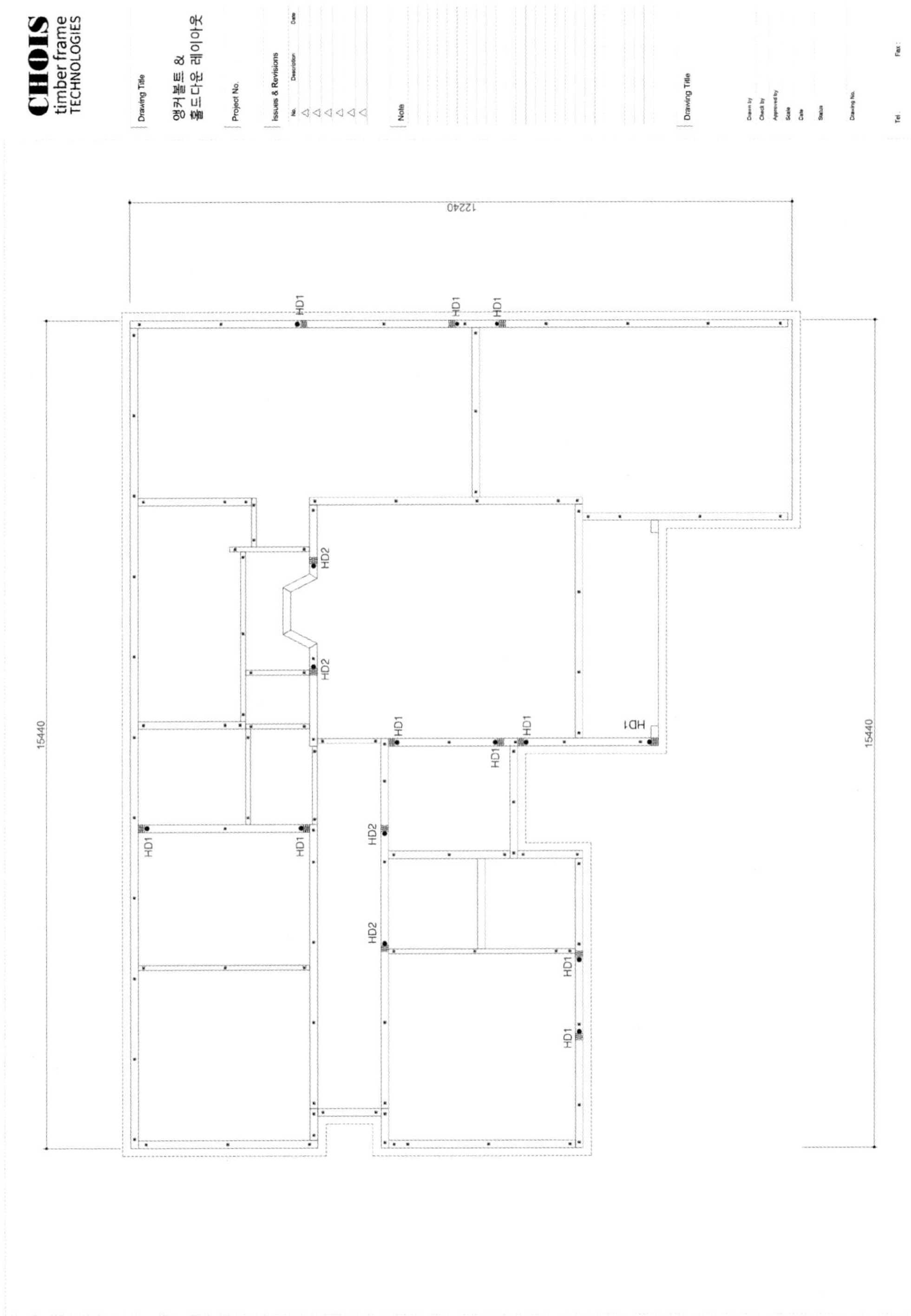
CHOIS
timber frame
TECHNOLOGIES
Drawing Title
앵커볼트 &
홀드다운 레이아웃
Project No.
Issues & Revisions
Note
Drawing Title
12240
15440
15440
HD1
HD2

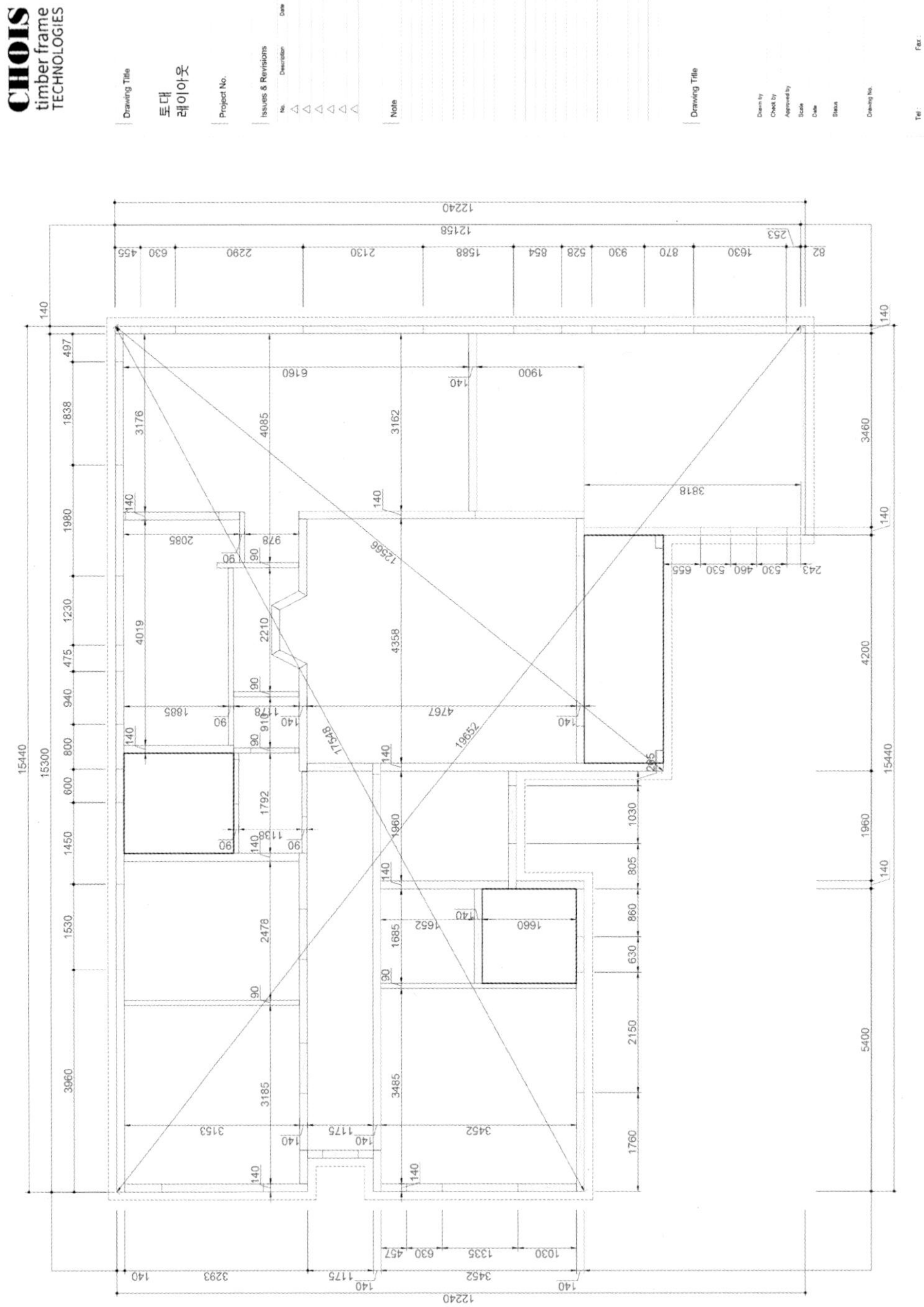
CHOIS
timber frame
TECHNOLOGIES
Drawing Title
토대
레이아웃
Project No.
Issues & Revisions
Note
Drawing Title

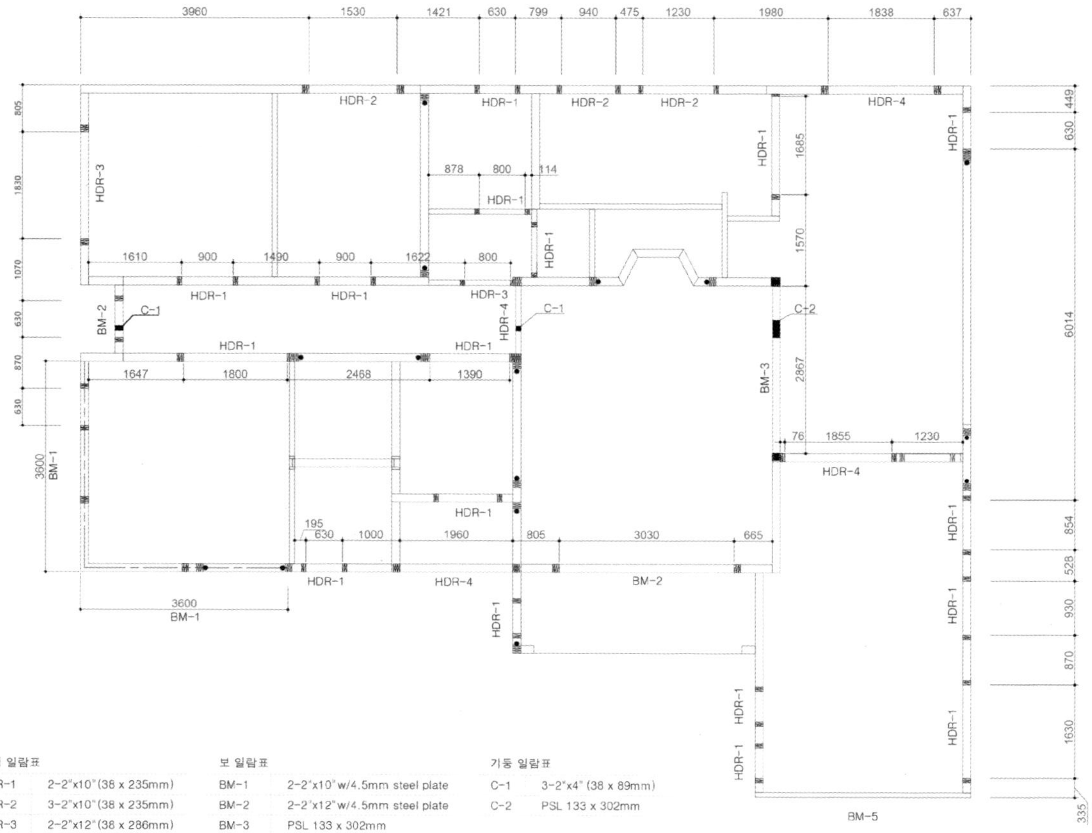

헤더 일람표

HDR-1	2-2"x10"(38 x 235mm)
HDR-2	3-2"x10"(38 x 235mm)
HDR-3	2-2"x12"(38 x 286mm)
HDR-4	3-2"x12"(38 x 286mm)

보 일람표

BM-1	2-2"x10"w/4.5mm steel plate
BM-2	2-2"x12"w/4.5mm steel plate
BM-3	PSL 133 x 302mm

기둥 일람표

C-1	3-2"x4" (38 x 89mm)
C-2	PSL 133 x 302mm

CHOIS timber frame TECHNOLOGIES

Project Title

Project No.

Issues & Revisions

No.	Description	Date
△		
△		
△		
△		
△		
△		

Note

Drawing Title
헤더 & 기둥 보
레이아웃

Drawn by 최재철
Check by
Approved by
Scale
Date
Status
Drawing No.

Tel :
Fax :

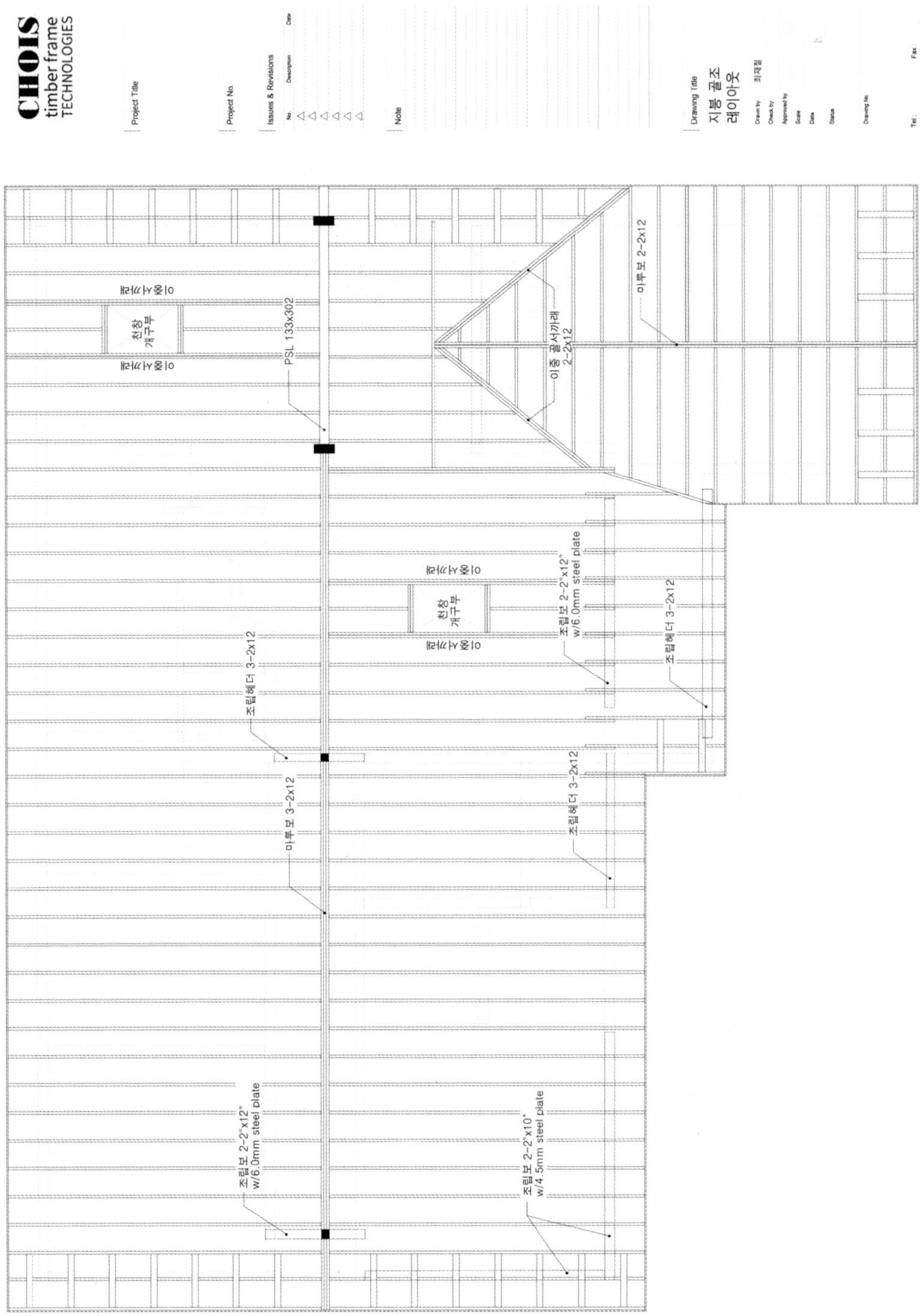
CHOIS timber frame TECHNOLOGIES
Project Title
Project No.
Issues & Revisions
Note
Drawing Title
지붕 골조 레이아웃
천창 개구부
이중장선
PSL 133x302
이중 골서까래 2-2x12
마루보 2-2x12
조립보 2-2"x12" w/6.0mm steel plate
조립헤더 3-2x12
마루보 3-2x12
조립보 2-2"x10" w/4.5mm steel plate

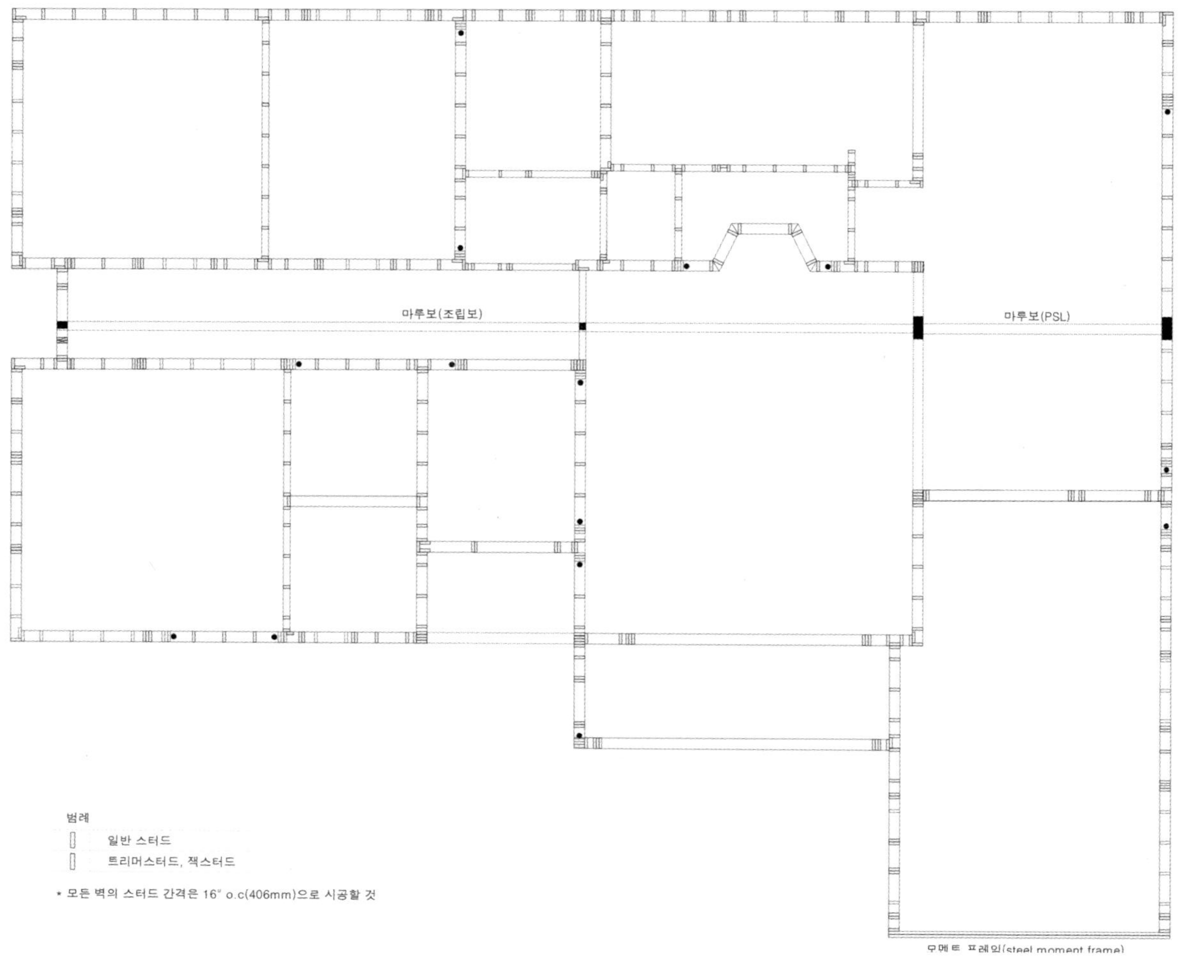

범례

- 일반 스터드
- 트리머스터드, 잭스터드

* 모든 벽의 스터드 간격은 16" o.c(406mm)으로 시공할 것

CHOIS timber frame TECHNOLOGIES

Project Title

Project No.

Issues & Revisions

No.	Description	Date
△		
△		
△		
△		
△		
△		

Note

Drawing Title

벽 스터드
레이아웃

Drawn by 최재철
Check by
Approved by
Scale
Date
Status
Drawing No.

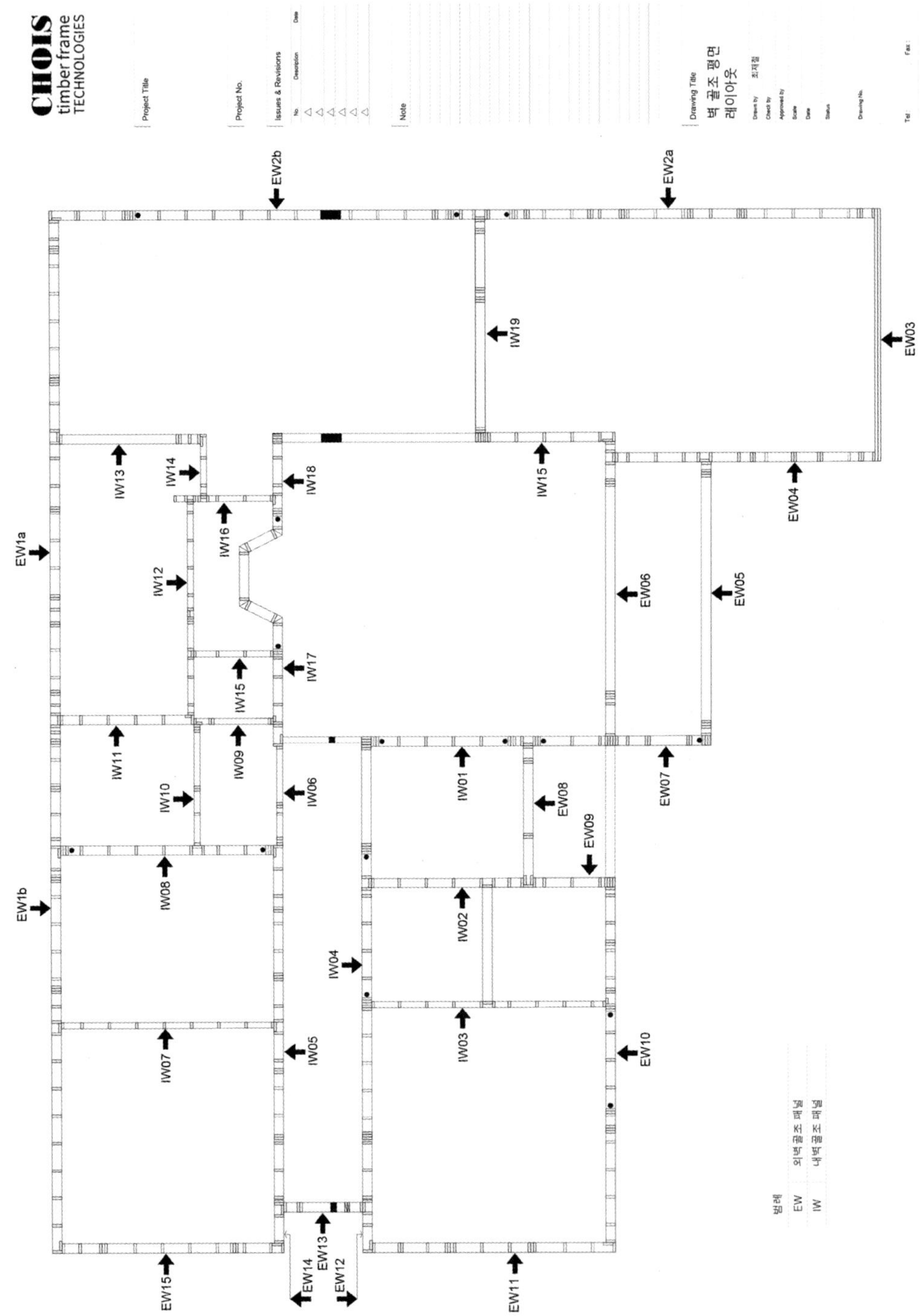
CHOIS
timber frame
TECHNOLOGIES
Project Title
Project No.
Issues & Revisions
No.
Description
Date
Note
Drawing Title
벽 골조 평면
레이아웃
Drawn by
Check by
Approved by
Scale
Date
Status
Drawing No.
Tel :
Fax :
EW1a
EW1b
EW2a
EW2b
EW03
EW04
EW05
EW06
EW07
EW08
EW09
EW10
EW11
EW12
EW13
EW14
EW15
IW01
IW02
IW03
IW04
IW05
IW06
IW07
IW08
IW09
IW10
IW11
IW12
IW13
IW14
IW15
IW16
IW17
IW18
IW19
범례
EW 외벽골조 패널
IW 내벽골조 패널

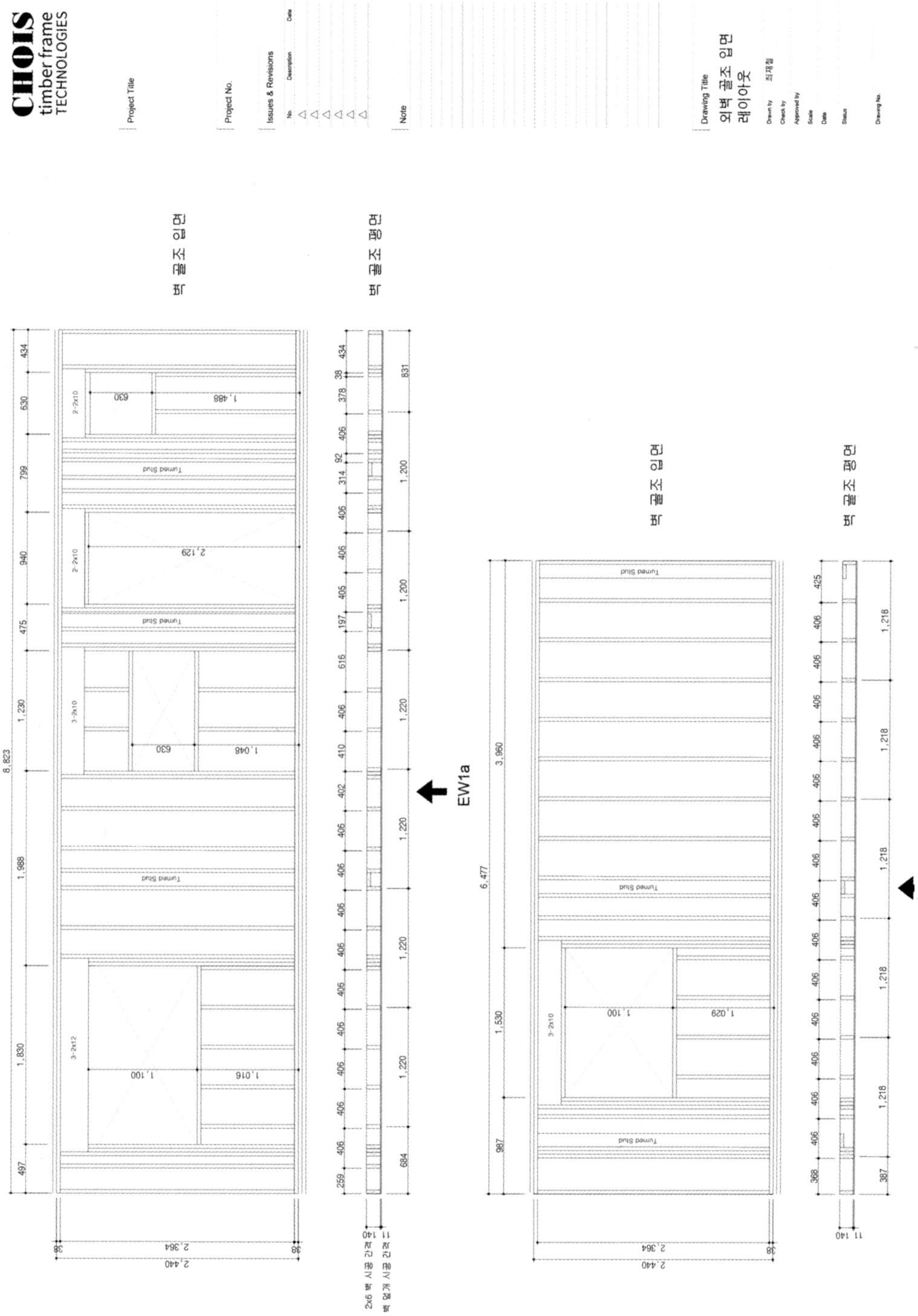
CHOIS
timber frame
TECHNOLOGIES
Project Title
Project No.
Issues & Revisions
Note
Drawing Title
외벽 골조 입면
레이아웃
벽 골조 입면
벽 골조 평면
EW1a
Turned Stud
8,823
6,477
2,440
2,364

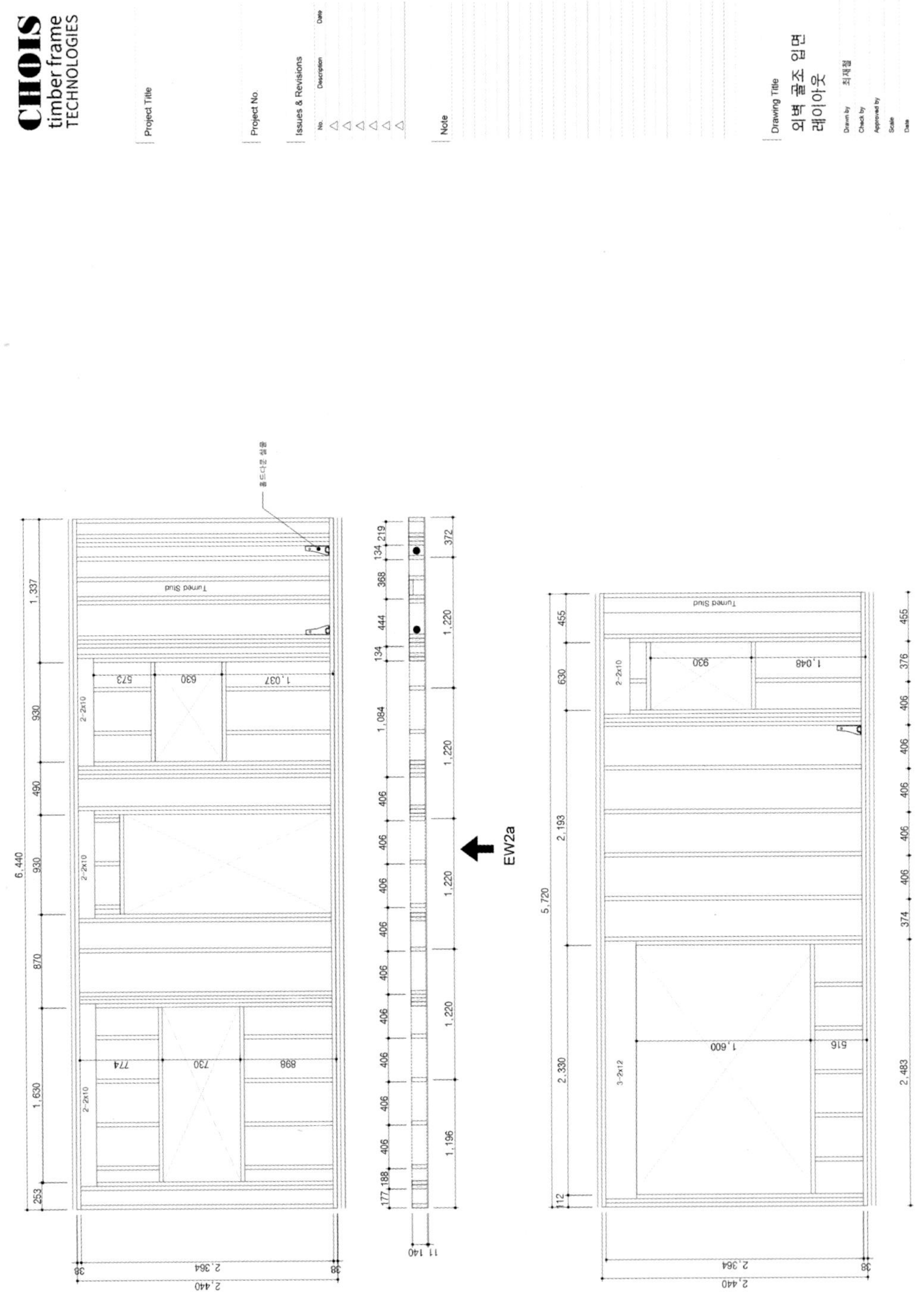
CHOIS
timber frame
TECHNOLOGIES
Project Title
Project No.
Issues & Revisions
Note
Drawing Title
외벽 골조 입면
레이아웃
EW2a
Turned Stud

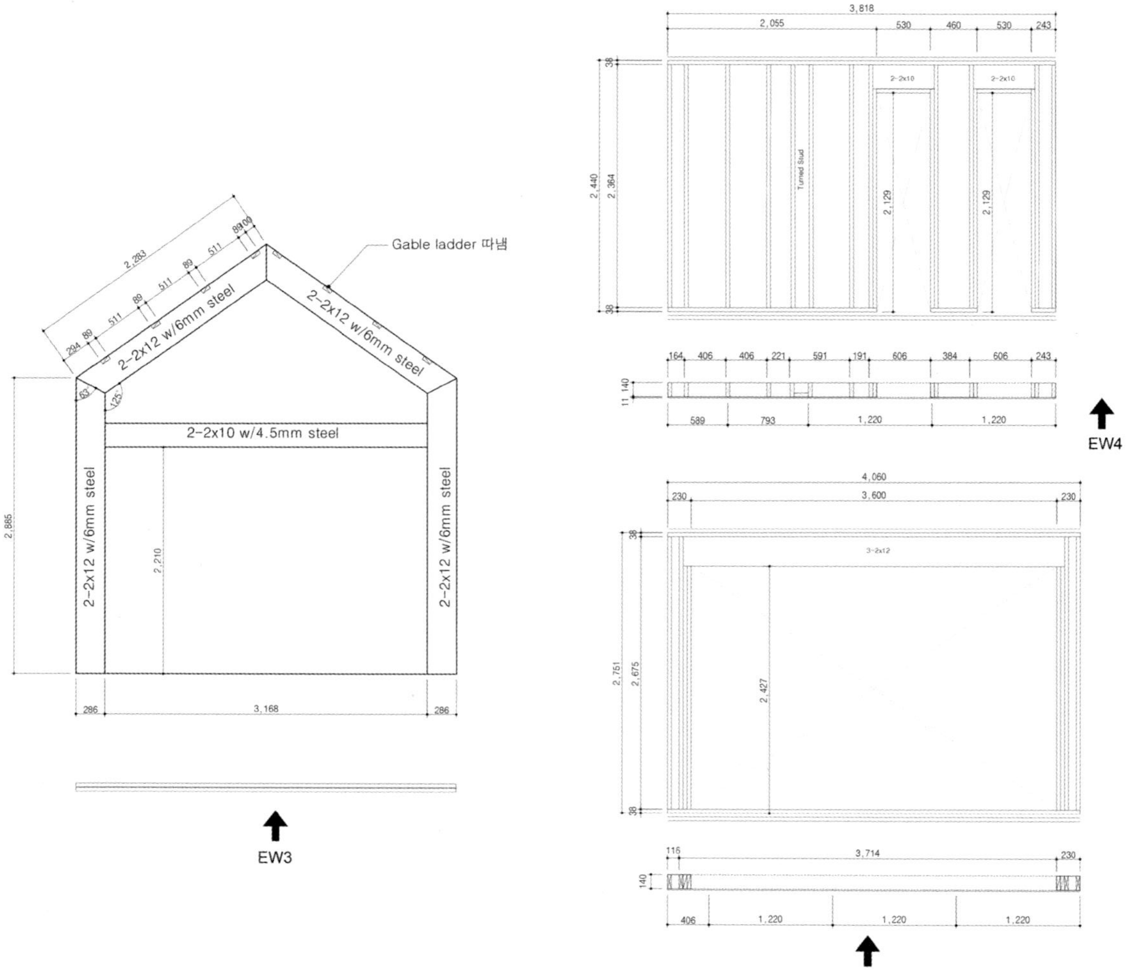

CHOIS timber frame TECHNOLOGIES

Project Title

Project No.

Issues & Revisions

No	Description	Date
△		
△		
△		
△		
△		
△		

Note

Drawing Title

외벽 골조 입면 레이아웃

Drawn by 최재철

Check by

Approved by

Scale

Date

Status

Drawing No.

Tel : Fax :

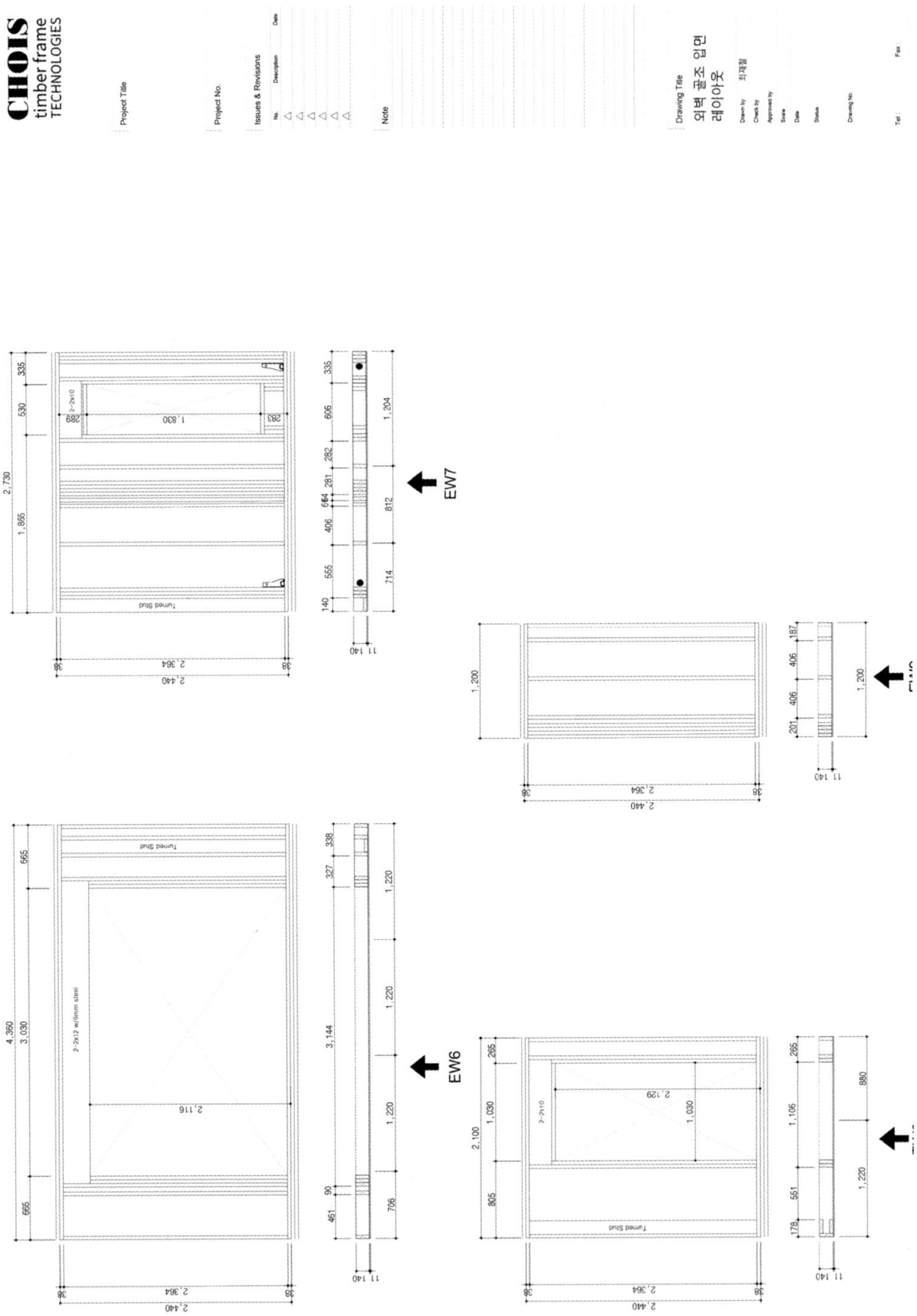
CHOIS
timber frame
TECHNOLOGIES
Project Title
Project No.
Issues & Revisions
Note
Drawing Title
외벽 골조 입면
레이아웃
EW7
EW6

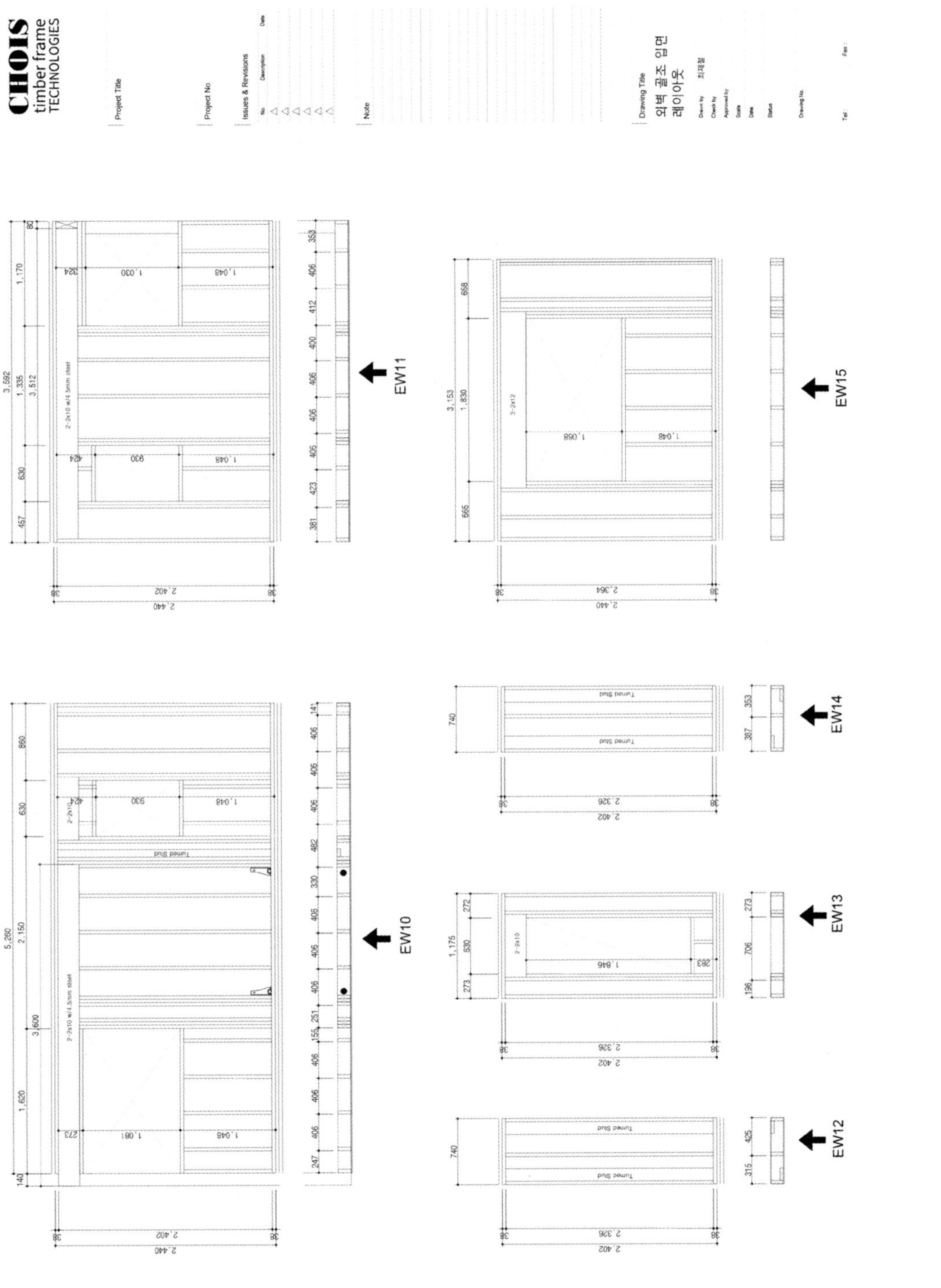
CHOIS
timber frame
TECHNOLOGIES
Project Title
Project No.
Issues & Revisions
Note
Drawing Title
외벽 골조 입면
레이아웃
EW10
EW11
EW12
EW13
EW14
EW15

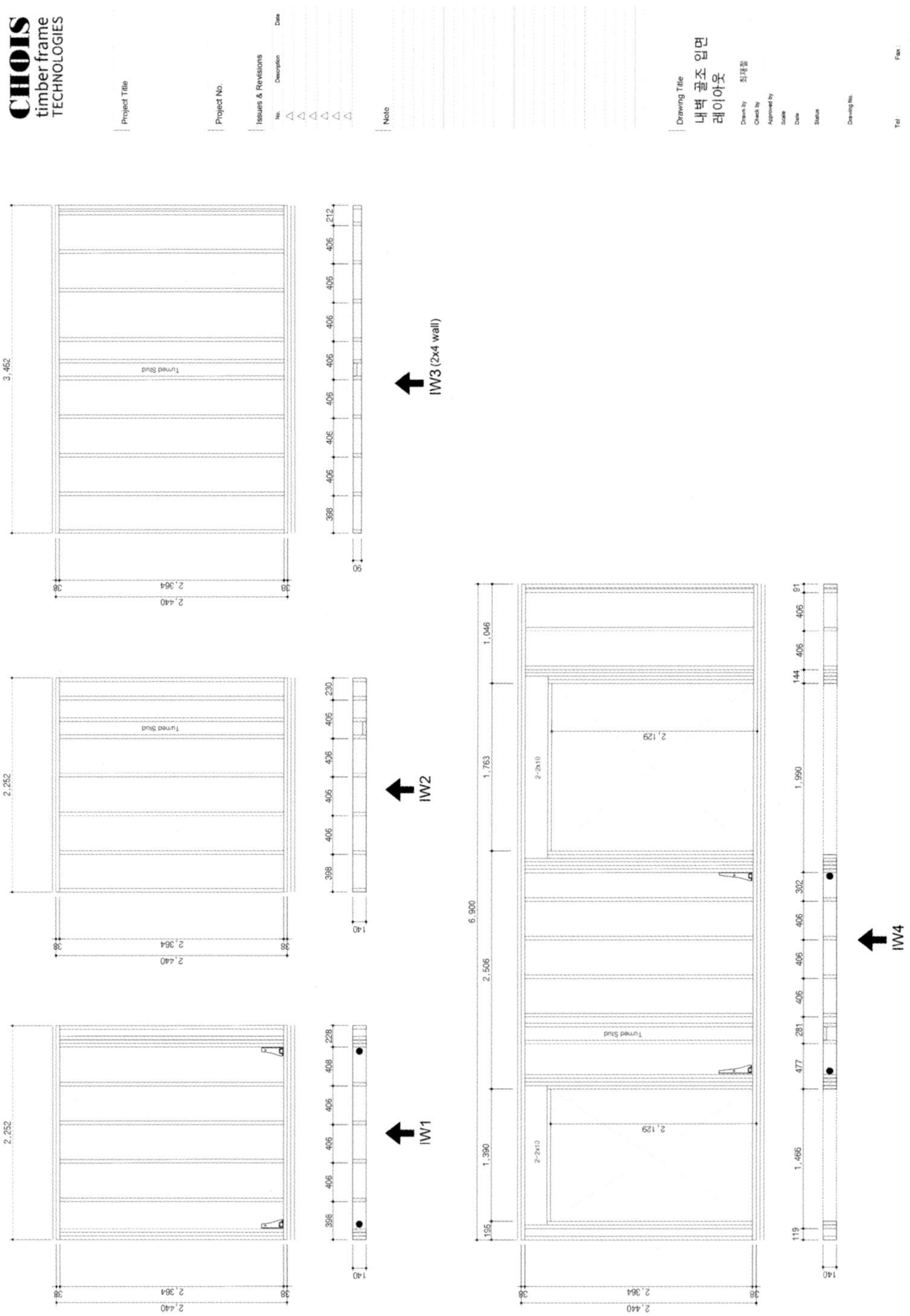
CHOIS
timber frame
TECHNOLOGIES
Project Title
Project No.
Issues & Revisions
Note
Drawing Title
내벽 골조 입면
레이아웃
IW1
IW2
IW3 (2x4 wall)
IW4
Turned Stud

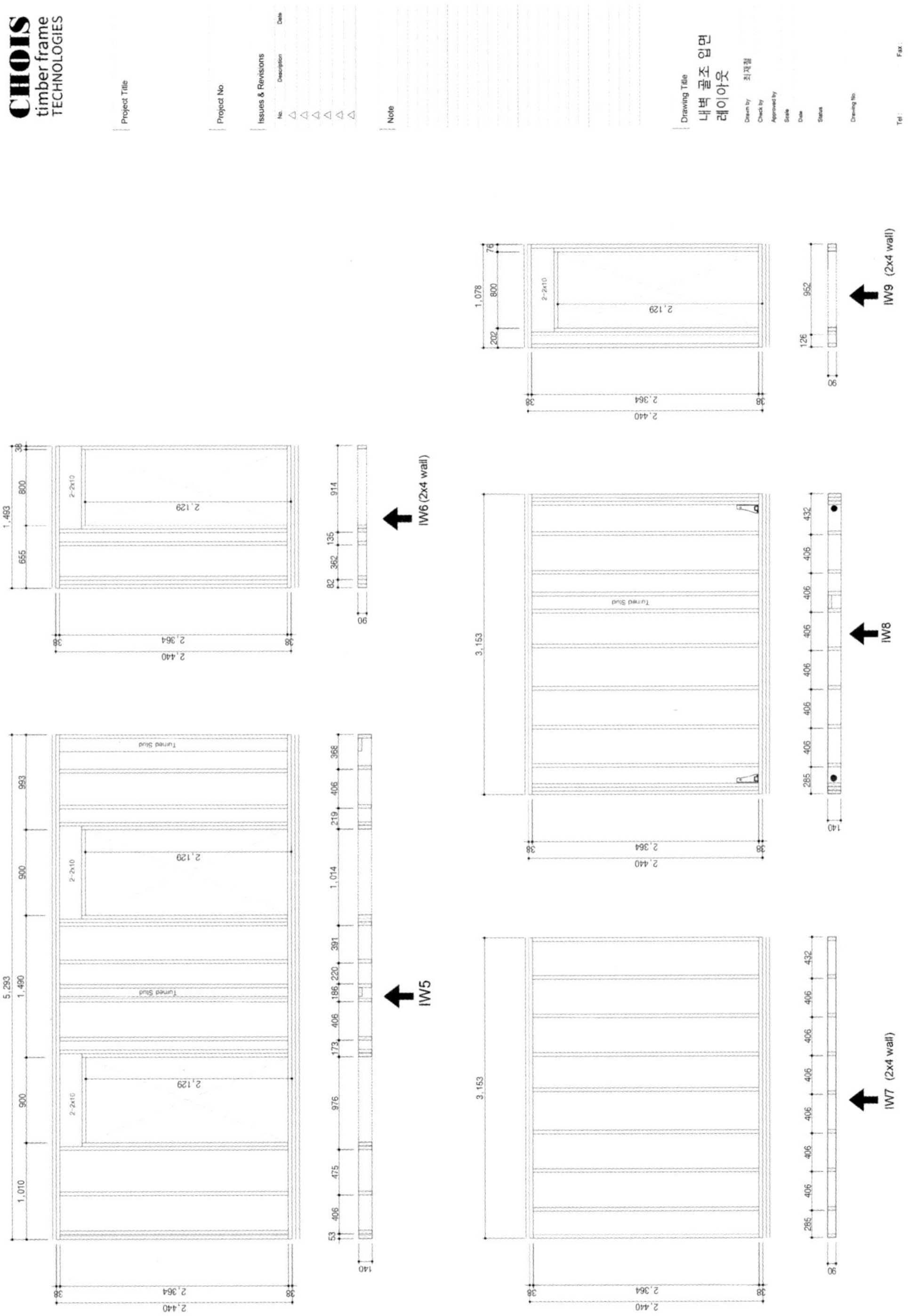
CHOIS
timber frame
TECHNOLOGIES
Project Title
Project No
Issues & Revisions
Note
Drawing Title
내벽 골조 입면
레이아웃
IW5
IW6 (2x4 wall)
IW7 (2x4 wall)
IW8
IW9 (2x4 wall)

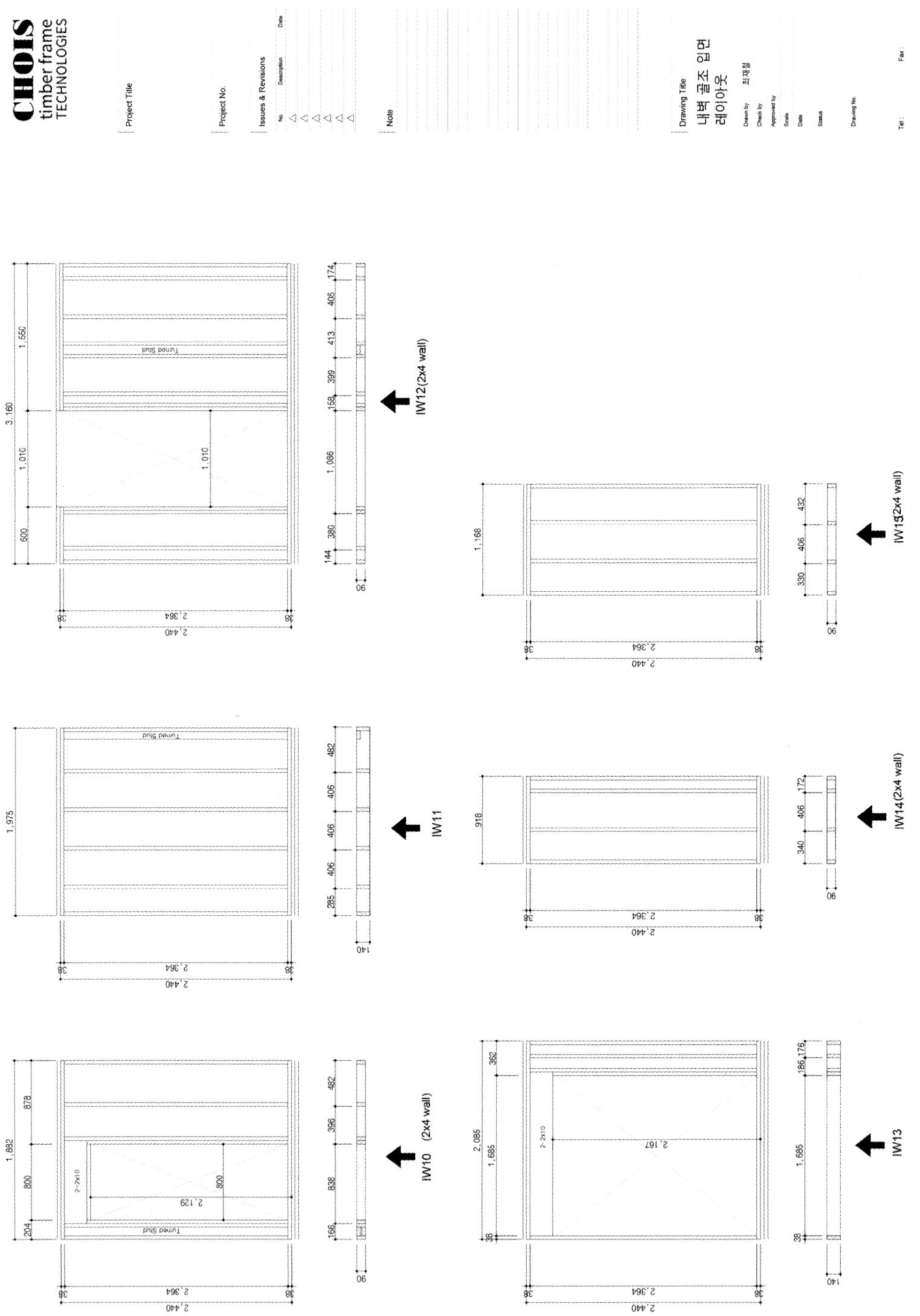
CHOIS
timber frame
TECHNOLOGIES
Project Title
Project No.
Issues & Revisions
Note
Drawing Title
내벽 골조 입면
레이아웃
IW10 (2x4 wall)
IW11
IW12(2x4 wall)
IW13
IW14(2x4 wall)
IW15(2x4 wall)
Tuned Stud

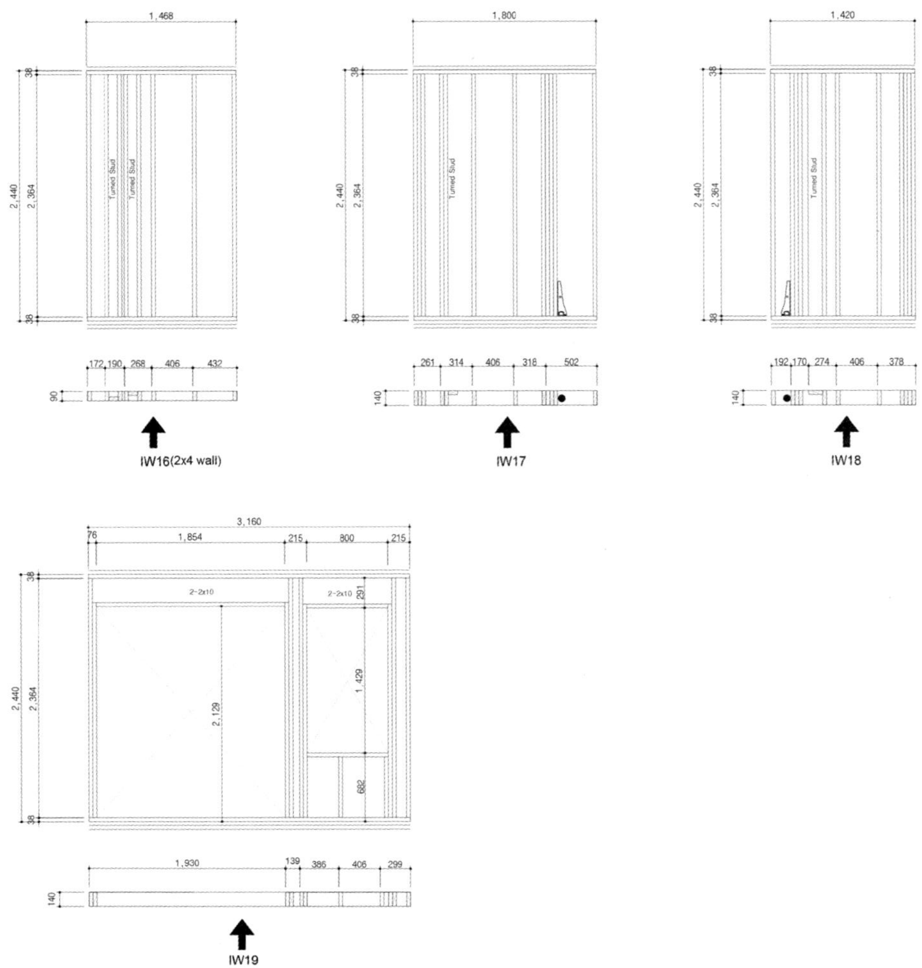

CHOIS timber frame TECHNOLOGIES

Project Title

Project No.

Issues & Revisions

No.	Description	Date
△		
△		
△		
△		
△		
△		

Note

Drawing Title

내벽 골조 입면 레이아웃

Drawn by 최재철

Check by

Approved by

Scale

Date

Status

Drawing No.

Tel :

Fax :

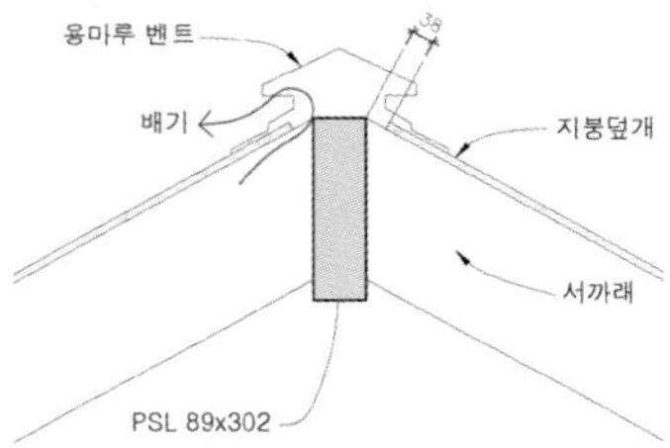

| 마루보 상세 마루보 너비 > 서까래 절단면 너비

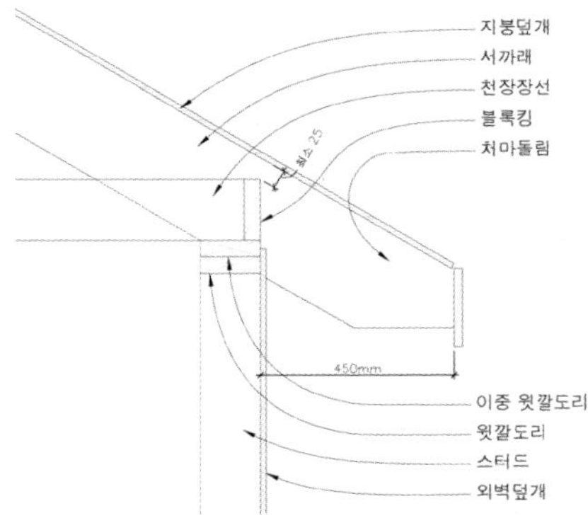

| 경사지붕 처마 상세

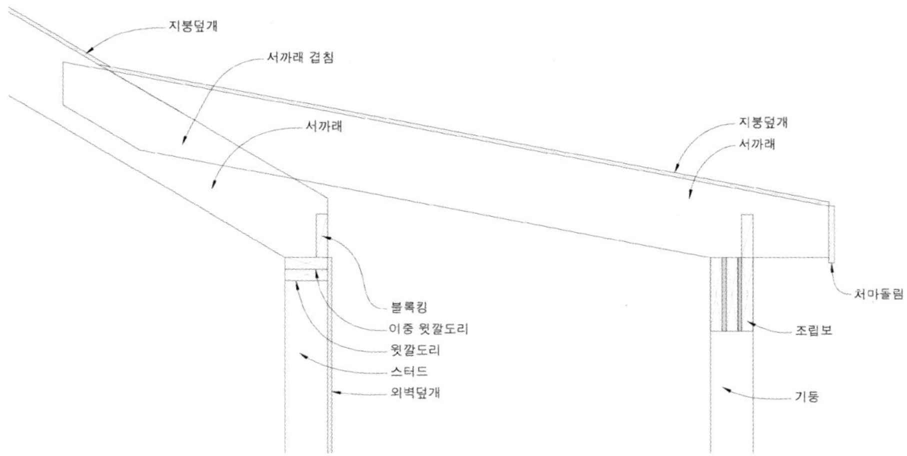

| 외쪽 지붕 처마 잇기 상세

CHOIS timber frame TECHNOLOGIES

Project Title

Project No.

Issues & Revisions

No.	Description	Date
△		
△		
△		
△		
△		
△		

Note

Drawing Title

지붕 골조
부분 상세

Drawn by 최재철
Check by
Approved by
Scale
Date
Status
Drawing No.

Tel : Fax :

찾아보기

찾아보기

찾아보기